CONTRA
TODAS
AS PROBABILIDADES

OUTRAS OBRAS DE ALEX KERSHAW

The First Wave
Avenue of Spies
Os Eleitos
The Bedford Boys
O Longo Inverno
Fuga das Profundezas
The Liberator
The Envoy
Sangue e Champanhe
Jack London

Uma **História Real** de **Coragem** e **Sobrevivência**
na **Segunda Guerra Mundial**

CONTRA TODAS AS PROBABILIDADES

ALEX KERSHAW
Autor best-seller de obras sobre a Segunda Guerra Mundial

ALTA BOOKS
GRUPO EDITORIAL
Rio de Janeiro, 2023

Contra Todas As Probabilidades

Copyright © 2023 Alta Cult.

Alta Cult é um selo da editora Alta Books do Grupo Editorial Alta Books (Starlin Alta Editora e Consultoria LTDA).

Copyright © 2022 Alex Kershaw.

ISBN: 978-85-508-1884-9

Translated from original Against All Odds. Copyright © 2022 by Alex Kershaw. ISBN 9780593183748. This translation is published and sold by Dutton Caliber an imprint of Penguin Random House LLC, the owner of all rights to publish and sell the same. PORTUGUESE language edition published by Starlin Alta Editora e Consultoria Ltda, Copyright © 2023 by STARLIN ALTA EDITORA E CONSULTORIA LTD

Impresso no Brasil — 1ª Edição, 2023 — Edição revisada conforme o Acordo Ortográfico da Língua Portuguesa de 2009.

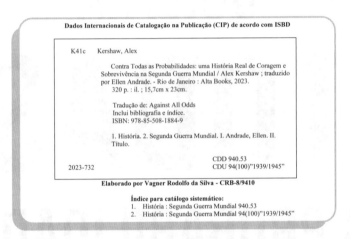

Dados Internacionais de Catalogação na Publicação (CIP) de acordo com ISBD

K41c   Kershaw, Alex

Contra Todas as Probabilidades: uma História Real de Coragem e Sobrevivência na Segunda Guerra Mundial / Alex Kershaw ; traduzido por Ellen Andrade. - Rio de Janeiro : Alta Books, 2023.
320 p. : il. ; 15,7cm x 23cm.

Tradução de: Against All Odds
Inclui bibliografia e índice.
ISBN: 978-85-508-1884-9

1. História. 2. Segunda Guerra Mundial. I. Andrade, Ellen. II. Título.

CDD 940.53
CDU 94(100)"1939/1945"

2023-732

Elaborado por Vagner Rodolfo da Silva - CRB-8/9410

Índice para catálogo sistemático:
1. História : Segunda Guerra Mundial 940.53
2. História : Segunda Guerra Mundial 94(100)"1939/1945"

Todos os direitos estão reservados e protegidos por Lei. Nenhuma parte deste livro, sem autorização prévia por escrito da editora, poderá ser reproduzida ou transmitida. A violação dos Direitos Autorais é crime estabelecido na Lei nº 9.610/98 e com punição de acordo com o artigo 184 do Código Penal.

O conteúdo desta obra fora formulado exclusivamente pelo(s) autor(es).

Marcas Registradas: Todos os termos mencionados e reconhecidos como Marca Registrada e/ou Comercial são de responsabilidade de seus proprietários. A editora informa não estar associada a nenhum produto e/ou fornecedor apresentado no livro.

Material de apoio e erratas: Se parte integrante da obra e/ou por real necessidade, no site da editora o leitor encontrará os materiais de apoio (download), errata e/ou quaisquer outros conteúdos aplicáveis à obra. Acesse o site www.altabooks.com.br e procure pelo título do livro desejado para ter acesso ao conteúdo..

Suporte Técnico: A obra é comercializada na forma em que está, sem direito a suporte técnico ou orientação pessoal/exclusiva ao leitor.

A editora não se responsabiliza pela manutenção, atualização e idioma dos sites, programas, materiais complementares ou similares referidos pelos autores nesta obra.

Alta Cult é um Selo do Grupo Editorial Alta Books

Produção Editorial: Grupo Editorial Alta Books
Diretor Editorial: Anderson Vieira
Vendas Governamentais: Cristiane Mutüs
Gerência Comercial: Claudio Lima
Gerência Marketing: Andréa Guatiello

Produtor Editorial: Thales Silva
Tradução: Ellen Andrade
Copidesque: Alessandro Thomé
Revisão: Thais Cots, Fernanda Lutfi
Diagramação: Rita Motta
Revisão Técnica: Guilherme Thudium
Doutor em Estudos Estratégicos e Internacionais pela UFRGS

Rua Viúva Cláudio, 291 — Bairro Industrial do Jacaré
CEP: 20.970-031 — Rio de Janeiro (RJ)
Tels.: (21) 3278-8069 / 3278-8419
www.altabooks.com.br — altabooks@altabooks.com.br
Ouvidoria: ouvidoria@altabooks.com.br

Editora afiliada à:

À memória de Jim Hornfischer.

SUMÁRIO

PARTE UM: O Mediterrâneo

CAPÍTULO 1	Batismo de Fogo	3
CAPÍTULO 2	Sicília	13
CAPÍTULO 3	Lama, Mulas e Montanhas	37
CAPÍTULO 4	Cume Sangrento	55
CAPÍTULO 5	Nápoles	65
CAPÍTULO 6	A Agonia em Anzio	75
CAPÍTULO 7	Fuga	93

PARTE DOIS: França

CAPÍTULO 8	La Belle France	107
CAPÍTULO 9	Blitzkrieg em Provença	121
CAPÍTULO 10	A Pedreira	133
CAPÍTULO 11	A Crosta Congelada	145
CAPÍTULO 12	A Qualquer Custo	161

PARTE TRÊS: **Alemanha**

CAPÍTULO 13	"Murphy Quase Alcança Britt"	173
CAPÍTULO 14	O Coração das Trevas	189

PARTE QUATRO: **Paz**

CAPÍTULO 15	Sem Paz Interior	209
CAPÍTULO 16	Voltando para Casa	221

Agradecimentos	249
Bibliografia Selecionada	251
Notas	259
Sobre o Autor	305
Índice	307

PARTE UM

O Mediterrâneo

CAPÍTULO 1

Batismo de Fogo

O SILÊNCIO ERA enervante depois de vários dias no mar, vindo da América acompanhado pelo constante ranger dos motores do navio, agora já quase nas águas do Atlântico, na região norte da África. Mas não durou muito. Nas primeiras horas do dia, sinos ressoaram e, então, os soldados ouviram o chacoalhar das correntes de uma âncora, ordens vociferadas, passos pesados e frenéticos e guinchos de energia conforme começaram a baixar lanchas de desembarque na espuma do mar.

Houve um chamado pelo rádio. O tenente Maurice "Pé Grande" Britt, de 24 anos, ficou surpreso ao ouvir a voz do presidente Franklin D. Roosevelt anunciar que a invasão do norte da África já havia começado. "Deduzimos que ele tinha se precipitado um pouco", Britt se recordou mais tarde. "Afinal, ainda estávamos a 12,8km da costa."[1] Então o loiro Britt, com todos os seus 99kg, foi para o posto na lancha de desembarque. Finalmente, rumou para a costa.

O mar estava pontilhado de embarcações até o horizonte. Britt fazia parte da 3ª Divisão do 30º Regimento de Infantaria, cujo lema era "Nosso país, não nós mesmos".[2] Ele era um dos 35 mil soldados norte-americanos em uniformes verdes na Força-tarefa Ocidental comandada pelo general George S. Patton, uma das três forças que atacavam o Marrocos francês e a Argélia em três áreas litorâneas de 1,6km de extensão, estendendo-se desde Safim, no Atlântico, até Argel. A chegada dos primeiros norte-americanos na Europa para enfrentar as potências do Eixo ocorreu em um ponto crítico da guerra. Depois de desfrutar de um sucesso impressionante contra o 8º Exército Britânico durante 1941 e boa parte de 1942, o general Erwin Rommel e seu famoso Afrika Korps estavam agora na defensiva, tendo sido derrotados em El Alamein, no Egito, menos de uma semana antes.

Ao todo, a Operação Tocha, a primeira conjunta da guerra feita pelos norte-americanos e pelos britânicos, foi composta por mais de 100 mil soldados apoiados por 350 navios de guerra de 7 marinhas dos Aliados. Os norte-americanos tentaram, sem sucesso, negociar um armistício com os franceses nos dias anteriores e, por isso, uma ordem do alto veio para a divisão de Britt: "Ok, rapazes, vamos colaborar."[3]

A aurora estava agora rompendo na costa do norte da África. Ao longe, os homens podiam distinguir o campanário de uma igreja católica acima do porto de Fedala.[4] Havia o som de tiros de metralhadora. Munição traçante vermelha cruzava o céu do amanhecer. À frente, uma praia plana e larga se assomava alguns quilômetros a leste de Fedala.

Britt ouviu o zumbido dos bombardeiros franceses e então viu "enormes chafarizes" quando as bombas atingiram o mar. "Foi uma bela visão", ele lembrou, "até que percebemos, com uma sensação nauseante, que aqueles homens nos bombardeiros estavam tentando nos matar. Nenhuma palestra sobre o assunto e nenhum treinamento de rastejar enquanto metralhadoras estão miradas em você jamais farão um soldado. Você se torna um no instante em que percebe que os tiros que ouve são para matá-lo".[5]

A lancha de desembarque de Britt atracou. Os homens começaram a descarregá-la, então houve um "barulho ensurdecedor de tiros", ele olhou para cima e viu um avião francês mergulhando em sua direção, metralhando seu regimento. Não houve um bombardeio antes da

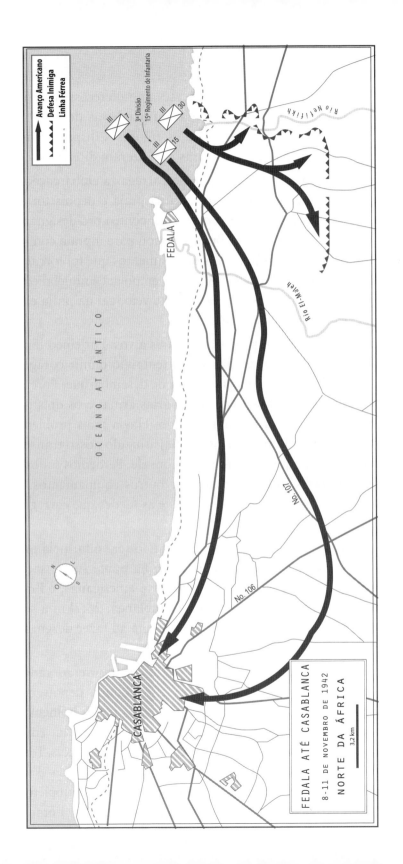

invasão na esperança de que os franceses não oferecessem resistência. Muitos de seus companheiros carregavam bandeiras dos EUA, imaginando que seria menos provável que os franceses disparassem contra tropas norte-americanas. As bandeiras não fizeram diferença.

Britt e seus homens pararam de descarregar a embarcação, dirigiram-se para a segurança do outro lado da praia e depois foram terra adentro. Às 12h chegaram a uma área de encontro pré-designada perto de uma ponte suspensa. Então, Britt retornou para a praia com um sargento a fim de resgatar os jipes e os equipamentos que foi forçado a deixar na lancha de desembarque. "A minha empolgação inicial começava a sumir e, quando outro avião de combate veio, caí na praia em terror absoluto, cavando loucamente na areia."

O avião logo passou, procurando mais alvos. Por cinco longos minutos, Britt ficou deitado, aterrorizado, tentando reunir coragem para se levantar. Então, encontrou sua lancha de desembarque. Porém, antes que ele e o sargento pudessem tirar as várias armas e os dois jipes restantes, a lancha afundou no mar agitado. Havia mais problemas. Ele soube que um "torpedo submarino [tinha] atingido nosso transporte no mar e todo o nosso equipamento se foi com ele. Perdemos todos as nossas sacolas militares, comida, cozinha e outros equipamentos. Tudo o que nos restava eram as roupas do corpo e as rações que carregávamos. Estávamos cansados e enojados".[6]

Ele e o sargento não tiveram opção a não ser voltar pela praia e se juntar à companhia no ponto de encontro na ponte suspensa. No começo da tarde, Fedala estava em mãos norte-americanas, e Britt e sua corporação marchavam em direção a Casablanca, 25,7km a sudoeste. O seu regimento encontrou resistência mínima ao fazer dezenas de soldados franceses de prisioneiros.

O comandante supremo aliado, Dwight Eisenhower, organizou um cessar-fogo com as forças francesas de Vichy 48 horas depois, em 10 de novembro. Casablanca foi ocupada com menos de 70 homens mortos na divisão de Britt, embora, quando as armas silenciaram em todo o Marrocos, os Aliados haviam sofrido cerca de 1.500 baixas. Britt e sua companhia, ou "Rocha do Marne", como os soldados da 3ª Divisão eram conhecidos, haviam sido iniciados em meio ao completo caos e à confusão do combate em alguns dias agitados e febris. Lutaram com quase nenhum apoio blindado, mas lideraram com sucesso a primeira invasão norte-americana da guerra. "Minha maior emoção", Britt escreveu à esposa, "e que tenho certeza de que é algo que nunca mais verei, foi quando meus companheiros agiram tão heroicamente que no mínimo três serão condecorados por coragem excepcional".[7]

Campos de batalha bem mais sangrentos e perigos muito maiores estavam reservados para Maurice Britt, mas, ao contrário de muitos de seus colegas oficiais subalternos, seu conhecimento e seu treinamento o prepararam para suportar as provações que viriam. Na verdade, ele treinou para o combate desde os dias mais difíceis da Grande Depressão, quando vestiu pela primeira vez um uniforme do exército em 1937, como calouro no programa de treinamento para militares da Universidade do Arkansas. Era inteligente, durão e humilde, sem soberba, um otimista por necessidade, crescendo muito pobre na zona rural do Arkansas. Nasceu na pequena cidade de Carlisle, na região de cultivo de arroz do estado, e já sabia o que significava a morte. Quando tinha 9 anos, seu pai foi gravemente ferido em um acidente industrial e lhe deram menos de 5 anos de vida — ele durou 4.

A mãe de Britt teve que criar dois meninos, Basil, de 9 anos, e Maurice, de 13, sozinha. Cada centavo contava, e Britt trabalhava sempre que podia, empilhando lenha e colhendo frutas e algodão.[8] No ensino médio, foi um atleta excepcional, jogava basquete e futebol americano, além de estrelar no time de atletismo. Seus colegas de equipe o apelidaram de Pé Grande porque ele tinha pés enormes — "número 44, sapatos largos".

Estudou tanto quanto trabalhou para alimentar sua família e graduou-se em 1937 como orador oficial do ensino médio. Ele nunca esqueceu a alegria da mãe quando ganhou uma bolsa de estudos esportiva para a Universidade do Arkansas, onde se formou em jornalismo, esperando um dia se tornar um jornalista esportivo, caso não se tornasse um atleta profissional.[9] Assim como no ensino médio, Britt foi uma estrela nos esportes e um excelente aluno, obtendo ótimas notas em seu primeiro ano enquanto era aplaudido no time de futebol da faculdade, os Razorbacks, como um jogador ágil e de raciocínio rápido das linhas ofensiva e defensiva. Antes de seu último ano, havia participado de um treinamento militar de oficiais da reserva em Fort Leavenworth, no Kansas — o que considerava, antes de seu primeiro combate, "uma experiência inestimável".[10]

Aos 22, se apaixonou por uma bela e animada caloura chamada Nancy Mitchell. Após ser comissionado como segundo-tenente ao se formar, ele e Nancy, de 18 anos, casaram-se em 8 de junho de 1941. "A vida era simples e serena naqueles dias, seis meses antes de Pearl Harbor", relembrou. "Passamos pelas montanhas Ozark na viagem de lua de mel, e no outono fomos para Detroit, onde recebi uma oferta para tentar entrar no time de futebol americano profissional Detroit Lions."

Foi selecionado para uma das seis vagas no elenco e logo se tornou titular, um jogador de futebol profissional na NFL. Os Lions eram uma equipe lamentável, perdendo a maioria dos jogos, mas Britt era altamente respeitado pelos fãs e pelos colegas de time por sua dedicação e resistência. "Ele aguentava qualquer punição e era um homem para o jogo todo", lembrou o companheiro de time Lion O'Neale Adams. "Sempre pensei que daria um bom líder."[11] Outro dos companheiros de time de Britt era Byron White, um futuro juiz associado da Suprema Corte, supostamente o jogador mais bem pago da NFL. "Havia histórias de que [o White] ganhava US$1.000 por jogo, o que era um dinheiro fantástico", Britt relembrou. "Nenhum de nós sabia se era verdade e ninguém perguntou. Estávamos apenas felizes por tê-lo ao nosso lado... Não era difícil perceber que esse homem tinha futuro."[12]

O mesmo poderia ter sido dito sobre Britt. Mas, então, algumas semanas antes do fim da temporada de 1941, ele recebeu uma carta do Departamento de Guerra, uma convocação para o serviço ativo.[13] Compareceu ao Acampamento Robinson, no Arkansas, no dia 5 de dezembro de 1941 e foi instruído a ir até Fort Lewis, no estado de Washington. Ele ouvia o rádio, dirigindo pelo deserto do Arizona com sua esposa, quando soube que Pearl Harbor havia sido atacada e que os EUA entraram na guerra.

Certo de que seria enviado para o Pacífico em questão de dias, o primeiro impulso de Britt foi parar seu cupê na próxima cidade e mandar sua noiva para casa, mas ela insistiu em cruzar as Montanhas Rochosas com ele. Foi uma jornada tensa, já que seu marido continuou pisando no acelerador, ansioso para chegar à Costa Oeste. A polícia o parou várias vezes por excesso de velocidade, e ele explicou, sério, que estava com pressa para ganhar a guerra. Não tomou uma única multa. Em Fort Lewis, um oficial em um tanque o avaliou rapidamente — ele tinha 1,80m: "Você é bem grande", o oficial disse. "Talvez você seja bom na infantaria."[14]

Foi assim que Britt acabou na 3ª Divisão, a lendária "Rocha do Marne" que salvou Paris em julho de 1918 ao bloquear a última grande ofensiva alemã da Primeira Guerra. Apelidados de "Demônios Azuis e Brancos", por causa das listras nessas cores em suas insígnias, os homens do Marne podiam se gabar de ter tido em sua divisão ninguém menos que Dwight Eisenhower — o futuro comandante supremo aliado — e George Marshall, chefe do Estado Maior do Exército dos EUA.[15]

MAIS TARDE, EM NOVEMBRO DE 1942, conforme Hitler enviava mais homens ao norte da África para reforçar o Afrika Korps de Rommel, Britt e seu batalhão ficaram responsáveis por cuidar da segurança de uma das conferências mais importantes da Segunda Guerra em Casablanca, o primeiro porto do Atlântico que poderia receber tropas e suprimentos diretamente dos Estados Unidos. Era um trabalho tedioso, mas ele e sua companhia encontraram tempo para negociar com os árabes locais, lembrou, "por ovos e outros alimentos para complementar nossas rações. Um dos nossos foi sortudo e desembarcou com uma caixa de fichas de pôquer vermelhas, brancas e azuis. Os árabes acharam que as fichas valiam mais do que moedas de prata, e nosso homem quase ganhou um altar no mercado de ovos marroquino".[16]

De 8 a 23 de janeiro de 1943, Britt e seus companheiros mantiveram tudo em ordem no elegante Anfa Hotel enquanto o primeiro-ministro Winston Churchill, o presidente Roosevelt e os militares planejavam uma estratégia para derrotar o Eixo no norte da África e depois na Europa continental. "Britt conheceu pessoalmente seu comandante-chefe", foi revelado mais tarde, assim como "Churchill, De Gaulle, Marshall e outros".[17]

A Operação Tocha foi recebida com oposição pelos chefes de Estado Maior dos EUA, que temiam ser arrastados para um espetáculo secundário mal planejado no Mediterrâneo, projetado para promover os objetivos imperialistas de Churchill. Mas Roosevelt estava sob forte pressão para enviar mais homens e material na luta contra o Eixo. Foi impossível invadir o noroeste da Europa em 1942 e, assim, abrir uma segunda frente como Stalin exigia. Para manter a energia na guerra, Roosevelt concordou com os apelos de Churchill para um ataque no "ponto fraco" do Terceiro Reich no Mediterrâneo.[18] Por insistência de Roosevelt, foi decidido em Casablanca que não haveria negociação com Hitler e as potências do Eixo; somente a rendição incondicional seria aceitável.

Assim que os dignitários deixaram Casablanca, Britt e seu batalhão disseram adeus ao porto e às suas antigas medinas, café de chicória, exércitos de pedintes e colonos franceses grosseiros. Foram enviados para a fronteira repleta de ventanias entre a Espanha e o Marrocos, onde cumpriram o papel de guardas de novo. A primavera chegou e os homens já não estremeciam tanto ao ficarem em postos de sentinela à noite. Em 7 de março de 1943, receberam um novo comandante de divisão, o major-general Lucian Truscott, de 48 anos, um esteta fumante que saíra da América com um exemplar de *Guerra e Paz* e uma garrafa de bebida na sacola. Ex-professor do Texas, filho de um médico do interior, aos 23 alistou-se na cavalaria e se tornou um excelente jogador de polo. Famoso por ser mal-humorado e cabeça-dura, ele logo distribuiria sentenças de 50 anos para homens que deram um tiro no próprio pé a fim de evitar o combate.

Truscott assumiu o comando em um momento decisivo na campanha do norte da África. Os Aliados esperavam uma vitória rápida após a Operação Tocha, mas as forças de Rommel provaram ser irritantemente difíceis de derrotar. As chuvas açoitavam os invasores perturbados pelos mosquitos, e a lama funda nas estradas costeiras retardava os tanques Aliados. Então, uma vitória impressionante contra os norte-americanos veio no Passo de Kasserine. Seis batalhões dos EUA foram destruídos em dois dias.

Foi um desempenho lamentável, causando zombaria por parte dos britânicos. Mas Kasserine foi uma derrota necessária que abalou o exército dos EUA, causando demissões e redistribuição de homens e comandos. Agora, naquela primavera de 1943, os Aliados estavam de volta à ofensiva, mais bem organizados e com novos generais como Truscott no comando. Um número recorde de navios inimigos estava sendo afundado, sufocando as linhas de suprimentos em todo o Mediterrâneo. Naquele 22 de abril, os Aliados fizeram uma ofensiva decisiva. Tunes caiu quando dois poderosos exércitos Panzer alemães se desfizeram, e em 13 de maio, o que restava do Afrika Korps de Rommel foi derrotado e 238 mil alemães e italianos foram aprisionados.

Lucian Truscott reuniu seus oficiais para um discurso motivacional. Os alemães não eram super-homens. Quando o soldado norte-americano era ousado, organizado e agressivo, conseguia vencer seu inimigo alemão, sempre chamado de Boche por Truscott. Mal se passou uma semana e Truscott ordenou que seus comandantes de regimento se mudassem para Arzew, um centro de treinamento na Argélia.[19] "Enquanto os Aliados expulsavam o marechal Rommel das portas do Egito e os alemães eram encurralados na Tunísia", lembrou Britt, "nossa divisão ensaiava [uma] invasão. Praticávamos desembarques na praia repetidamente. Era um trabalho perigoso, mas os homens que formavam as equipes de combate eram, no geral, voluntários. Não receberam nenhum pagamento extra."[20]

Truscott estava bastante determinado a deixar a Rocha do Marne em perfeitas condições, mandando os comandantes dos regimentos enviá-los em longas e forçadas marchas em velocidade máxima para que aprendessem o que seria chamado de trote Truscott. "Você ouviu o que aquele novo general durão quer que façamos?", alguns oficiais perguntaram. O Manual de Campo do Exército dos EUA estabelecia que as tropas marchassem a 4km por hora. Ele exigiu 6km. Um coronel se atreveu a lhe mostrar o manual. "Coronel", rosnou, "pode jogar isso no lixo".[21]

Truscott queria que os homens cobrissem o máximo de terreno o mais rápido possível, girando e correndo com a velocidade da cavalaria. Sabia que a próxima operação anfíbia dos Aliados aconteceria naquele verão, em um calor escaldante e em terrenos acidentados inadequados para tanques de guerra. O objetivo havia sido decidido na conferência de Casablanca. A Rocha do Marne iria para a Sicília.

No fim de junho, o tenente Britt e sua companhia finalmente puderam descansar. Estavam em excelente forma, mais bem condicionados para matar do que ficariam em qualquer estágio da guerra. Em 3 de julho, Britt estava em um olival ressecado na Tunísia. Era fim de tarde quando, com o rosto bronzeado, reuniu-se com oficiais da 3ª Divisão em um grande semicírculo. Muitos homens, com uniformes manchados de suor, sentaram nos próprios capacetes sob um sol escaldante.

O chefe da divisão da Rocha do Marne, o coronel Don Carleton, corpulento, com o rosto queimado de sol e bigode eriçado, aproximou-se do microfone.

Houve uma súbita rajada de ar quente.

"Cavalheiros", Carleton disse, "o primeiro Siroco. Um vento quente que varre para o norte as areias do Saara, com o calor de uma fornalha, para sumir no Mediterrâneo. Um bom presságio."

Alguns homens riram sem entusiasmo.

Então Carleton viu que o general Truscott se aproximava. "Atenção!"

Os homens se colocaram de pé.

"Cavalheiros, o comandante-geral."

Lucian Truscott ficou diante de um microfone. O sol brilhava em seu rosto largo, fazendo-o apertar os olhos. "Senhores", disse, "estamos às vésperas de uma grande aventura. Estamos prestes a iniciar a maior expedição anfíbia que o mundo já conheceu... Encontramo-nos esperando o sucesso ou... o fracasso? Não, em vez disso, esperamos o sucesso ou o sucesso além das nossas maiores expectativas. Não conhecemos a palavra 'fracasso'".

No dia seguinte, Dia da Independência, ele fez um discurso mais curto e enfático, dirigindo seus comentários a todo homem com listras azuis e brancas no ombro: "Vocês vão conhecer os 'boches'! Entalhem seus nomes nos rostos deles!"[22]

CAPÍTULO 2

Sicília

NETUNO ESTAVA IRRITADO. Na noite anterior, uma tempestade feroz havia atingido a frota invasora, ameaçando derrotar os Aliados antes mesmo de chegarem em terra firme. O vendaval de força 7 havia diminuído, mas ondas altas ainda batiam nas lanchas de desembarque enquanto avançavam em direção à costa. Era manhã no dia 10 de julho de 1943 na costa sul da Sicília. Em um navio estava um soldado de 19 anos chamado Audie Murphy, número de serviço 18093707. Ao lado dele, homens da Companhia B do 15º Regimento de Infantaria estavam curvados, vomitando. O texano de 1,70m de altura e 62,5kg, um capacete de aço amarrado às costas, olhava para a frente, para as areias douradas e macias da Praia Amarela, a leste do porto de Licata.

A embarcação ia para cima e para baixo, atingida pelo vento forte — o que os sicilianos, que tiveram seu território invadido tantas vezes ao longo dos séculos, chamavam de *tramontana*. Os homens continuavam vomitando. Estavam no início da libertação da Europa, a primeira parte da maior invasão anfíbia da história até hoje, envolvendo 66 mil de seus compatriotas norte-americanos e quase o dobro de tropas britânicas, além de 2.600 navios da marinha. De acordo com o comandante da divisão, Lucian Truscott, a Rocha do Marne estava "ansiosa para terminar o trabalho — e voltar para casa".[1]

A bordo do USS *Biscayne*, a alguns milhares de metros da Praia Amarela, Truscott estava vestido para a batalha, com sua característica jaqueta de couro e uma gravata de seda. Nas longas horas antes do amanhecer, estivera "preocupado com os próprios pensamentos", assombrado por lembranças do fracassado ataque a Dieppe em agosto de 1942, o qual ele testemunhou. Lembrou da tensão excruciante antes do início da Operação Tocha, a invasão do norte da África, no novembro passado.

"Qual seria o resultado?",[2] Truscott se perguntou.

Os alemães não seriam pegos de surpresa. Albert Kesselring, no comando das forças alemãs na Sicília e na Itália, esperava um desembarque Aliado e se preparou para tal. O ex-membro da Artilharia de 57 anos havia reforçado as tropas do Eixo. As defesas costeiras na Sicília ainda eram patéticas, "doces e macias como tiramissu", e ele não tinha fé alguma nos defensores italianos — covardes congênitos, mulherengos amantes de café expresso. Mas nem a pouca defesa nem os italianos importavam. As divisões Panzer de Kesselring esperariam que os norte-americanos do general George Patton, e os britânicos e canadenses liderados pelo general Bernard Montgomery, avançassem e depois contra-atacaria, jogando-os de volta no Mediterrâneo. Antes do fim da guerra, Kesselring mataria mais homens de Truscott do que qualquer outro chefe militar alemão.

Não parecia que ele estava se aproximando de um "tiramissu" para o soldado Audie Murphy, desesperado para desembarcar. O que quer que Kesselring tivesse em mente para ele e para seus companheiros invasores, não poderia ser pior do que ficar apertado em um navio de transporte e depois em uma lancha de desembarque. Finalmente, estava quase na Praia Amarela, a poucos metros da água invadindo a areia dourada.

A rampa foi baixada. Murphy chegou à praia. Houve pouca oposição além de alguns projéteis aleatórios disparados por italianos aterrorizados. Ele viu o primeiro norte-americano morto, despedaçado por estilhaços.[3] Ainda era manhã bem cedo. Olhou em volta e viu corpos espalhados pela praia. Parecia que os homens que desembarcaram antes dele haviam sido massacrados. Então, percebeu que os soldados estavam deitados, fazendo uma breve pausa antes de avançar terra adentro.[4]

Murphy correu pela praia e por uma abertura cortada no arame farpado. Ouviu o barulho de uma metralhadora inimiga, mas ela logo foi silenciada e ele ficou desapontado. Esperava muito mais emoção. A sensação passou depressa. Tiros foram ouvidos mais uma vez. Ele sentiu, pela primeira vez, que outro ser humano estava tentando matá-lo. Era um trabalho mortal. Precisava levá-lo a sério para sobreviver. E nunca quis tanto continuar vivo.

Uma granada explodiu. Murphy sentiu a terra tremer. Olhou para cima e viu um cume de 90m de altura, Saffarello Hill. Uma segunda explosão foi bem mais próxima. Havia homens por perto se protegendo, tossindo com as nuvens de pólvora da explosão. Avistou um soldado ruivo que caiu de um rochedo. Sangue escorria dos ouvidos e do nariz. Um soldado que lutou no norte da África avançou. Alcançou o ruivo e então se virou para outro homem próximo, um novato, e disse para ele pegar a munição do ruivo. Ele não precisaria mais dela. Alguém com certeza absoluta logo necessitaria.

O novato começou a tirar munição do cinto de cartuchos do falecido. Alguém disse que o homem morto tinha deixado dois filhos e uma esposa em casa.

Um soldado cobriu o corpo com uma capa para evitar que fosse tomado por moscas.

"As moscas pousam neles imediatamente", o soldado disse. "Um colega da última guerra me disse que elas brotam do nada."[5]

Murphy seguiu colina acima, encharcado de suor.

"Cadê o glamour em pés cheios de bolhas e um estômago roncando?", se perguntou. "E cadê a aventura que esperávamos?"[6]

O tenente Maurice Britt também chegou a Licata naquela manhã, junto da Companhia I da 30ª Infantaria. Ele e sua unidade praticaram desembarques com tanta frequência, e havia tão pouca oposição, que tudo isso parecia um anticlímax. O bombardeio pré-invasão fora perfeitamente cronometrado e, graças ao monte de fotografias e relatórios de inteligência, quase sentiu como se já tivesse visitado Licata.

Junto da companhia de Britt estava um grande e irritável pastor alemão chamado Chips. Nos EUA, o cachorro havia atacado um marinheiro quase até a morte. Agora, incrivelmente, Chips fez o mesmo com o inimigo. Depois de sair da Praia Azul, a leste de Licata, Britt e a Companhia I foram detidos por tiros de metralhadora saindo de um forte.[7] O cão avistou a arma e, treinado para atacar qualquer homem empunhando uma, escapou de seu treinador e arrancou para a frente. Enfiou o focinho quente na fenda do forte e, em seguida, farejando alemães, saltou para trás e entrou. Em pouco tempo, um alemão petrificado cambaleou para fora, histérico, seu braço quase arrancado. Quando o treinador alcançou o cão, encontrou Chips na garganta de outro alemão, com dois homens encolhidos por perto. Chips mais tarde teria a Estrela de Prata colocada em sua coleira por Truscott.[8]

Enquanto isso, Audie Murphy seguiu alguns quilômetros para oeste de Britt, sob o sol escaldante do meio-dia. Cruzou Saffarello Hill e a planície de Cinisi, alguns quilômetros de terra plana e árida. Grupos de reconhecimento do 15º Regimento de Infantaria avançaram em busca de água. Os homens deixaram suas mochilas e seus equipamentos pesados, que seriam levados até eles mais tarde para que pudessem marchar o mais rápido possível, carregando apenas seis pentes de munição cada e rações para um único dia. Soldados italianos se renderam em massa aos invasores norte-americanos, gritando *"Me bambine!"*.[9] Todos tinham muitos filhos em casa, amaldiçoavam Mussolini, odiavam ainda mais os alemães e cantavam e sorriam enquanto trotavam em direção a um campo de prisioneiros de guerra.

Semanas antes, Murphy havia escrito para sua família no Texas, dizendo que nunca se sentira melhor. O exército o tinha criado. Não perguntou pelo pai na carta. Baixo, corpulento, pouco alfabetizado, um agressor violento, especialmente da esposa Josie Bell, Emmitt Pat

Murphy não estava mais na vida do filho havia muito tempo. Nunca o perdoou pelo que fez com a mãe, seus irmãos e ele. "Toda vez que meu coroa não conseguia bater nos filhos que já tinha", lembrou, "arranjava outro".[10]

No auge da Depressão, em 1933, o pai de Audie mudou sua esposa e seus onze filhos para Celeste, Texas. Eles moravam em um barraco sem encanamento, iluminado por lâmpadas penduradas por fios no teto. Ao longo dos anos, ficava cada vez mais difícil. Em 1940, quando as forças de Hitler invadiram a Europa, o pai de Murphy abandonou ele e seus irmãos. "Quando meu pai foi embora", lembrou a filha Nadene Murphy, "era uma noite gelada, e eu o vi... Ele se levantou e vestiu todas as roupas que conseguiu, saiu pela porta... Foi a última vez que o vi".[11]

Murphy fez o que pôde, mas havia muitas bocas para alimentar, não importava quantos coelhos e esquilos matasse com seu rifle calibre 22. "Minha mãe, tentando manter a ninhada unida, trabalhou mais do que nunca", lembrou-se. "Mas ela adoeceu. Aos poucos, ficou mais fraca e triste. E, quando eu tinha 16 anos, ela morreu."[12] Isso quebrou algo dentro dele — vê-la desmoronar sob a tensão aos 49 anos, depois ver os 3 irmãos mais novos serem enviados para um orfanato e outros 4 se criando sozinhos; a família dispersa como algodão ao vento. De acordo com sua irmã Nadene, a morte repentina da mãe "o destruiu porque ele queria que ela vivesse para poder fazer algo por ela".[13]

Murphy trabalhava em qualquer emprego estranho que encontrava, mas muitas vezes passava fome. Suas violentas mudanças de humor o levaram a arrumar brigas ao menor pretexto. A guerra não poderia ter chegado rápido o bastante para Audie Murphy. Quando os japoneses atacaram Pearl Harbor, sentiu-se "meio louco de frustração" porque era jovem demais para se alistar.[14] Ele queria muito vestir um uniforme e lutar, tanto para servir a seu país quanto para descarregar sua raiva ardente. Fingindo ter 18 anos, embora fosse um ano mais novo, foi para um posto de recrutamento do Corpo de Fuzileiros Navais. Um sargento deu uma olhada em Murphy e o rejeitou por ser pequeno e magrelo. Se ao menos tivesse feito o que outros da sua idade e peso fizeram e bebido meio litro de leite e se empanturrado de bananas antes de subir na balança.

A América estava em guerra. O exército certamente não seria tão exigente. Dez dias depois de ter sido rejeitado pela marinha, Murphy foi para a beira da estrada, tentando pegar uma carona de Farmersville para se alistar em Dallas. Alguém parou e lhe deu a carona. Ele ficou na risca dos 50kg, mas foi aceito no rank mais baixo da 3ª Divisão, um substituto. Nunca estivera longe de casa. Em seu primeiro treinamento, desmaiou. Que belo soldado! Começaram a chamá-lo de "bebê" no treinamento básico, mas isso foi antes de ele cruzar o Atlântico, antes de desembarcar em Casablanca em fevereiro, antes de começar a servir sob o comando do capitão Keith Ware na Companhia B.[15] Ninguém mais o chamou de bebê.

Murphy colocou uma bota com sola de borracha na frente da outra, pronto para caçar alemães, para começar a se vingar por tudo o que o mundo havia lhe tirado. Licata estava atrás dele, a primeira cidade europeia a ser libertada por seu regimento. Seguiu em frente, terra adentro. A umidade e a paisagem siciliana lembravam a região do nordeste do Texas onde havia crescido.

Em um outono, aos 12, Murphy trabalhara em um campo cheio de algodão fofo, afinal, ele era filho de um arrendatário. Trabalhou ao lado de um velho, veterano da Primeira Guerra. O veterano o alertou sobre a guerra. Era uma coisa sinistra, nada para glorificar. O velho tinha sido intoxicado com gás pelos alemães. Ele tinha manejado uma metralhadora. Matou muitas vezes.

"Um dia, pretendo ser um soldado", disse Murphy. O velho o olhou com desdém.

Para que diabos?

KESSELRING ESTAVA CERTO sobre os italianos. Não houve oposição por parte deles quando o 15º Regimento de Infantaria desembarcou.[16] "Os italianos foram pegos de surpresa", lembrou um homem. "Alguns que dormiam em fortes nunca mais abriram os olhos para ver a luz do dia. Foram mortos antes de acordar."[17]

Tanto a defesa alemã quanto a italiana eram mínimas, para o deleite de Truscott — seus 10 mil soldados sofreram menos de 100 baixas naquela manhã. No planejamento, estimou-se até 20% em perdas. Uma hora após a chegada dos primeiros homens, todos os seus objetivos para o Dia D foram cumpridos — o aeroporto local, o porto e a própria cidade de Licata. Um oficial aliviado disse a Truscott: "Lutar na batalha foi bem mais fácil do que treinar para ela."[18]

Audie Murphy terminou seu primeiro dia de combate com dor de barriga após devorar muitos tomates e melões verdes nos campos ao norte de Licata. Na manhã seguinte, examinou o ambiente, assim como fazia com novos terrenos ao caçar para alimentar sua família quando mais novo. Aquela não era a Sicília verdejante que tinha visto em cartões-postais. Aquela parte sul da ilha era principalmente retalhos monótonos de campos irregulares de trigo e oliveiras. Ele foi selecionado para trabalhar como mensageiro do comandante da Companhia B, o capitão Keith Ware, de 27 anos. Isso significava correr entre pelotões com ordens, reportando o progresso, e, naquela manhã, a Companhia B acelerou o passo conforme avançava terra adentro, passando por um estranho trecho verde — vinhedos e até alguns campos de algodão.

Aos olhos do capitão Ware, Murphy era jovem demais para estar em combate. Ele tinha 18 anos, lembrou Ware, mas parecia "3 ou 4 anos mais novo".[19] Assim como Murphy, Ware era um novato nos caminhos da guerra, passando por seu maior teste ao liderar 200 homens à ação. Nada sugeria que pudesse falhar, mas todo oficial que vai para a batalha pela primeira vez não consegue deixar de se perguntar se tem o que é preciso.

E, assim como Murphy, Ware não parecia feito para matar. De acordo com um relato, ele era "rígido" e "tímido", um simples solteirão que olhava "calmo para o mundo através de óculos sem aro. Sua voz [era] suave, sua linguagem, reservada".[20] Porém, como seu jovem mensageiro, ele tinha uma força interior forjada na perda e nas dificuldades que desmentiam sua aparência.

Quando Ware tinha 12 anos, seu pai — um vendedor ambulante fumante — morreu de câncer na garganta. As contas médicas deixaram Ware, sua mãe e sua irmã sem um centavo, pobres a ponto de ele e sua irmã subsistirem com mingau de aveia cru por um tempo. Trabalhou em qualquer emprego que encontrou após a morte do pai. Entregava jornais antes das aulas e toda noite limpava uma mercearia, varrendo serragem encharcada de sangue no açougue.

A irmã de Ware, que era quatro anos mais velha, encontrou um emprego na companhia telefônica AT&T, e a família se mudou para a Califórnia com ela. Depois de se formar no ensino médio, Ware trabalhou em uma loja de departamentos em Glendale, tornando-se gerente. Então a guerra estourou e ele foi convocado. Graças ao intelecto e à experiência gerencial, foi selecionado para frequentar a Escola de Treinamento de Oficiais, onde se destacou. Ciente de seu humilde status como uma "maravilha repentina" entre seus colegas oficiais, ele estava prestes a mostrar que era tão capaz quanto qualquer um vindo da prestigiada Academia West Point.

Mais tarde, no segundo dia de combate, enquanto marchavam para o norte, alguns dos homens de Ware foram atingidos por tiros de metralhadora, balas chicoteando por toda parte. Os alemães estavam revidando, não os italianos. Foi a primeira vez que a Companhia B encontrou as tropas de Kesselring. Eles não estariam tão a fim de levantar as mãos em rendição.

Um tanque Sherman surgiu com um barulho metálico e disparou contra os alemães com um estrondo. Ware ordenou à Companhia B que se movesse rapidamente em terreno aberto, atravessasse alguns trilhos de trem e encontrasse abrigo. Não deveriam parar de jeito nenhum. Murphy e os outros fizeram o que ele ordenou e dispararam para a frente.

Dois homens caíram, atingidos por disparos. Uma granada explodiu por perto, mas Murphy continuou correndo, disparando sua carabina a esmo, gritando para que outros o seguissem. Então, pulou através dos trilhos e encontrou abrigo em uma vala rasa, fora da linha de fogo. Algo pesado caiu em cima dele — era um soldado chamado Joe Sieja. O polonês, fumante compulsivo, deve ter gostado desse primeiro encontro com os chucrutes. Nutria um ódio feroz pelos alemães que invadiram sua amada terra natal em 1939, apenas um ano depois de emigrar para a América. Eram todos uns "filhos da puta", de acordo com Sieja. Chucrute bom era chucrute morto.

Ware levou a Companhia B na direção da próxima aldeia, Campobello, liderando o avanço do 1º Batalhão. Quando se aproximaram de uma linha defensiva alemã, balas cortaram o ar. Seis dos seus homens ficaram feridos. Ele os organizou, enviando um soldado com um fuzil automático Browning à frente para disparar contra os inimigos enquanto outros puxavam os feridos para a segurança.[21] Então Ware liderou seus homens em campo aberto, e a linha defensiva foi derrubada. O 1º Batalhão poderia avançar mais uma vez. Havia passado pelo seu primeiro teste verdadeiro, ganhando a Estrela de Prata já no segundo dia de combate.[22]

Conforme Audie Murphy avançava em uma patrulha de reconhecimento naquela tarde, avistou dois oficiais inimigos tentando escapar em cavalos brancos. Ergueu sua carabina e derrubou ambos rapidamente com uma estranha precisão mortal. Não sentiu culpa por tirar suas primeiras vidas, "sem escrúpulos, sem orgulho, sem remorso", apenas uma "indiferença cansada".

"Por que você fez isso?", um soldado perguntou para Murphy. "Você não deveria ter atirado."

"Esse é o nosso trabalho, não é? Eles teriam nos matado se tivessem a chance. Esse é o trabalho deles. Ou estou enganado?"[23]

O sol começou a se pôr.[24] Caminhões agitaram a lama seca e agora nuvens de poeira cinzenta cobriam tudo, deixando a Rocha do Marne com uma aparência mortal até que pudessem lavar a sujeira. Mas não havia tempo para ficar limpo. O general Truscott queria manter seus regimentos em movimento, atormentando constantemente os alemães em retirada.[25]

ELES ERAM DOIS titãs do Exército dos Estados Unidos, cavaleiros determinados, temperamentais, presunçosos e estilosos. Em 14 de julho, Truscott e o general George Patton, comandante do 7º Exército, reuniram-se pela primeira vez em Licata para discutir táticas. Depois de parar um contra-ataque alemão em Gela, onde desembarcou, Patton estava ansioso para deixar sua marca e destruir as resistências alemã e italiana em toda a Sicília Ocidental.

Truscott sabia que Patton estava de olho em Palermo, a maior cidade da Sicília, com sua famosa orla e sua catedral bizantina normanda de Monreale, uma das melhores da Europa. Isso o atraiu "como um ímã", lembrou ele, que ofereceu um grupo de reconhecimento para sondar a resistência inimiga ao sul.[26]

O gesto foi apreciado. Poucos dias depois, Patton ordenou que Truscott levasse toda a sua divisão para a capital da Sicília o mais rápido possível. Este reuniu seus comandantes de regimento e abriu uma garrafa de uísque, oferecendo-lhes uma bebida.

"Quero estar em Palermo em cinco dias!"[27]

A cidade estava a 160km de distância. As estradas eram precárias, e havia poucas chances de encontrar água potável no interior. O tenente Maurice Britt relembrou vividamente a "corrida a pé" que se seguiu. "Deixamos nossos canhões antitanque para trás, mas carregamos bazucas, fuzis antitanque, os morteiros e as metralhadoras de sempre. Não havia estradas ou atalhos nessa marcha, e o solo era acidentado — pior do que as montanhas Ozark no meu estado natal. A cada hora, descansávamos cerca de dez minutos, mais ou menos o tempo necessário para fumar um cigarro com calma."

Levantaram-se cambaleando, ajustaram as sacolas e retomaram o trote Truscott, passando por campos de cactos chamuscados, leitos de rios secos e sobreiros. Não houve cantoria, nem conversa fiada, enquanto o horizonte brilhava e os mais fracos começavam a vacilar.

Britt poupou o fôlego enquanto se esforçava sob o peso de sua sacola. Começou a se sentir tonto de cansaço, embora estivesse com o condicionamento melhor do que a maioria. Em pouco tempo, alguns homens caíram no chão e foram deixados para trás, os lábios ressecados e os rostos queimados de sol. "Subir colinas era o pior", lembrou ele. "Quando meus próprios pulmões pareciam queimar, eu mantinha meus olhos em algum rapazinho do interior se arrastando, sofrendo, eu sabia, a cada passo."[28]

A companhia de Britt alcançou seu primeiro objetivo — uma estrada-chave usada pelo inimigo — em menos de dois dias, sobrevivendo com as rações que carregaram. "Então, acomodamo-nos para a luta, tomando posições para cobrir a estrada. Os italianos, que nunca souberam muito bem o que fazer quando seus planos eram frustrados, ficaram tão surpresos ao nos ver tão terra adentro, que mil deles se renderam."[29]

Enquanto isso, a Companhia B do Capitão Ware e o 15º Regimento de Infantaria avançavam com meias porções de ração, catando uvas e outras frutas quando conseguiam, por 80km em 33 horas — um recorde na Segunda Guerra para a infantaria dos EUA — e tossindo por causa das nuvens de poeira que continham giz esmagado e esterco de vaca, o que aumentava a sede.[30] Jipes os acompanhavam e alguns soldados sortudos, com a língua inchada, entregavam seus cantis para serem enchidos sem perder o passo.

Um soldado sob o comando de Ware na Companhia B anotou em seu diário, na noite de 19 de julho: "Que dia! Percorremos 48km através da poeira e do calor do verão siciliano. Nossos pés estão cobertos de bolhas. As estradas são rochosas, e isso dificulta a caminhada. O inimigo está recuando tão rápido, que nem o encontramos. Estamos andando a uma velocidade de 7km por hora. Caramba, meus pés estão me matando agora!"[31]

A Companhia B chegou à comuna de Santo Stefano Quisquina, a dois dias de marcha de Palermo, em 20 de julho, e Ware finalmente permitiu que seus homens descansassem por algumas horas. O general Truscott acompanhou o avanço deles com orgulho. Todo o treinamento duro no norte da África estava valendo a pena. "Em meio ao calor escaldante e à poeira sufocante", lembrou, "esses soldados abriram caminho como ondas em uma praia e a um ritmo que as legiões romanas nunca conseguiram".[32]

Porém, os homens da Rocha do Marne tiveram negada a honra de serem os primeiros a entrar em Palermo, a primeira grande cidade da Europa a ser libertada da ocupação alemã. Patton ordenou que Truscott parasse para que fosse ele a ser fotografado, em 22 de julho, dando as boas-vindas aos tanques Sherman da 2ª Divisão Blindada, quando entraram na cidade em ruínas.

Estandartes foram hasteados.

"FORA MUSSOLINI!"

"Vida longa à América!"[33]

Meninos de pernas finas, desnutridos, jogaram limões frescos e cachos de uvas para os norte-americanos.

"*Caramelli! Caramelli! Caramelli!*"[34]

Doces! Doces! Doces!

Câmeras dispararam.

O famoso fotógrafo de guerra Robert Capa, trabalhando para a revista *Life*, assistiu à procissão da vitória que se seguiu: "A estrada que levava à cidade estava repleta de dezenas de milhares de sicilianos frenéticos agitando lençóis brancos e bandeiras norte-americanas caseiras com poucas estrelas e muitas listras. Todo mundo tinha um primo no *Bru-qui-lin*."[35]

Truscott e Patton se conheceram no dia após a libertação de Palermo. Patton parecia encantado.

"Bem, o trote Truscott com certeza nos trouxe até aqui bem depressa", disse Patton.[36]

Seguiu-se uma semana de descanso para Ware, Murphy e Britt. A Companhia B estava inicialmente posicionada em uma fábrica de aviões abandonada. Hidroaviões que só precisavam de armas para serem montados serviam de guarda silenciosa.[37] Então, Ware transferiu seus homens para um prédio municipal no coração de Palermo. Nas ruas ao redor, soldados faziam fila pacientemente do lado de fora dos bordéis. Apenas um quarto da população permaneceu, mais de 150 mil civis fugiram dos bombardeios. Os homens de Ware vagaram pelas passagens estreitas entre casas desmoronadas, passando por placas que declaravam *Duce! Duce! Duce!* e pela Via Libertà em busca de comida e café decentes.

Se tivessem sorte, os oficiais poderiam conseguir um lugar no Grand Hotel Excelsior. A minestrone estava muito aguada; o bife, cortado fino demais, mas, pelo menos, a fruta estava fresca. Os gringos tiveram que se contentar com *caffè surrogato*, uma mistura quase gostosa de chicória e grãos. Não havia café expresso, nem cappuccino. Os italianos não provavam café de verdade há três anos. E o povo de Palermo não via um pão havia mais de uma semana. Estavam desesperadamente famintos.

Em todo canto que os norte-americanos se aventuravam, encontravam moradores locais que repetiam uma palavra.

"Pane, pane, pane!"

Pão...

"Quando vocês, americanos, vão nos trazer comida?"[38]

Ninguém sabia ao certo. Então, em 26 de julho, transmissões de rádio de Roma anunciaram que Il Duce — Mussolini — havia sido preso. O rei Vítor Emanuel lhe dissera: "Não podemos continuar por muito mais tempo. A Sicília se foi." E assim terminaram 21 anos de fascismo na Itália. Um novo governo, comandado pelo marechal Pietro Badoglio, formou-se e garantiu continuar lutando com a Alemanha, redobrando os esforços. Ninguém pareceu convencido, especialmente Hitler. Badoglio estava blefando, já tendo dito para Emanuel que a guerra estava *perduto, perdutissimo* — totalmente perdida.[39]

Hitler considerou substituir Badoglio, mas foi convencido a esperar. No entanto, não perdeu tempo em contatar Kesselring para dizer que considerasse retirar todas as tropas alemãs da Sicília. Kesselring já havia feito planos de contingência e ordenado que oficiais de operações das divisões da *Wehrmacht* ainda em combate voassem para seu quartel-general, a fim de organizar a Operação Lehrgang, uma evacuação em massa que seria um grande sucesso.

Em Palermo, Patton aproveitou sua recente fama de conquistador da Sicília Ocidental, abrigado no Palácio Real com sua capela palatina, onde rezava com devoção quando não vagava impacientemente pelos corredores com carpete vermelho. Seu rosto estampava as revistas *Newsweek* e *Time* naquele mês, mas ele ansiava por mais glória no campo de batalha — estava predestinado. Ele sabia disso. Deus também. Os mapas de batalha que Patton olhou mostravam que seu 7° Exército havia ocupado mais da metade da Sicília. As marcações revelaram também que o 8° Exército de Montgomery estava progredindo devagar, a sotavento do Monte Etna, ao longo da costa sudeste da Sicília.

O general Harold Alexander, comandante das Forças Aliadas na Sicília, olhou para mapas diferentes, mas que contaram a mesma história: as forças de Montgomery precisavam de ajuda. Então ordenou que

Patton, no comando de cerca de 200 mil homens, atacasse para o leste, em direção a Messina, ao longo da costa norte da Sicília. O general que chegasse primeiro seria capaz de declarar vitória na campanha da Sicília.

Patton não queria terminar a disputa em segundo lugar, certamente não atrás de Montgomery. "É uma corrida de cavalos", disse ele a Troy Middleton, comandante da 45ª Divisão, "valendo o prestígio do Exército dos EUA. Devemos tomar Messina antes dos britânicos".[40] Mas não foi a Middleton que Patton recorreu para vencer. Esse privilégio estava reservado para Lucian Truscott e a Rocha do Marne. Eles liderariam o ataque do 7º Exército em direção a Messina, o prêmio derradeiro de Patton, a 225km de distância ao longo da Via Valeria, uma antiga estrada costeira.

O CAPITÃO KEITH Ware tinha um problema — um soldado* da Companhia B chamado Audie Murphy. Ware não o queria na linha de frente, por mais capaz que já tivesse se provado. Não conseguia ver além do "maldito rosto de bebê" de Murphy, nas palavras do próprio soldado, então Ware o transferiu para sua equipe no QG. Murphy deveria estar agradecido, mas, em vez disso, escapou várias vezes para se juntar a patrulhas perigosas.

Um Ware exasperado confrontou Murphy.

"Ouvi dizer que você não pode ficar longe da linha de frente?"

"Sim, senhor."

"Qual é o seu problema? Quer ser morto?"

"Não, senhor."

"Vou me fazer um favor. Estou colocando você de volta nas linhas e vai ficar lá até se sentir tão cansado da ação que vai querer vomitar."

---

* A hierarquia militar dos EUA é diferente da brasileira. As graduações dividem-se em duas: oficiais e praças. Os praças são: soldado, cabo e sargento (e derivações). Os oficiais são: segundo-tenente, primeiro-tenente, capitão, major, tenente-coronel, coronel, brigadeiro-general, major-general, tenente-general, general e general do exército, em ordem de progressão. [N. da R.]

"Sim, senhor."

"E, por acaso", Ware acrescentou, "você foi nomeado cabo".[41]

O cabo Murphy se viu curvado, vomitando, não por repulsa por matar, mas pela desidratação que sofria. A temperatura atingiu 43°C, com 100% de umidade. "Era comum ver grandes grupos de homens amontoados em torno de um pequeno cano cimentado na lateral de um penhasco rochoso", lembrou Eugene Salet, um dos colegas de Ware, "de onde fluía um fio de água fria. Esses homens iriam até lá para encher seus cantis, depois dobrariam o passo por várias centenas de metros para voltar — encharcados de suor e cobertos por uma camada de poeira — ao lugar em suas formações que marchavam rapidamente".[42]

Encontrar água limpa, lembrou Salet, muitas vezes era "uma questão de vida ou morte". Os alemães envenenaram muitos suprimentos de água e colocaram armadilhas em poços. Os homens sentiam sede constantemente, a garganta "entupida de poeira", perdendo 0,5kg por dia graças ao "clima abafado, pegajoso e sufocante".[43] Os mosquitos vinham sempre que os homens acampavam, e, para matar a sede, alguns aceitavam de bom grado jarros de água insalubre dos locais. Em pouco tempo, algumas unidades estavam perdendo mais homens para a diarreia e a malária do que para balas e minas alemãs.[44]

A estrada para Messina serpenteava ao longo de uma costa rochosa e bonita, cortando limoeiros. Era contornada por arbustos de oleandros brancos e buganvílias rosa. "Se você pudesse viajar por esta estrada em tempos de paz, seriam ótimas férias, né?", brincou um soldado.[45] O mar Tirreno atingia as praias estreitas. Em muitos lugares, havia grandes declives para as ondas azul-índigo abaixo. As montanhas margeavam a estrada esburacada, proporcionando uma excelente visão para as equipes de morteiros e a artilharia alemãs.

Quando o capitão Ware da Companhia B e outros comandantes optaram por contornar as barricadas ao se mover terra adentro, através das montanhas, foi como se tivessem sido transportados de volta ao Velho Oeste. Agora os soldados mais úteis eram os do campo, que sabiam domar e selar mulas. Cada mula podia carregar de três a quatro caixotes de 18kg de rações, o suficiente para alimentar uma companhia por um dia. Algumas trilhas eram tão íngremes, que as mulas cambaleavam e caíam para a morte, seus zurros ecoando pelos vales. Quando as mulas desabavam de exaustão, os soldados terminavam o serviço com tiros misericordiosos e depois as empurravam para o lado ou as jogavam ladeira abaixo.[46]

Em 2 de agosto, a Companhia B se aproximou da cidade de San Fratello, situada nos montes Nébrodes, a meio caminho entre Palermo e Messina. A cidade fornecia uma base perfeita para o fogo de artilharia alemã e para a observação da estrada costeira que levava até Messina. Próxima de um grande afloramento de rocha branca de 700m chamado Monte San Fratello, a cidade podia ser alcançada por uma única estrada sinuosa. Os alemães explodiram as pontes ao redor, minaram a estrada e montaram armadilhas. Não correriam novamente. Desta vez, aguentariam quase até o último homem. A batalha mais dura e cara do 15º Regimento de Infantaria na Sicília estava prestes a começar.

Após uma barragem de mais de duas horas, a Companhia B atacou no dia 3 de agosto, mas parou. Qual era o problema? Sofreu várias baixas. O capitão Ware decidiu investigar os arredores. Era vital examinar as escarpadas em busca de *snipers* e procurar minas no chão — os alemães as tinham plantado por toda a área. Ele encontrou alguns de seus homens posicionados na encosta de uma montanha. Do outro lado de um vale, cerca de 1,5km além do rio, estavam alemães da Divisão Assietta, endurecidos pelo combate, bem entrincheirados em encostas áridas. Para cada dez homens, eles tinham duas metralhadoras, algumas com mira telescópica.

Ware escolheu vários homens para uma patrulha. Queria olhar o inimigo ainda mais de perto. Os alemães haviam estabelecido excelentes posições com metralhadoras e morteiros cobrindo o rio. Ordenou que a patrulha ficasse alerta caso os alemães fizessem um contra-ataque depois do anoitecer. Em seguida, retornou ao seu posto de comando. Os homens começaram a se entrincheirar. Como se fosse uma deixa, uma granada explodiu, matando um dos seus melhores sargentos e atordoando outros na patrulha. O soldado de 1ª classe Vert Enis voltou para informar Ware, coberto de sujeira da explosão.[47] "Eu estava tão sujo", observou Enis em seu diário, "que Ware não me reconheceu quando entrei no posto de comando. Estava tão nervoso, que me mandaram para o posto médico do batalhão, onde passei a noite".[48]

A batalha se intensificou no dia seguinte. O 3º Batalhão do Regimento estava em vantagem com vista para San Fratello, mas sofreu um contra-ataque selvagem. A munição estava acabando. Soldados desmontaram seus pentes de carabina e compartilharam as balas com qualquer homem que pudesse disparar um rifle M1 — até mesmo eletricistas e mensageiros. Finalmente, não havia mais munição para dividir. Com as próprias mãos, pedras e baionetas, eles se mantiveram firmes.

Os feridos não podiam ser retirados da batalha, tão intensos eram o fogo de artilharia e os morteiros. Buracos rasos foram cavados às pressas nas encostas rochosas, e aqueles que tinham uma chance de sobreviver foram deitados, fora da linha de fogo, e receberam transfusões diretamente do braço do doador. Não havia plasma. Isso também tinha acabado. Homens esfomeados, há dias sem rações, encurralavam cabras e ovelhas, cortavam suas gargantas e amenizavam a fome.[49]

Audie Murphy testemunhou boa parte da luta de um ninho de metralhadoras, que foi ordenado a proteger. Viu uma cortina de fumaça ser colocada, envolvendo o rio abaixo. Enquanto a Companhia B atacava, Murphy estava deitado em um vinhedo, comendo uvas. Ele podia ver sua companhia, que havia atravessado o rio, sob fogo inimigo ao longe. A Rocha do Marne estava sofrendo baixas, mas ainda avançando, empurrando a Divisão Assietta de suas posições, eventualmente tomando a cidade de San Fratello.

O 15º Regimento de Infantaria havia passado em seu maior teste até então. Permaneceu forte contra uma divisão alemã inteira, sob fogo constante. A fome, o calor e o terror levaram muitos para além do limite. Um homem desenterrou uma lata de picadinho que jogara fora dias antes, tirou as moscas e as formigas e a devorou. Os homens ficaram "histéricos de alegria e de alívio", foi relatado, quando mulas finalmente chegaram carregando suprimentos médicos, água fresca e munição.[50] "Quase não contribuí para a batalha", Audie Murphy lembrou. "Nutri certo respeito pelos alemães como lutadores, uma visão sobre a fúria do combate em massa e um quadro grave de diarreia. Eu tinha comido muitas uvas."[51]

NÃO HAVERIA TRÉGUA. Eram as ordens vindas de cima. Com os britânicos finalmente fazendo progresso constante ao longo da costa sul, Truscott estava sob intensa pressão de Patton para chegar a Messina. Kesselring garantiu que a Via Valeria fosse muito bem defendida em pontos-chave, então Patton elaborou um plano inteligente, mas potencialmente caro, para superar posições particularmente fortes dos alemães. Exigiu que Truscott fornecesse um batalhão para apoiar um desembarque em Brolo, cerca de 60km a oeste de Messina. Truscott implorou a Patton um atraso de 24 horas para que pudesse providenciar apoio de artilharia. A divisão sofrera muitas baixas nas últimas duas semanas, e ele queria salvar vidas.

Patton não poderia ter se importado menos. Na noite de terça-feira, 10 de agosto, ele chegou ao QG de Truscott em uma fábrica de azeite, perto de um vilarejo chamado Terranova. Segundo ele, Truscott estava "andando de um lado para o outro e parecendo fútil".[52]

"O que foi, Lucian?", Patton gritou. "Está com medo de lutar?"

"General, você sabe que isso é ridículo e insultante."

"General Truscott, se sua consciência não permitir que conduza esta operação, eu o substituirei e colocarei alguém no comando que o fará."

"General, é seu direito me rebaixar quando quiser."

"Eu não quero. Você é um atleta velho demais para acreditar que é possível adiar uma partida."

"Você é um atleta velho o suficiente para saber que, às vezes, elas são adiadas."

"Essa não será. Lembre-se de Frederico II da Prússia: *L'audace, toujours l'audace!* Eu sei que você ganhará."[53]

Patton colocou o braço ao redor do ombro de Truscott.

"Vamos beber do seu álcool."[54]

Mais tarde naquele dia, Patton pegou seu diário em seu QG no Palácio Real, em Palermo. "Talvez eu tenha sido teimoso", anotou, referindo-se ao encontro com Truscott.[55] De fato foi. Logo o batalhão de Truscott estava com sérios problemas, quase cercado. No último segundo, as tropas enviadas por ele vieram socorrê-lo, mas 4 bons oficiais e 37 homens perderam a vida.

Enquanto isso, o capitão Ware conduzia seus homens cansados pelas montanhas em direção a Messina, o canto alto das cigarras era interrompido pelo eco das explosões trovejando e ribombando pelos vales estreitos. "Se os atiradores inimigos o vissem subindo a encosta", lembrou um homem, "você era um homem morto ou, pelo menos, um muito assustado". O canhão 88mm FlaK, a melhor arma alemã da guerra, era particularmente letal. Os homens nunca sabiam quando um "punhado" de projéteis poderia cair, "atomizando" e "vaporizando" soldados em um piscar de olhos.[56]

Às 17h, em 13 de agosto, quando o calor da tarde começou a diminuir, a companhia de Ware arrancou em uma marcha que duraria a noite toda, descansando por duas horas para obter rações, antes de finalmente se entrincheirarem às 6h da manhã seguinte. "No geral, estávamos quase mortos", observou o soldado de 1ª classe Vert Enis em seu diário. "Nossos pés estão exaustos. Há rumores de que a Batalha da Sicília terminará em dois ou três dias. Por mim, tudo bem."[57] Bem longe ao sul, erguia-se o vulcão Etna, com quase 3.400m, o pico mais alto da Itália, ao sul dos Alpes.

Felizmente, a oposição alemã diminuiu conforme a Companhia B ia mais para o leste, os uniformes decadentes, cobertos de poeira.[58] Ware passou por semilagartas abandonadas e depósitos de suprimentos. Em 16 de agosto, seus homens passavam pela Via Valeria em caminhões, em direção a Messina. Ele foi ordenado a estabelecer posições ao sul. Naquela noite, outras unidades da 3ª Divisão entraram na cidade.

Após o amanhecer na manhã seguinte, as últimas tropas alemãs escaparam da Sicília, por meio do estreito de Messina, para a Itália continental, a 3km de distância. A Operação Lehrgang foi um sucesso espetacular. Quarenta mil soldados alemães e cerca de 10 mil veículos, bem como milhares de toneladas de munição e de combustível, foram evacuados em 6 dias e 7 noites. Havia sido, de acordo com um general alemão, Fridolin von Senger, um "recuo glorioso".[59] Von Senger e outros subordinados de Kesselring atrasaram o avanço Aliado com tempo e habilidade perfeitos, permitindo que suas forças lutassem mais um dia na Itália.

O general Truscott havia colocado muita pressão na 3ª Divisão. Cumprira todos os comandos de Patton. Por direito, ele deveria ter levado seus homens para Messina e recebido a rendição oficial da cidade. Mais uma vez, negaram-lhe a glória.

Patton pediu que Truscott esperasse em uma estrada que levava aos arredores de Messina. Patton apareceu em um jipe com um grupo de correspondentes a reboque.

"Por que diabos vocês estão todos parados?", rosnou Patton.

Truscott obedeceu e, então, Patton se foi, entrando em Messina para tirar sua fotografia e ser manchete ao redor do mundo. Havia chegado na cidade antes dos britânicos por algumas horas.[60]

Italianos famintos emergiram das ruínas de suas casas e encheram as ruas.

"Viva, viva!", eles clamaram.

Senhoras, vestidas de preto, jogavam flores de papel e rosas.

"Tanto tempo vi abbiamo aspettato!"[61] Esperamos tanto tempo pela chegada de vocês.

A invasão da Sicília durou 38 dias e custou 25 mil baixas Aliadas. Quase 150 mil italianos se renderam. Crucialmente, as potências do Eixo não eram mais capazes de controlar o Mediterrâneo. Ainda assim, alguns daqueles que lutaram ao longo da sangrenta, mas bela Via Valeria, mais tarde considerariam toda a campanha siciliana uma vitória amarga, já que muitos inimigos escaparam ilesos. "Deveríamos tê-los assassinado", lamentou um oficial norte-americano após chegar às ruínas de Messina. "Teria nos poupado muitos problemas mais tarde."[62]

Enquanto Patton desfrutava de seu minuto de fama, Truscott e seus homens voltavam pela Via Valeria até seu QG em Palermo. A divisão de Truscott havia levado quase três semanas de batalha selvagem para ir de Palermo até Messina. A viagem pela sinuosa estrada costeira, que ostentava várias pontes novas, levou três horas. De Palermo, seguiu mais para oeste, ao longo da costa, até o porto de Trapani, no extremo oeste da costa norte da Sicília, onde sua divisão finalmente se reuniria para descansar.

Patton sempre lhe seria grato por levá-lo a Messina primeiro, classificando-o em 5º dos 153 oficiais generais que serviram sob seu comando na Segunda Guerra. Em 25 de agosto, ele enviou a Truscott um barril de conhaque como agradecimento. "No barril está a insígnia da divisão com cerca de 9cm²", escreveu Truscott à esposa. Tinha um pôster — "Primeiro em Messina".[63]

Para o comandante da Companhia B, Keith Ware, e o cabo Audie Murphy, Trapani foi um alívio bem-vindo do trabalho árduo naquelas montanhas e no calor opressivo. As noites eram frescas, e os homens se enrolavam em cobertores e dormiam sob as estrelas, em vez de em tendas. Era o auge da época de avelãs e amêndoas, e muitos soldados podiam ser vistos carregando sacos delas, quebrando-as nas rochas e mastigando como se o Natal tivesse chegado mais cedo.

Os rumores corriam. A 3ª Divisão iria para a Inglaterra ou talvez até para a China. Outros disseram que ficariam para guarnecer a Sicília sob o comando de Patton. Todos queriam acreditar que os navios reunidos no porto próximo eram para levá-los de volta aos Estados Unidos. Em 9 de setembro, foi anunciado que as forças armadas italianas haviam se rendido aos Aliados. Na Sicília, eles mal lutaram. Os alemães tinham feito a maior parte do trabalho. Hitler e Kesselring reagiram rapidamente, ocupando a maior parte da Itália, derrotando a resistência italiana, libertando Mussolini e estabelecendo um estado-fantoche em Roma. Os italianos não eram mais uma ameaça, já os alemães, em número muito maior, agora teriam que ser derrotados no continente.

ERA BOM DEMAIS para durar — descansando ao sol, comendo frutas frescas, lendo quadrinhos e sonhando com suas casas. No QG da Companhia B, o capitão Keith Ware reuniu seus homens em 14 de setembro de 1943. Tinha uma grande notícia. A Rocha do Marne já havia sido transferida do 7º Exército de Patton para o 5º Exército do general Mark Clark. Audie Murphy e seus companheiros ouviram Ware dizer que se mudariam para uma área de preparação no dia seguinte. Os homens da Companhia B, desanimados como "o queijo sem a goiabada", como Murphy expressou, desempenhariam seu papel em mais uma operação anfíbia, desta vez para romper a própria Fortaleza Europa, invadindo a Itália continental.[64]

"Vamos lá para lutar, rapazes", Ware disse, "e peço que façam um trabalho tão bom quanto fizeram aqui".[65]

A Companhia B foi instruída a fazer as malas e, em seguida, dispensada.

Às 18h naquele dia, seus homens estavam em caminhões, indo em direção a Palermo.[66]

Enquanto isso, o tenente Maurice Britt da Companhia I recebeu uma visita surpresa.

Um coronel ficou diante dele e disse que queria que Britt assumisse o comando da Companhia L de seu batalhão.

"Senhor, acho que não estou apto para o trabalho", disse.

O coronel sabia que estava pedindo muito e se mostrou compreensivo, mas irritado.

Britt não havia dado a resposta esperada.

"Se eu não achasse que você fosse capaz de fazê-lo, não o colocaria no comando", disse o coronel abruptamente.

O primeiro dever de Britt era informar à Companhia L sobre a mudança no comando. Pediu ao sargento mais antigo para reunir os homens. Estava mais nervoso do que nunca, a garganta apertada ao ver todos os duzentos se alinharem. Pareciam estar em excelente forma. "Estávamos todos em forma", lembrou, "porque descansávamos em um olival havia semanas após o fim da campanha na Sicília. Tínhamos laranjas e limões para comer, uma rara regalia para os soldados e as últimas laranjas que vimos em muito tempo".

Na mente de Britt, parecia que olhavam para ele, alinhados em duas fileiras perfeitas, com desconfiança, se não ressentimento.

Quem diabos ele pensava que era?

A Companhia L foi considerada uma das melhores unidades da 3ª Divisão, se não de todo o Exército dos Estados Unidos.

"Senhor, a companhia está em formação", disse o sargento.

"Descansar", disse ele.

Britt respirou fundo e se recompôs. Seria uma conversa em equipe infernal. Ele não se lembrava exatamente do que havia dito, apenas que dera tudo de si, falando do coração. Então apresentou um colega tenente chamado Jack Miller, de Vincennes, Indiana, que fora designado para a Companhia L como oficial executivo.[67] Durante a jornada pela Sicília, Miller serviu como o oficial que registrava os mortos, considerado por Britt "o trabalho mais difícil do exército", o que muitas vezes significava remover relógios e anéis dos amigos mortos que podiam ser identificados, aqueles que não foram explodidos em pedaços, e, depois, vasculhar os bolsos ensanguentados procurando "fotos de esposas e bebês" que seriam enviadas aos enlutados.

Os homens ouviram Britt educadamente, mas não pareceram muito impressionados.

"Uma recepção nada calorosa", Britt disse a Miller mais tarde.

Miller tentou ao máximo animá-lo, mas o arkansense parecia melancólico. Ele sabia que estava substituindo um oficial altamente respeitado, o capitão George Butler, que foi forçado a perder a próxima invasão porque adoecera. Butler ganhara a Estrela de Prata ao deslocar a Companhia L ao longo da costa norte até Messina. Raramente precisou ladrar uma ordem, liderando por meio de sugestão e exemplo. "Os homens iriam e voltariam do inferno por ele", lembrou Britt.[68]

Eles fariam o mesmo por Britt? Em menos 24 horas, em um litoral distante, ele descobriria.

CAPÍTULO 3

Lama, Mulas e Montanhas

EVIDÊNCIAS DE COMBATES ferozes estavam por toda parte quando o tenente Maurice Britt desembarcou, liderando a Companhia L, ao sul do porto de Salerno em 19 de setembro de 1943. A cabeça de praia* pela qual Britt passou, repleta de equipamentos abandonados e destroços queimados, fora salva em uma luta amarga alguns dias antes. No dia 15 de setembro, na "Quarta-feira Negra", por várias horas pareceu que a campanha de Salerno seria a primeira grande derrota das forças norte-americanas na Europa na Segunda Guerra.

A situação se tornou tão grave que a 3ª Divisão, inicialmente na reserva, foi enviada para apoiar as 45ª e 36ª Divisões, ambas as quais haviam levado uma surra e, ainda assim, resistiram aos contra-ataques das forças de Kesselring. Se Kesselring tivesse sido autorizado a recorrer

---

* Cabeça de praia é uma linha temporária criada quando uma unidade militar chega a uma praia de desembarque pelo mar e começa a defender a área enquanto reforços chegam. [N. da R.]

às próprias reservas, ele teria facilmente destruído a precária cabeça de ponte. Em vez disso, dois dias antes, em 17 de setembro, os norte-americanos e os britânicos se uniram e a crise havia passado, mas ao custo de mais de 12 mil baixas Aliadas.

Britt avançou para a cidade ferroviária de Battipaglia. À frente, erguia-se a cordilheira dos Apeninos. Por sorte, não houve resistência inimiga enquanto conduzia seus homens em direção ao horizonte escarpado. Mas aqueles picos à frente, onde os alemães esperavam, pareciam mais altos do que os da Sicília, mais ameaçadores. Battipaglia não passava de terra chamuscada, reduzida aos escombros pela 12ª Força Aérea. "A destruição foi fantástica", lembrou um soldado. "Os trilhos foram destroçados, formando grandes voltas no ar como se algum gigante os tivesse retorcido em ângulos estranhos."[1]

Britt seguiu para uma cidade chamada Acerno, a ponta de lança do avanço da 3ª Divisão. Havia um planejamento vago, ele descobriu, sobre empurrar os alemães de volta para Nápoles e, eventualmente, para Roma.

"Aonde isso vai acabar?", alguns homens se perguntaram.

"Quando isso vai acabar?", outros questionaram.

Estarei lá quando isso, de fato, acabar?[2]

Britt liderava uma companhia de infantaria pela primeira vez, mas sabia o que era preciso para motivar os jovens a acreditar que poderiam vencer, a encontrar a vontade de lutar contra um oponente. Testou a si mesmo repetidamente em um esporte violento. "Ele tinha a capacidade", recordou seu treinador da faculdade mais tarde, "de tomar decisões rápidas durante uma crise e de pensar nos problemas com antecedência".[3]

No passado, houve dias inebriantes por ser adorado por tantos colegas gritando seu nome enquanto ele corria com a bola pela Universidade do Arkansas. Houve aquela tarde fria de novembro, em 1941, quando ele jogou pelo Detroit Lions. Eles estavam perdendo para o Philadelphia Eagles por três pontos no último tempo. Então a bola fez um arco no ar, e Britt a arrancou do céu e avançou, os gritos da multidão mais altos a cada jarda enquanto ele se esquivava e corria até a *end zone* para marcar um *touchdown* de 45 jardas. Os Lions ganharam de 21 a 17, porém Britt nunca mais fez uma jogada assim — três semanas depois, os japoneses bombardearam Pearl Harbor e a maioria dos jogadores da NFL, incluindo ele, pendurou as chuteiras e partiu para a guerra.

Os dias de glória ficaram para trás enquanto Britt conduzia a Companhia L por uma estrada poeirenta em direção a Acerno, a 19,3km das praias de Salerno. Conforme se aproximava da cidade, os alemães mostraram ao que vieram, explodindo pontes à frente. E, assim, seu primeiro dia como novo comandante da Companhia L foi gasto quase sem avanços. Dois dias depois, ele e seus homens finalmente avistaram a cidade, cerca de 730 metros acima do nível do mar, situada a sotavento de encostas repletas de bordos, carvalhos e castanheiros. Em tempos de paz, gatos selvagens vagavam ali enquanto águias-reais voavam acima.

As ordens de Britt eram para capturar Acerno o mais rápido possível. Assim, a cabeça de ponte* de Salerno estaria segura e os Aliados poderiam avançar para o norte, tomar Nápoles e seguir ao longo do Vale do Liri até Roma. Ele foi informado de que os alemães haviam mandado até uma dúzia de tanques e várias centenas de homens para a defesa da cidade. Seu plano era tomar uma colina próxima e entrar em Acerno depois de atravessar vários campos e pomares. Naquela noite, Britt soube que a Companhia L e ele deveriam iniciar a campanha na manhã seguinte, 22 de setembro, às 7h. Antes de atacar, haveria uma barragem de dez minutos para abrandar as defesas alemãs, e uma cortina de fumaça seria colocada.

Naquela noite, Britt e seus homens avançaram em fila indiana e se dirigiram para um desfiladeiro. Atravessaram a corredeira de um riacho, a água gelada os esfriando. Os homens que carregavam as pesadas placas-base dos morteiros ficaram particularmente esgotados na travessia e na subida até o outro lado do desfiladeiro íngreme. Às 3h, ele e seus homens alcançaram suas posições designadas. Como prometido, a artilharia do batalhão começou às 7h, e depois que as granadas de fumaça foram disparadas ordenou que sua companhia entrasse em ação.

---

* Cabeça de ponte é uma posição militar provisória em território inimigo, normalmente do outro lado de um rio ou mar, que tem como objetivo viabilizar desembarques ou avanços adicionais.

"Foi meu primeiro ataque como comandante", ele lembrou, "e eu queria tanto ganhar a confiança dos homens que acho que me esqueci de sentir medo".

O inimigo recuou quando a Rocha do Marne atravessou um milharal ao lado de uma estrada que levava a Acerno. Britt sentiu uma dor aguda acima do joelho. Um estilhaço de morteiro o atingira. Mas ele estava muito animado para deixar que isso o incomodasse conforme viu os alemães avançando e montando metralhadoras. Logo, uma das armas enviava rajadas de balas em sua direção. Ele e seus homens caíram no chão e rapidamente ficaram presos no milharal. Nas palavras de um dos colegas oficiais de Britt, o primeiro "derramamento de sangue sério" para a 3ª Divisão na Itália havia começado.[4]

Britt mandou um homem com um lança-granadas ir para a esquerda e derrubar a metralhadora alemã, mas logo ele voltou, dizendo que não conseguiu localizar a posição alemã. Em seguida, Britt enviou outro homem pela direita, mas novamente não teve sorte. Os alemães estavam bem camuflados.

Britt se voltou para um soldado com um lança-granadas.

"Que bela arma você tem aí."

"Ah, é."

"Essa coisa consegue lançar uma granada a 35 metros?"

"Sim, se souber como usar."

"Me dá."

Britt agarrou o lança-granadas e rastejou para a frente. "Tentei seguir as ondulações do solo, mas a palha de milho seco não dava muita cobertura, e logo a metralhadora disparou", lembrou. "Ouvi as balas assobiando sobre minha cabeça e os estalos quando ocasionalmente atingiam uma palha de milho. Um esquadrão de morteiros alemão deve ter me visto, já que projéteis começaram a cair nas proximidades."

Britt nunca esteve tão ciente da própria altura. Ele tinha quase 1,93 metro — um alvo grande. Pressionou o rosto no solo e, em seguida, voltou a rastejar de bruços. Pareceu uma eternidade, mas, na verdade, foram menos de cinco minutos antes que ele chegasse perto o suficiente para acertar a metralhadora alemã. "Apoiei-me em um joelho, mirei

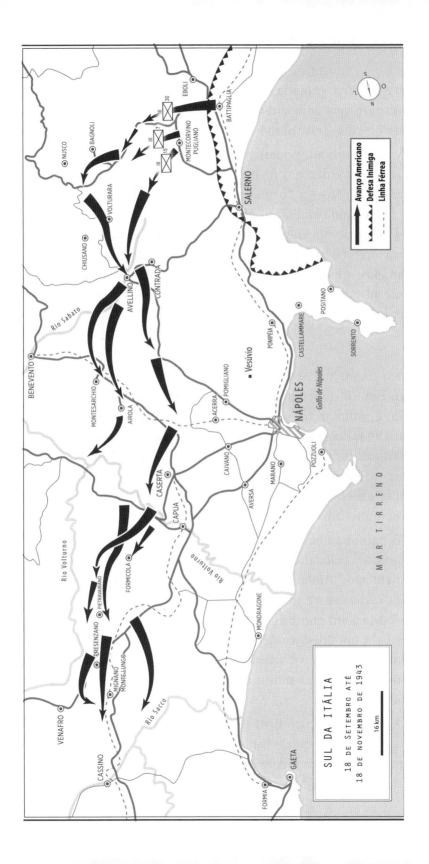

rápido e lancei a granada. Ela voou cerca de 50 metros, um belo e sortudo disparo que caiu direto no alvo. A metralhadora parou; os dois alemães que disparavam morreram."[5]

A Companhia L poderia avançar mais uma vez. Acerno caiu após lutas acirradas e dezenas de baixas para o 30º Regimento de Infantaria no final da tarde — a "primeira grande ação" do 5º Exército de Mark Clark foi relatada enquanto avançava para Nápoles.[6] No dia seguinte, a ferida de Britt foi tratada. Havia conquistado seu primeiro Coração Púrpura e receberia a Estrela de Prata pelo desempenho com o lança-granadas: "Fiquei feliz em receber a medalha, é claro, mas o que mais me agradou foi a sensação de ter priorizado os interesses da Companhia L."[7]

A INVESTIDA PARA O NORTE, subindo a espinha irregular da Itália, continuou. Em 26 de setembro, as chuvas de outono começaram. Ao que parecia, continuariam sem cessar até a primavera seguinte. Antes do fim de 1943, deprimentes 50 centímetros de neve cairiam. "O país era chocantemente belo", lembrou o jornalista Ernie Pyle, "e tão chocantemente difícil era capturar o inimigo".[8] Conforme o ritmo do avanço diminuía e as folhas de bordo e de carvalho começavam a ganhar cor nos Apeninos, a batalha ficava cada vez mais dura.

As baixas aumentaram, e os esquadrões que registravam os mortos começaram a colocar cadáveres mutilados em lençóis antes de enviá-los para o enterro.[9] Audie Murphy lembrou o "otimismo indevido" após a Batalha de Salerno e de estar "preparado para uma rápida corrida até Roma". Mas, em outubro, o avanço diminuiu para uma "caminhada", depois para um "deslocamento" e, finalmente, para um rastejamento.[10] O calor sufocante e os enxames de borrachudos durante o verão haviam desaparecido há muito tempo. O ar estava fresco, anunciando o inverno.

O tenente Maurice Britt escreveu para sua esposa, Nancy, no Arkansas, descrevendo uma visita às linhas de frente de ninguém menos que o comandante supremo Aliado Dwight Eisenhower. Querendo "manter o entusiasmo em meio às condições inescapavelmente miseráveis", como ele expressou, Eisenhower inspecionou a Companhia L de Britt e outras.[11] Britt ficou orgulhoso em contar para a família que Eisenhower havia parabenizado ele e seus homens pelo "trabalho maravilhoso" que fizeram com "quatro campanhas no currículo".[12]

O próximo desafio seria cruzar o rio Volturno, algumas centenas de quilômetros ao sul de Roma. Ele tinha margens íngremes, estava em período de cheia e em certos pontos tinha mais de 45 metros de largura enquanto serpenteava em direção ao mar Tirreno.

Escondidos pela escuridão, Murphy e seu pelotão da Companhia B ocuparam um abrigo alemão úmido recentemente abandonado à beira do rio. Salgueiros e álamos foram destruídos pelo fogo de artilharia, milhares de tiros por dia disparados pelos Aliados. Na área da Companhia B, só uma árvore sobrevivera. Estava escuro como breu dentro do abrigo e cheirava a comida podre, suor teutônico e roupas velhas. Os alemães eram famosos pela falta de higiene, mas admirados pelos abrigos, que eram notavelmente resistentes — tinham que ser, já que na Itália os Aliados dispararam dez projéteis para cada um que Kesselring pôde lançar de volta.

Entre os companheiros mais próximos de Murphy naquele outono estavam o soldado Joe Sieja e um cabo chamado Lattie Tipton. Três meses de combate, da Sicília ao continente italiano, esquivando-se de projéteis e vendo seus companheiros soldados morrerem não fizeram nada para diminuir o ódio de Sieja pelos alemães. Quando Murphy o encarava, às vezes via "um brilho esquisito e débil" nos olhos do jovem que o fazia parecer particularmente triste. Tanto Sieja quanto Tipton confiavam em Murphy havia muito, compartilhando seus sentimentos mais profundos. Sempre que falavam sobre mulheres, Murphy reclamava que nunca tivera tempo para se apaixonar, sem contar que era "muito orgulhoso para deixar uma garota ver os remendos em [sua] cueca".[13]

Com frequência, Tipton lia cartas da filha de 9 anos, Claudean.

Papaizinho, estou na escola, mas o professor não está olhando... Quando você vem pra casa? Sinto sua falta...[14]

Murphy e Tipton, em particular, eram "como irmãos", como Murphy expressou. Toda vez que Murphy entrava em combate ao seu lado, imaginava Claudean, "os olhos ávidos de vida; seu nariz sardento petulante; suas tranças com lacinhos nas pontas".[15] Murphy estava determinado a fazer o que pudesse para proteger Tipton, assim ele veria a filha novamente.

Tipton também recebeu correspondência da ex-esposa. "Casamos muito jovens", confidenciou, "e os grandes planos que fiz não deram certo".

Na manhã de 12 de outubro, em uma coletiva de imprensa, um oficial sênior explicou o desafio enfrentado pelos Aliados.

"Todos sabem o que está planejado para esta noite", ele começou. "Atravessaremos o Volturno."

Não era um rio qualquer.

"Tem as margens mais malditas já vistas. Em alguns lugares são tão íngremes que chegam a 45°. E elas estão minadas."

Kesselring sabia por onde os Aliados poderiam atravessar e se planejou de acordo.

"O desafio é levar a infantaria longe o suficiente para que as pontes possam ser atravessadas."

Três divisões alemãs esperavam do outro lado do rio.

"Não podemos ser otimistas demais... Será uma briga difícil. Uma das desvantagens é que não podemos usar o apoio aéreo por causa do clima."[16]

Naquela tarde e noite, os homens se prepararam para o ataque.

"Durmam, porcos", os alemães bradaram nas margens ao norte. "Vamos matar todos vocês antes do café da manhã."[17]

Sem dúvidas para alívio de Audie Murphy, a Companhia B seria mantida na reserva. Ele poderia ficar um pouco mais em seu abrigo, protegido da chuva e das rajadas de granadas alemãs. Desta vez, outras companhias do 15° Regimento iriam primeiro.

As duas pontes do setor da 3ª Divisão foram destruídas, então seriam necessárias lanchas de assalto, mas não tinham embarcações o suficiente. Assim, a Rocha do Marne improvisou com tudo o que os homens conseguiram achar: pontões de borracha da marinha e até jangadas montadas às pressas usando latas de água e de gasolina como flutuadores. Das quatro divisões de infantaria dos EUA no VI Corps, a Rocha do Marne suportaria o peso da operação. Para dar a eles uma chance inicial, Truscott ordenou que uma enorme cortina de fumaça fosse colocada nas posições inimigas e no próprio rio antes da Hora H — às 2h do dia 13 de outubro —, quando suas tropas começariam a cruzar.

Sob as nuvens brancas e leitosas da cortina de fumaça, nos primeiros minutos de 13 de outubro, a primeira leva de tropas do 15º Regimento de Infantaria se reuniu. O capitão Arlo Olson, comandante da Companhia F, conduziu seus homens em silêncio para as margens sul do Volturno, em um trecho do rio que corria do leste para o oeste, a cerca de 1,5km de um vilarejo chamado Triflisco.

Formado pela Universidade da Dakota do Sul, Olson, de 25 anos, percorrera, durante 13 dias seguidos, 50km por montanhas sem nome e riachos torrenciais. A chuva era forte quando chegou à margem sul do Volturno às 2h. O fluxo de água estava forte, derramando-se sobre as rochas com uma força sinistra. Clarões verdes e vermelhos brilhantes subiram acima das posições alemãs. Começou a atravessar; as águas agitadas atingindo seu peito. As últimas semanas cobraram seu preço, e seu rosto não era mais infantil. O sorriso habitual e os olhos brilhantes se foram.

O estalo constante do fogo de metralhadoras foi ouvido. Munição traçante branca e azul saía como linhas dos *bunkers* alemães. Felizmente, a cortina de fumaça encobriu o rio dos observadores de artilharia alemães que estavam no alto, centenas de metros ao norte. Olson atravessou as águas frias com dificuldade, a carabina acima da cabeça. Porém, os alemães o avistaram, e balas foram disparadas em torrentes ao seu redor. Ele continuou, fazendo um progresso agonizantemente lento, e mais balas passavam assobiando por ele enquanto se dirigia para um ninho de metralhadoras. Finalmente atravessou, mas teve que subir vários metros para chegar ao topo da margem norte. O fogo alemão era implacável.

Olson puxou o pino de uma granada, depois, de outra, e as jogou no ninho de metralhadoras alemãs mais próximo. Ouviu explosões altas quando as granadas mataram os homens que tentaram matá-lo enquanto atravessava o rio. Entretanto, havia outros ninhos de metralhadoras espalhados pelas margens do norte, e os alemães abriram fogo conforme seus homens lutavam para atravessar o rio. Olson continuou se movendo ao longo da margem em direção à próxima posição inimiga. Não correu. Não mergulhou para se proteger quando as balas atravessaram seu caminho. Andou devagar, no próprio tempo, deliberadamente e de costas retas, como se fosse imortal, atraindo os hipnóticos traçantes azuis e brancos, um boi de piranha determinado a salvar seus meninos.[18]

Cinco alemães, foi relatado mais tarde, jogaram granadas de vara Modelo 24 (*Stielhandgranate*) nele. Continuou, aproximando-se do inimigo até que estivesse a apenas 18 metros de distância, antes de empunhar sua carabina e matá-los. Então ficou sem munição. No chão macio e lamacento, viu uma metralhadora alemã, uma arma altamente eficaz a curta distância. Ele a pegou e continuou andando. O pente tinha capacidade para 32 balas se totalmente carregado. Com sorte, teria balas o suficiente. Olson foi impiedoso, acertando mais nove alemães, a metralhadora pipocando. Logo, seus homens atravessaram o rio com baixas mínimas, graças à sua coragem e à sua agressividade, pelas quais receberia a Medalha de Honra.

Ao amanhecer, o general Lucian Truscott estava na beira do rio, angustiado, uma expressão de preocupação. Fumaça branca pairava acima das águas turbulentas, um véu frágil. Traçantes carmesim de metralhadoras norte-americanas, que tinham uma cadência de tiro menor do que as MG 42 alemãs, percorriam o rio sobre os homens que caminhavam vestindo coletes salva-vidas e agarrando-se nas cordas. Ele estava ansioso, sobretudo para que o apoio blindado atravessasse e oferecesse reforços para cinco batalhões que, ao alvorecer, já estavam no lado norte do rio. Se os alemães contra-atacassem com os Panzers, sua divisão seria despedaçada.

"Depressa!", vociferou Truscott. "Depressa… Traga esses malditos caça-tanques e tanques até aqui. Droga, atire em alguma coisa. Atire em qualquer coisa que esteja atirando nos nossos homens. O que quer dizer com 'Não dá para fazer isso'? Ao menos tentou?"[19]

Unidades blindadas atravessaram o rio naquela manhã, e mais infantaria também durante todo o dia, incluindo a Companhia B do Capitão Ware, e em 24 horas as tropas de Truscott estavam no controle de todo o Vale Volturno. De acordo com o comandante do 10° Exército alemão, Heinrich von Vietinghoff, a 3ª Divisão fez um bom trabalho e perdeu apenas cerca de 300 homens.[20]

Os alemães recuaram por uma estrada crucial, a Rodovia 6, até o que Kesselring chamou de Linha Bernhardt: montanhas fortemente defendidas em ambos os lados de Mignano.[21] Cerca de 30km ao norte da Linha Bernhardt ficava a ainda mais formidável Linha Gustav, que os alemães acreditavam ser intransponível com o clima ruim.

Truscott não pretendia perder a chance e levou seus homens adiante, na esperança de quebrar as Linhas Bernhardt e Gustav antes do inverno chegar. Maurice Britt, liderando a Companhia L, tentou animar seus homens enquanto perambulavam por vilarejos em ruínas com pedaços de telhas vermelhas para todos os lados, ao longo de caminhos de cabras, através de bosques de ciprestes e pinheiros-mansos cheios de minas antipessoal e passavam por cadáveres apodrecidos de jovens da 3ª Divisão de Infantaria Motorizada alemã.

Quatro em cada dez baixas norte-americanas na Itália foram causadas por minas: as grandes que podiam explodir um caminhão, as de madeira que eram difíceis de detectar e as "castradoras", que faziam exatamente o que o nome indicava. O avanço Aliado podia ser rastreado por vestígios sangrentos de partes de corpos, pedaços de uniformes ensanguentados e equipamentos retorcidos.

Por que os homens de Britt deveriam se importar com a Itália? Às vezes tudo parecia completamente fútil. Quase todos os dias, Britt tinha que dizer a seus líderes de pelotão que o próximo objetivo seria outra maldita colina no que foi chamado nos mapas deles como "interior montanhoso".

"Mais uma colina", Britt diria.

"Sim, capitão, mais uma colina."

Não havia raiva ou amargura quando os sargentos dos pelotões diziam isso. Os homens estavam com muito frio e exaustos, muitas vezes encharcados até os ossos pela chuva constante, então simplesmente murmuravam a resposta até que "mais uma colina" se tornou uma triste piada interna, um lema para a Companhia L.

Britt enviaria uma patrulha de dez esclarecedores — a ponta de sua companhia — para explorar a próxima colina. Eles se moviam cerca de 350 metros à frente do pelotão dianteiro da Companhia L e eram liderados por um sargento de confiança que não entraria em pânico. Era um trabalho letal, e Britt alternava o esquadrão de esclarecedores sempre que podia, querendo dar aos homens uma chance de sobreviver ao menos uma semana na linha. Parecia cruelmente injusto que a Companhia L de Britt fosse escolhida com frequência para ser a ponta de lança do batalhão, já que seus homens eram muito bons nisso.

A morte de cada homem afetava Britt profundamente. Era especialmente difícil ver o luto e a angústia dos homens que perdiam um amigo de trincheira. "Perder um parceiro era o pior que podia acontecer", lembrou. "Tínhamos um par de gêmeos, que, óbvio, eram ainda mais do que amigos. Um foi morto. Quando vi a dor nos olhos do irmão, mandei-o de volta ao acampamento imediatamente."[22]

Um dia, naquele mês de outubro, Britt e sua companhia tomaram o território acima de um vilarejo, então ele foi instruído a avançar mais 1,5km até outra cidade. Havia uma estrada entre o vilarejo e a cidade vizinha, mas acreditava-se que estivesse minada. Assim, Britt partiu através de um vinhedo em socalcos. A chuva recomeçou, uma "garoa" gelada que parecia penetrar até o fundo dos ossos. Suas botas afundavam na lama até os tornozelos. A cada poucos minutos, um homem tropeçava em arames que seguravam as videiras e caía de cara no chão.

Após algumas horas, Britt percebeu que estava perdido. Por um instante, começou a entrar em pânico. Pegou seu mapa e o segurou debaixo de um cobertor para evitar que o molhasse e para esconder a luz da lanterna. Entrou em contato com o quartel-general do batalhão e relatou sua posição conforme viu no mapa amassado. Um coronel foi chamado ao rádio. "Britt!", ele gritou. "Você percebe o que fez? Concluiu o objetivo do batalhão. Concluiu o objetivo do regimento e participou do objetivo divisional. Aguenta aí o quanto puder e tentaremos dispensá-los da missão."

A espera até o amanhecer foi longa. Eventualmente, o resto do batalhão de Britt o alcançou, e os alemães recuaram, deixando para trás até mesmo morteiros e metralhadoras, chocados com o fato de os norte-americanos terem avançado tão depressa.

De acordo com Britt, o general Truscott ficou encantado quando soube do avanço. Do quartel-general da divisão, Truscott enviou uma mensagem de parabéns: "Britt, sua companhia fez um trabalho maravilhoso. Quero que conte aos seus homens que vocês aceleraram nossos planos em dois dias."

Britt, sabiamente, escolheu não responder: "Se eu tivesse contado ao general que estava perdido, poderia ter sido levado à corte marcial. Minha conquista foi completamente acidental. Poderia facilmente ter sido um desastre para todos os meus homens."[23]

O PROGRESSO ACIDENTAL de Britt era incomum. No fim do outono, o avanço Aliado atingiu a média de míseros 3,2km por semana. Matar um dos homens de Kesselring custava cerca de US$25 mil em granadas. Napoleão não havia alertado que a única maneira de invadir o país era pelo norte? Aníbal cruzara, afinal, os Alpes com elefantes durante o inverno, em vez de se aproximar de Roma pelos Apeninos. "Chuva, chuva, chuva", anotou um abatido comandante Aliado em seu diário. "As estradas estão tão cheias de lama, que avançar tropas e suprimentos é um trabalho terrível. A resistência do inimigo não é nem de perto tão grande quanto a da Mãe Natureza, que certamente parece lutar do lado da Alemanha."[24]

Apesar da piora nas condições, a pobre e sangrenta infantaria continuou. O capitão do 15º Regimento de Infantaria, Arlo Olson, tendo conquistado a Medalha de Honra no Volturno, mais uma vez tomou a frente e mostrou o caminho, rumo ao noroeste, em direção a uma cordilheira cujo pico mais sinistro se chamava Monte Nicola. Durante duas semanas, Olson rastejou entre arbustos espessos, evitando minas-S e armadilhas, movendo-se como um fantasma à frente de seus homens na escuridão fria, sondando e incomodando patrulhas alemãs.

Ao alto, as folhas caíam das árvores, o que significava que Olson tinha que estar vigilante, certificando-se de que seus homens não se expusessem desnecessariamente. Eles deveriam evitar o horizonte e sujar seus capacetes com lama para que não brilhassem quando o sol ousasse espreitar por trás das nuvens. Em 27 de outubro, ele foi atacado e rastejou para a frente até ficar a cerca de 20 metros do inimigo. Então, levantou e carregou a arma. Uma metralhadora pipocou e balas passaram perto dele, mas Olson chegou ao ninho e matou os soldados com sua pistola.

Seus homens o alcançaram. Ele pressionou, mas a Divisão Hermann Göring reagiu com força, criando uma saraivada de balas. Foi nesse momento que sua sorte acabou e ele foi gravemente atingido. Embora sentisse dores excruciantes, recusou ajuda médica e garantiu que seus homens pudessem se defender de novos contra-ataques. Só então foi colocado em uma maca e carregado montanha abaixo. Ele não viveu para ver o sopé.[25]

Nas primeiras horas de 28 de outubro, um dia após a morte de Olson, o tenente Maurice Britt chegou ao sopé do Monte Nicola. O amanhecer veio e, com ele, um tremendo bombardeio de meia hora vindo de abrigos alemães em um cume acima. Quando o ataque cessou, ele pegou a deixa e conduziu seus homens adiante. Ainda vestindo as fardas de verão — as de inverno ainda não haviam chegado —, formavam uma escaramuça, lembrou, "muito parecida com os homens da Guerra Civil". Sua companhia tomou o cume com algumas baixas. Então, ele ordenou que seus homens cavassem trincheiras longas o suficiente para que pudessem se deitar e fundas o bastante para que os estilhaços incandescentes não os fatiassem.

As trincheiras foram dispostas de forma que cada homem tivesse uma área de mira para abrir fogo. Britt sabia muito bem o que estava por vir. Os alemães atacariam quando estivesse mais escuro e seus homens mais cansados. Era o padrão mortal da guerra naquelas montanhas dos infernos. "Esperamos a noite toda, sem deixar ninguém dormir, mas os alemães não apareceram. Começou a chuviscar, uma garoa italiana pegajosa que sempre nos fez pensar em quem começou a chamar a Itália de 'ensolarada'."

Exaustos, Britt e seus homens saíram das trincheiras à luz do dia. Havia um amplo vale abaixo e, além dele, outro cume. A área inteira estava envolta em uma névoa densa. Uma rajada rompeu a névoa por alguns segundos. Britt avistou várias dezenas de alemães ocupados plantando minas e desenrolando arame farpado. Quando a neblina voltou a baixar, desceu para o vale, mas os alemães tinham desaparecido. Eles ainda não haviam terminado de enterrar várias minas, e seus homens removeram os detonadores, atravessaram o vale e começaram a escalar as samambaias, ombros curvados, passando por árvores curtas e arbustos espinhosos mais uma vez.

Era hora de armar sua própria armadilha. Britt pegou uma metralhadora alemã. À medida que seu pelotão dianteiro se aproximava dos alemães no cume seguinte, ele apertou o gatilho, esperando enganar os inimigos e fazê-los pensar que ele era um oficial alemão dando o sinal para que abrissem fogo. Funcionou. Balas voaram. Seus homens estavam bem escondidos nos arbustos, e os alemães haviam revelado suas posições.

Britt e seus homens atacaram por entre os arbustos e as árvores retorcidas.

Um alemão gritou: *"Máos parrra o ál-to."*

Instintivamente, Britt se virou e estava prestes a atirar, quando viu seu operador de rádio sacar sua pistola e apontá-la para três alemães altos armados com rifles.

"Mãos para o alto vocês", rebateu o operador de rádio.

Os alemães largaram as armas.

Quando Britt chegou ao topo do cume, descobriu que o inimigo recuara. De novo, seus homens se barricaram onde puderam, em meio a grandes pedregulhos e pedras escorregadias. Eles estavam no limite de sua resistência depois de três dias sem descanso, sobrevivendo com rações K geladas e goles raros em cantis quase vazios. "Nossa boca estava tão seca que os cigarros tinham gosto de poeira", lembrou ele. "Tentamos molhar a língua, mas não havia saliva. Nossos lábios tinham cascas e rachaduras. Nossos estômagos não passavam de um vazio deprimente."[26]

As chuvas voltaram. Alguns homens tentaram coletar água com um cobertor e, em seguida, espremer gotas para um capacete. Outros na Companhia L, por sorte, carregavam latas de *Crisco*, uma gordura vegetal. Economizaram a gordura de dias melhores, quando se banquetearem com um porco abatido, e engoliram pedaços da gororoba com sabor de porco para obter energia.

Na manhã seguinte, um dos homens de Britt caiu de uma encosta íngreme. Era melhor esperar até depois do anoitecer para buscá-lo — à luz do dia, *snipers* matariam os homens caso se expusessem. Mas Britt não deixaria um de seus homens morrer sozinho em uma montanha suja a milhares de quilômetros de casa. Desceu a encosta, alcançou o soldado ferido e o tirou da linha de fogo para que não sangrasse até a morte, ganhando a Estrela de Bronze com um "V" de Valor bordado.

No dia seguinte, ele e seus homens desceram pelo mato, chegando a um monastério nos arredores da cidade de Pietravairano, empoleirada na encosta de uma montanha.[27] Para seu alívio, Britt soube que os alemães abandonaram a cidade e o monastério Santa Maria Della Vigna, as paredes musgosas que datavam de 1372.[28] "Mas deixaram algumas lembrancinhas mortais", ele lembrou. "Quando entramos, dois civis italianos nos disseram 'Minas, minas', gesticulando bastante na direção da cidade. Pegamos a dica e passamos a noite em ruínas antigas ou medievais na colina."

A tragédia sucedeu. "Na manhã seguinte", lembrou Britt, "alguns dos civis da cidade, que se amontoaram [no monastério] durante os combates no cume, voltaram para casa". Mas eles não contavam com a maleficência — a maldade pura — dos boches em retirada, que deixaram armadilhas em várias ruas. Muitos explodiram em pedaços, incluindo mães e seus filhos pequenos. "Estávamos tão acostumados à morte quanto era possível, mas isso nos enjoou. Quando nossos médicos chegaram, cuidaram das pessoas feridas, e demos aos civis toda a comida que podíamos ceder."[29]

O MONTE NICOLA caíra, mas ao norte havia outra cordilheira, envolta em nuvens fantasmagóricas e névoas úmidas. A labuta continuou, a provação aparentemente sem fim, com certeza destinada a quebrar o espírito dos homens. O comandante da divisão de Britt, Lucian Truscott, agonizava e se perguntava o quanto seus homens ainda poderiam aguentar. Companhias como a de Britt conseguiam aguentar até certo ponto.

Em 5 de novembro, depois de escurecer, o superior imediato de Truscott, o comandante do VI Corps, major-general John Lucas, ligou para Truscott. O graduado na Academia de West Point — 53 anos, vovô, fumante de cachimbo que já comandara a 3ª Divisão — era o portador de más notícias. O chefe do 5º Exército, Mark Clark, queria que a 3ª Divisão lançasse outro ataque para ajudar os britânicos, desalojando os alemães que mantinham duas fortalezas naturais: o Monte Lungo e o Monte Rotondo. Essas montanhas flanqueavam a Rodovia 6, 30km ao sul da cidade de Cassino. O vale entre os picos era o desfiladeiro de Mignano — nas palavras de Audie Murphy, "um pesadelo para tropas ofensivas".[30]

Truscott não era nada fácil. Já havia perdido metade dos oficiais mais subalternos de sua divisão — segundos-tenentes — desde a chegada em Salerno quase dois meses antes. E seus regimentos estavam frágeis. Houve quase 9 mil baixas. Três em cada quatro homens foram mortos, feridos, capturados ou retirados das linhas com pé de trincheira, fadiga de batalha, congelamento e contato com substâncias perigosas.

Truscott não queria desperdiçar os bons homens que lhe restavam.

Que apoio teriam, exigiu, se saíssem novamente das trincheiras e se deparassem com uma saraivada de tiros de metralhadora?

Lucas tinha pensado bem nisso?

Que reconhecimento havia sido feito?

Truscott disse a Lucas que queria falar com Mark Clark.

Lucas ficou furioso. Sua barra já estava suja com Clark. Ele falhou em deslocar seus corpos depressa e longe o bastante, como Clark havia interpretado, e não queria perder seu posto.

"Droga", disparou Lucas. "Você sabe o pé em que estou com ele. Isso só pioraria as coisas e me colocaria em uma posição infernal. Você tem que fazer isso."[31]

"Ainda acho que isso tá errado", respondeu Truscott, mas não estava em condições de desobedecer a uma ordem de seu comandante de corpo.

Patrulhas de reconhecimento trouxeram de volta notícias inquietantes sobre a Linha Bernhardt de Kesselring, da qual Lucas queria que os regimentos de Truscott se apoderassem o mais rápido possível. O Monte Lungo e o Monte Rotondo, erguendo-se como corcovas de camelo aos lados da Rodovia 6, foram cravejados de atiradores, e o acesso sul ao desfiladeiro de Mignano foi bloqueado por obstáculos antitanque e inúmeras minas plantadas.

A única maneira de tomar as montanhas, decidiu Truscott, era um ataque pelos flancos. Fazê-lo, de acordo com a história oficial da 3ª Divisão, provaria ser "a investida mais dolorosa e estressante" da guerra até aquele momento.[32]

A fim de abrandar as defesas alemãs no Monte Rotondo, que seria atacado primeiro, a artilharia de apoio de Truscott lançou uma barragem de fogo extraordinária. Em menos de 24 horas, mais de 900 canhões *Long Tom* 155mm dispararam 160 mil tiros, enchendo os céus sombrios com um interminável guincho, um estrondo e uma chuva de aço. Um alemão impressionado escreveu para casa, gabando-se de que ele e seus companheiros estavam "recuando vitoriosamente" sob fogo constante. Os norte-americanos "não eram maricas... A quantidade de material [que eles] estão usando parece incrível... Ficamos com lágrimas nos olhos".[33]

O tenente Maurice Britt não tinha dúvidas de que tomar o Monte Rotondo seria o maior desafio para sua companhia até então. Os alemães passaram aquele outono inteiro transformando o pico árido em uma armadilha mortal. E parecia que os melhores homens de Kesselring estavam preparados para uma longa e amarga batalha. "Seus fortes estavam bem abastecidos com munição e comida enlatada, e eles tinham beliches confortáveis", lembrou Britt. "No chão dos fortes havia tapetes roubados dos italianos."[34]

CAPÍTULO 4

Cume Sangrento

NÉVOA E NEBLINA encobriam a aproximação no desfiladeiro de Mignano enquanto o tenente Maurice Britt aguardava a ordem para atacar. Alguns homens não conseguiam ver um companheiro que estivesse a seis metros deles. Conforme Britt preparava seus homens, a poucos quilômetros de distância, o cabo Audie Murphy liderava um pelotão em uma missão de reconhecimento para sondar as defesas no sopé do Monte Rotondo. Seus dias de caça quando menino haviam sido um excelente treinamento. Ele instintivamente entendia a paisagem e como usá-la a seu favor para cobertura e proteção. Abençoado com uma ótima visão, podia escanear uma montanha e estimar de imediato onde os alemães poderiam estar escondidos.

À medida que Murphy atravessava rochas e arbustos, ele mal parecia humano para seus parceiros, estava mais para um predador selvagem. "Audie tinha uma caminhada peculiar", observou o soldado Albert L. Pyle da Companhia B. "Lembrava-me de alguém deslizando sob um objeto ou em um jogo, qualquer que fosse esse jogo. Era uma espécie de movimento próprio. Aquilo pode ter salvado sua vida muitas vezes."[1]

O reconhecimento de Murphy confirmou o que o tenente Britt já presumia. O Monte Rotondo era uma fortaleza formidável. Partes da subida eram tão íngremes e difíceis, que Murphy e seus amigos tiveram que carregar equipamentos nas costas, rastejando de quatro como insetos.

No dia 8 de novembro, Britt partiu com sua companhia. Suas ordens eram para se mover sem ser visto ao longo de um vale e, em seguida, assumir posições no lado leste do Monte Rotondo antes de lançar um ataque com duas outras companhias.[2] A chuva açoitava e suas botas afundavam na lama, retardando-o. Atravessavam arbustos tão grossos que qualquer pele exposta ficou coberta de hematomas e arranhões. Levaram o dia todo para marchar 3km.

Ele e seus homens finalmente se aproximaram das defesas inimigas — rolos de arame farpado e obstáculos antitanque. Os alemães abriram fogo com rifles e metralhadoras. Dois homens de Britt foram mortos e três ficaram feridos, ao passo que ele e outros caíram no chão e depois se esconderam na densa vegetação rasteira. Esperavam que mais alemães atacassem a qualquer segundo. O que fazer com os feridos? Eles não podiam ser movidos enquanto ainda estava claro. Os minutos passaram lentamente. Os alemães não voltaram. Os feridos ficaram deitados em agonia até escurecer, então vários homens tiraram seus sobretudos enlameados, vasculharam a vegetação rasteira em busca de galhos mortos e, em seguida, enfiaram os galhos nas mangas para fazer macas. Os feridos foram então levados para um posto médico.

Britt e seus homens se recompuseram e começaram a subir novamente. A chuva desabava do céu escuro. Os alemães estavam à espreita. Mas o aguaceiro era tão forte, o som das gotas nas folhas tão constante, que ele e seus homens não podiam ser ouvidos. Era meia-noite quando chegaram à posição designada no alto da encosta leste do Monte Rotondo. Antes do amanhecer, iniciariam o ataque, dominando a montanha. A noite seria longa.

De madrugada, Britt descobriu que não tinha contato com o quartel-general do batalhão. Os homens haviam passado o dia anterior desenrolando o fio telefônico, mas, quando alguém tentou entrar em contato com o comandante do batalhão, o tenente-coronel Edgar Doleman, não obtiveram resposta. A linha estava muda. Quando um soldado tentou um rádio, não funcionou. A chuva, deduziu ele, destruíra as baterias. Estava incomunicável. Duas companhias de atiradores deveriam seguir o grupo montanha acima. Eles estavam fazendo isso? Tiveram problemas?

O amanhecer trouxe alívio. As duas companhias chegaram. Mas então o comandante da Companhia L, capitão Butler, foi atingido no braço por um *sniper* e levado de volta montanha abaixo para receber cuidados médicos.[3] Isso significava que o tenente Britt tinha que se encarregar do que restava da Companhia L. Não havia tempo para um discurso motivador. Deveriam executar o ataque planejado, por mais miseráveis que estivessem, por mais exauridas que as linhas se sentissem.

Os alemães notaram a chegada das duas companhias de reforço, e, conforme os homens de Britt avançavam, eles dispararam morteiros. Soaram a princípio, lembrou um soldado, "como um barulho distante, mas então, com uma vibração pulsante, os morteiros caíram com explosões ferozes".[4] Pedaços de estilhaços ricochetearam nas rochas e cortaram profundamente os troncos das árvores, deixando cicatrizes brancas. O ar estava pesado com pedaços de folhagem. Depois houve o "rá-tá-tá" de metralhadoras, as miras marcadas de traçantes.[5] Para piorar a situação, a artilharia norte-americana começou a destruir as encostas superiores do Monte Rotondo. A cacofonia foi rompida pelo barulho dos lançadores de foguetes alemães *Nebelwerfer*, que começaram como um som suave, depois se tornaram um zumbido e, por fim, transformaram-se em um guincho mortal quando os foguetes explodiram.

A companhia de Britt avançou com fogo pesado e tomou vários pontos-chave da retaguarda. A estratégia de Truscott de flanquear as posições alemãs funcionou. Uma vez que as colinas foram tomadas, ele se viu com menos de sessenta homens em sua companhia, um quarto da força total. Teriam que repelir os inevitáveis contra-ataques alemães e aguentar até serem dispensados da missão.[6] Eles poderiam ser facilmente derrotados — estavam arrasados, distribuídos por 550 metros de uma encosta densamente arborizada.[7] "Quando inspecionei nossa linha, pude ver que os homens estavam preocupados", lembrou. "Eu também estava."

Houve muitas ocasiões durante o ano anterior em que Britt pediu a Deus para poupá-lo, quando orava para sobreviver.[8] Agora suplicava ao Todo-poderoso por seus homens.

"Guia-me, Senhor. Não me deixe fazer nada que possa causar a morte desnecessária de qualquer um desses meninos."[9]

Orações não seriam o suficiente. Mais tarde naquela noite, mais de cem alemães passaram por uma brecha entre as suas posições e as da Companhia K. "Não tínhamos postos avançados para nos avisar", lembrou. "Não poderíamos poupar ninguém para enfrentá-los."[10] Ao amanhecer, os alemães atacaram. O cabo Audie Murphy e a Companhia B estavam no Monte Rotondo, mas não perto o suficiente para fornecer reforços. Britt sabia que, como a unidade mais avançada de toda a divisão, ele e seus homens tinham que segurar os alemães o máximo possível para que outras companhias na montanha tivessem uma chance de lutar.[11]

Vários dos homens de Britt, os vigias, foram feitos prisioneiros. Os alemães avançaram mais uma vez, atirando a esmo. Rapidamente tomaram posições à esquerda dele. Ele decidiu separar os homens ao seu lado em dois grupos. "Você leva seis homens e eu levo seis", disse a seu oficial executivo, o tenente Miller. "Você sobe pelo lado esquerdo e eu fico com o direito."

Eles carregavam, cada um, cinco pentes para suas carabinas. Precisariam de todas as balas. Britt pegou outros sete homens enquanto corria para a direita. Os arbustos eram tão grossos que ele não conseguia realmente ver nenhum alemão.

"Não atire", gritou um norte-americano a cerca de 45 metros.

"Somos prisioneiros", berrou outro. "Eles estão nos usando como escudos. Há muitos deles e estão ao seu redor."

"Fujam", Britt gritou de volta. "Tentem escapar!"

O inimigo continuou vindo, investindo contra Britt. Ele ergueu a carabina e apertou o gatilho. Balas voaram para todos os lados. Dois dos prisioneiros norte-americanos foram feridos pelos seus homens na confusão, mas os outros conseguiram fugir. Ouviu o estalar familiar de uma metralhadora MG42. Os alemães tinham vindo com tudo. Não estavam para brincadeira.

Uma bala pegou de raspão no ombro de Britt. Uma segunda o atingiu na lateral do abdômen.[12] Pressionou a região e disse a um atirador próximo para disparar mais rápido. Então, caiu no chão, pressionando o capacete e o rosto contra o solo rochoso. Seu ombro ardia e ele sentia uma dor aguda, feroz, na lateral do corpo. Estalos no ouvido. Algo quente escorria por sua perna.

Estou sangrando até a morte. Que maneira infernal de morrer.

O sangue continuou escorrendo. O ferimento era grave, possivelmente fatal.

Quanto tempo antes de perder sangue demais? Quantos segundos, ou minutos, até ele desmaiar e sua vida terminar...?

O fluxo de sangue estava diminuindo.

O estalo parou.

Ele estava consciente. Podia mover a mão. Examinou a lateral do corpo. Ainda estava ali. Isso era bom. Não havia explodido. Era um buraco de bala, não um ferimento de granada. Então, seus dedos encontraram seu cantil. Ele o examinou — outra bala havia deixado um buraco nele. A água ainda escorria dele, como o líquido vermelho brilhante vazando da lateral de seu corpo.

A adrenalina o percorreu. Alguns de seus homens estavam por perto e viram Britt se levantar como se tivesse recebido um novo sopro de vida, uma grande injeção de estimulante.

Ele estava segurando seu cantil com um buraco de bala. Líquido escorria do objeto.

"É água!", Britt exclamou. "É água!"

Conferiu sua carabina. Sem balas. Havia um homem ferido no chão próximo. Pegou seu fuzil M1 e mirou. Ele mirou e atirou até ficar mais uma vez sem munição. Alemães estavam correndo, atirando, matando, atacando, arremessando granadas de vara. Uma explodiu ao atingir Britt no ombro. Deveria ter acabado com ele, mas apenas alguns fragmentos de aço perfuraram suas costas, embora ele tenha ficado surdo do ouvido esquerdo pelos minutos seguintes. Ao redor, granadas não detonadas estavam no chão, definidas para detonar dali a vários segundos, tempo suficiente para Britt e outros homens arremessá-las de volta.[13]

Em algum momento, ele avistou um de seus homens, o cabo Eric G. Gibson, de Chicago, que corria em sua direção carregando dois sacos de estopa cheios de granadas. Britt virou para um soldado, Gunter L. Schleimer, de Nova York, e ordenou que ele e o cabo Gibson tirassem de combate a metralhadora que tinha acabado de feri-lo no abdômen. As palavras mal haviam saído de sua boca quando o atirador alemão enviou mais rajadas de balas na direção deles.

Britt começou a tirar granadas dos sacos de estopa. Estavam programadas para explodir após cinco segundos — tempo suficiente para os alemães pegá-las e jogá-las de volta. Ele e seus dois homens — o cabo Gibson e o soldado Schleimer — puxaram os pinos das granadas e aguardaram três segundos para arremessá-las.

Na retaguarda de Britt havia terreno aberto. Seus homens seriam facilmente pegos se o atravessassem. Virou-se de novo para a frente e viu ainda mais alemães se aproximando, depressa e em grande número. Os fanáticos vestindo camuflagem escura, membros de um batalhão de paraquedistas, usando capacetes redondos e empunhando metralhadoras, pareciam estar por toda parte.[14]

Britt olhou para Gibson e Schleimer.

Prontos para ir?

"Mostre o caminho, tenente."

Gibson e Schleimer foram esquecidos quando Britt foi para a matança com a intenção de vencer, aparentemente sozinho, aquele jogo mortal, lutando em uma área arborizada, ganhando tempo para seus homens enquanto desfazia o ataque alemão. Jogou uma granada atrás da outra. As explosões rodopiavam ao redor dele repetidas vezes. Quando ficava sem munição, pegava qualquer arma que encontrasse, alemã ou norte-americana, desde que tivesse balas.

Britt matou vários alemães em um ninho de metralhadoras e passou para outro. Um sargento viu que seu cantil e o estojo de seus binóculos foram perfurados por balas. Um soldado observou enquanto ele corria de um lado para o outro, atirando toda vez que via um alemão ou pensava ter ouvido um. Como diabos Britt não foi morto? Granadas de atordoamento explodiam ao redor dele. Sangue escorria de um ferimento no lado esquerdo, acima do quadril, de pouco mais de um centímetro de largura e sua jaqueta estava encharcada de sangue. Ainda assim, continuou lutando.

Britt avistou um de seus cabos que encarregava uma equipe de metralhadoras. Granadas alemãs explodiam ao redor da equipe, jogando pedras e terra neles. O abalo de algumas explosões derrubou a arma, mas eles a fizeram voltar a funcionar em poucos segundos. Os alemães chegaram a menos de dez metros, mas o cabo metralhou onde quer que visse movimento, atirando em uma direção após a outra, agarrando a arma pelo cano quente para movê-la. Ele era a última esperança de Britt. Então, a arma emperrou. O cabo e outros homens levantaram, expondo-se, para consertá-la. Em seguida, voltaram ao trabalho, atirando com tamanha precisão e em tantas direções que os alemães devem ter pensado que seus homens tinham várias metralhadoras, e não só uma.

Britt, enquanto isso, continuava lançando granadas. Uma atingiu uma árvore e ricocheteou, caindo a poucos metros dele. Ele pulou para longe e mergulhou no chão, de alguma forma escapando da explosão. Então, jogou mais granadas, certificando-se de não acertar os troncos das árvores desta vez. Finalmente seus explosivos acabaram, e um de seus homens o viu pegar pedras para arremessar no lugar.

Em determinado momento, percebeu que os alemães não estavam mais tentando matá-lo. Viu vários deles à distância. Eles estavam fugindo.

Perto dele, havia um sargento coberto de sujeira, um nova-iorquino do Brooklyn.

"Inferno", disse o sargento, "deixamos eles fugirem".[15]

O TENENTE MAURICE Britt vagava, atordoado, pelos arbustos e bosques destruídos, contando 35 cadáveres alemães. Quatro alemães estavam feridos, deixados para trás por seus companheiros. Conversou com um deles e soube que houvera uma centena de outros no ataque, superando em muito o número de norte-americanos que lutaram ao lado de Britt naquela tarde. "Quando ouvi isso", lembrou, "fiquei muito assustado".[16]

No fim daquela tarde, o comandante do 3º Batalhão, o tenente-coronel Doleman, encontrou-o nas encostas mais altas do Monte Rotondo. Mal dava para reconhecer Britt, seu rosto coberto de arranhões e hematomas.

"Tenente", disse Doleman, um orgulhoso nativo de Nova Jersey.

"Sim, senhor, coronel Doleman."

"O que está fazendo aqui na frente? Você está ferido."

"Não é nada, senhor."

"Pode parar. Não venha com essa para o meu lado. Consigo ver sangue em quatro lugares. Vá até o posto médico do batalhão. Isso é uma ordem."

Britt se viu parado na entrada de uma tenda médica, reportando-se ao comandante da unidade médica, o capitão Roy Hanford, de Sandpoint, Idaho. Hanford nunca se esqueceria de quando o viu pela primeira vez: "Um primeiro-tenente alto e robusto, com mãos fortes, rebocadores no lugar dos pés e os olhos vidrados de um soldado combatente."[17]

Britt sentou-se e não disse nada.

Havia alguma coisa, Hanford perguntou, que poderia fazer por ele?

"Vá em frente e atenda seus outros pacientes", respondeu Britt. "Eu tenho um pequeno arranhão aqui que eu gostaria que você desse uma olhada quando tiver tempo."

Britt estava sentado em uma caixa de ração K vazia. Os homens olhavam-no com reverência. Ele ainda segurava seu cantil, que mais parecia uma peneira, furado pelas lesmas alemãs.

Seu peito estava empapado de sangue.

O capitão Hanford finalmente pôde examinar Britt.

"Ora, isso aqui é mais do que um arranhão, tenente."

Hanford virou para um médico próximo.

"Pegou a ficha médica emergencial dele?"

"Sim, senhor."

O médico leu: "Fratura por avulsão até os músculos. Dois centímetros e meio de comprimento, 1,2 centímetro de largura no lado esquerdo. Risco de infecção."

"Fratura por avulsão?", perguntou Britt.

"A lateral do seu corpo está toda dilacerada."

Hanford informou-o que precisaria ser levado para um hospital de campanha pela retaguarda.

Britt não gostou da ideia.

"Ei, espere um minuto, capitão. Não preciso disso."

"O que você quer dizer?"

"Não vou a hospital nenhum. Tenho um compromisso lá naquela colina com meus companheiros."[18]

Ele tinha ferimentos mais graves do que havia revelado ao médico. Hanford lembrou: "O tenente Britt não me mostrou aquele pedaço de granada cravado em um dos músculos do peito até que fomos dispensados, vários dias depois."[19]

Britt voltou pela encosta da montanha devastada por bombas para se juntar aos que sobraram de sua companhia. Olhou para os jovens norte-americanos que sobreviveram à luta daquele dia, surrados e machucados, uniformes encharcados grudando em seus braços e suas pernas. Vários estavam tão traumatizados que teriam que ser retirados da linha devido à exaustão dos combates. Nem eles, nem Britt jamais esqueceriam a enorme violência da batalha pelo Monte Rotondo. Eles tinham ido muito além do dever. Estiveram nas linhas por sete semanas antes de lutar pelos últimos nove dias seguidos. Haviam feito suas trincheiras mesmo de luto, famintos, com os nervos à flor da pele. Um pelotão chegou atrasado para ajudá-los. "Não havia unidades de reserva disponíveis no regimento", lembrou, "então o pelotão era composto por escriturários, mensageiros, cozinheiros e artilheiros antitanque do quartel-general da companhia".

O dia seguinte foi tão sem vida, úmido e frio quanto os anteriores. Mas finalmente havia boas notícias. A correspondência de casa chegara ao quartel-general do 3º Batalhão no vale abaixo. Por conta de sua posição no alto da montanha, um grupo poderia alcançar o que restava de sua companhia com correspondência ou rações, não ambos. Ele consultou seus sargentos. Qual seria? Não tiveram dúvidas. Correspondência em primeiro lugar. A maioria dos sobreviventes recebeu algo, mas alguns não. As namoradas e as esposas provavelmente ficaram impacientes e enviaram cartas de término meses antes. Um adolescente desamparado começou a soluçar. Britt abriu um pacote de sua esposa. Havia 24 barras de chocolate dentro. Cada homem recebeu um pedaço igual.

Britt e seus companheiros da Rocha do Marne cumpriram suas ordens. Cinco homens da Companhia L receberiam a Estrela de Prata. Eles tomaram o Monte Rotondo. Fizeram o que Truscott, Lucas e Clark pediram. "Era como um pesadelo que você esquece logo, a menos que você o escreva assim que acordar", lembrou Britt. "Mas nunca conseguirei me esquecer de algumas coisas que aconteceram."[20]

Os inimigos alemães, vindos de um batalhão de paraquedistas, entre os melhores soldados das forças armadas (*Wehrmacht*), foram dizimados. Foi uma derrota decisiva, notada entre o alto escalão da *Wehrmacht*. "Uma falha cometida pela infantaria *Panzer Grenadiers*", lembrou Kesselring, "deu ao inimigo a posse do maciço, e um contra-ataque do único batalhão de paraquedistas à minha disposição falhou em retomá-lo".[21] Os norte-americanos eram notável e preocupantemente resilientes.

Depois de saber que seus homens haviam tomado o Monte Rotondo, o general Lucian Truscott escreveu para sua esposa, bastante comovido. O tempo deixou de ter importância. O estoque de bebida em seu posto de comando foi reabastecido com 35 garrafas de conhaque. Ele precisava de toda a coragem que a bebida holandesa pudesse fornecer. "Só rezo", confidenciou à esposa, "para que eu possa estar à altura das expectativas que meus rapazes parecem ter em relação a mim".[22]

Por sua bravura exemplar no dia 10 de novembro, um dos melhores sobreviventes de Truscott — o tenente Maurice Britt — receberia a Cruz Militar dos britânicos agradecidos, um ramo de folhas de carvalho para seu Coração Púrpura e a Medalha de Honra do Congresso.[23]

CAPÍTULO 5

Nápoles

ELE ERA ALTO, magro e tinha um jeito altivo — vaidoso, egoísta, odiado por muitos da imprensa e cada vez mais amaldiçoado por seus soldados, mesmo assim fazendo o possível para salvar um trabalho mal feito. O comandante do 5º Exército, Mark Clark, de 47 anos, destinado a se tornar o general de exército mais jovem da Segunda Guerra Mundial, recebeu bem poucos homens e recursos. Ele foi sobrecarregado com um plano meia-boca, executado com pouco dinheiro e sem um objetivo claramente definido. Agora, no dia seguinte ao heroísmo do tenente Maurice Britt no Monte Rotondo, ele estava em um cemitério em meio a centenas de cruzes brancas ao sul de Nápoles. Quantos cadáveres norte-americanos seriam enterrados naquele maldito solo estrangeiro?

Era 11 de novembro de 1943, exatamente 25 anos desde o fim do último banho de sangue que engolira a Europa.

"Aqui estamos, um quarto de século depois, com os mesmos aliados de antes, lutando contra os mesmos cães que estavam soltos em

1918", disse Clark, que havia sido gravemente ferido por estilhaços na parte superior das costas e no ombro naquela última guerra.

Olhou para os caídos, para sempre jovens, alinhados obedientemente em fileiras organizadas diante dele.

"Eles se sacrificaram", disse, "para que o nosso povo possa buscar a vida que sempre desejamos — uma vida feliz — e para que seus filhos possam ir à escola e à igreja que quiserem e seguir a profissão que desejarem. Estamos lutando primeiramente para salvar nossa própria terra de uma devastação como essa na Itália".

Finalmente, Clark se dirigiu aos dignatários e à imprensa nas proximidades: "Não devemos pensar em voltar para casa. Nenhum de nós irá até que isso acabe. Pegamos a chama que esses homens acenderam e a levaremos para Berlim, para a grande vitória — uma vitória completa — que as nações aliadas merecem."[1]

Clark parecia entusiasmado, mas ele sabia muito bem que suas forças e as de Kesselring estavam exaustas, desorientadas, à beira do colapso. Kesselring esperava que suas defesas nas montanhas "ferrassem" as divisões dele, e foi o caso.[2] Na cidade de Cassino e em outros lugares ao longo da Linha Gustav, a guerra chegava a um impasse cada vez mais trágico. Havia tantos padioleiros e carregadores de macas, homens curvados agindo como mulas de carga, quanto soldados em combate, e a maioria dos novos substitutos de Clark não tinha treinamento nas montanhas. O pé de trincheira era uma epidemia. Os suprimentos trazidos das docas em ruínas de Nápoles, onde a máfia prosperava de novo, eram lamentáveis, como o tenente Britt sabia muito bem, tendo sobrevivido com um terço das rações necessárias por semanas. Nenhum norte-americano na linha de frente recebeu um uniforme de inverno.

Lucian Truscott falou com a imprensa sobre a Linha Gustav em seu QG no dia 15 de novembro. Vários repórteres começaram a chamá-lo de Homem de Ferro. O atrito nas montanhas, disse Truscott, estava começando a se parecer muito com a guerra de trincheiras da Primeira Guerra, quando ele serviu na cavalaria.

"De longe, é a área de defesa mais forte que encontramos até agora na Itália", explicou. "Mas não é, de jeito nenhum, comparável à Frente

Ocidental na última guerra, porque agora eu poderia enviar uma pequena patrulha para perfurar as defesas em qualquer ponto; poderia tomar Cassino amanhã se quisesse desperdiçar meus homens."

E quando Cassino fosse finalmente tomada?

Seria uma ida direto para Roma?

"Não, esse tipo de lugar é muito fácil de defender", disse Truscott, "e os boches ainda são bons soldados. Não devemos nos enganar sobre o fato de os filhos da puta ainda conseguirem lutar bastante".[3]

Naquele dia, Clark ordenou uma moratória. Haveria duas semanas de descanso antes do retorno à ofensiva. O comandante do VI Corps, o major-general John P. Lucas, mais tarde insistiria que, se ele tivesse recebido uma nova divisão, os Aliados poderiam ter prevalecido na Itália naquele outono de 1943 e forçado a ida para Roma. Mas não havia sangue novo, nem reforços, apenas montanhas e lama sem fim.

"Guerras", Lucas anotou em seu diário, "deveriam ser travadas em um lugar melhor do que este".[4]

No dia seguinte, 16 de novembro, uma 3ª Divisão exaurida foi finalmente retirada das linhas. Os soldados estabeleceram um recorde de combate contínuo na Europa para os norte-americanos — 60 dias ininterruptos de luta —, mais tempo no inferno do que qualquer outra divisão dos EUA. Mais de 2.500 mil de seus companheiros do Marne haviam sido feridos e quase 700 foram mortos.

Era uma manhã ensolarada quando Audie Murphy e Lattie Tipton, da Companhia B, souberam que o pesadelo finalmente havia acabado. Saíram de suas posições. O serviço funerário estava ocupado com os afazeres, movendo-se como formigas pelas encostas que seriam esquecidas tão depressa.[5] Murphy e seus companheiros caminhavam por uma estrada esburacada pelo fogo de artilharia, repleta de destroços austeros, contornados pelos esqueletos queimados das árvores. Alguns estavam inebriados de felicidade, e outros, aturdidos pela percepção de que estavam vivos, e assim permaneceriam até que fossem solicitados a voltar ao combate.

Keith Ware, que comandou a Companhia B de Murphy na Sicília, também desceu das montanhas. Havia sido promovido a major e era oficial executivo do batalhão do 15º Regimento de Infantaria, responsável pela gestão de uma unidade de combate de mais de oitocentos homens. Ele só perceberia o quão fatigado estava quando se dirigiu para as áreas de descanso. Em meio aos milhares da Rocha do Marne na divisão de Truscott, havia muitos soldados barbados, de olhos vermelhos e olhares vazios, que cerraram as mandíbulas pelo medo e pelo luto durante várias semanas. Agora suas mandíbulas estavam frouxas, suas bocas escancaradas, enquanto os músculos do rosto finalmente começavam a relaxar.

Apesar de ser inverno nas montanhas italianas, a luz forte do sol fazia os soldados sentirem como se fosse primavera. Os homens do Marne marcharam em direção aos chuveiros, camas de verdade, comida quente, as botas pisando em terra firme, sem pedras deslizando sob elas. Havia um vento suave afastando, limpando as memórias e os traumas por um tempo. Substitutos — carne fresca — marchavam ao longo da estrada, indo na direção oposta, subindo as montanhas em direção à morte. Uniformes limpos e bonitos, botões polidos. Garotos nervosos agarrando armas que nunca haviam usado para matar, arrastando-se na direção dos baques surdos no horizonte, imaginando quem entre eles acabaria envolto em um lençol, terra e pedras empilhadas sob os corpos.

O tenente Maurice Britt viu o sol aquecer seus homens, os cinquenta ou mais que restaram da Companhia L, enquanto se afastavam do desfiladeiro de Mignano, rumando para Nápoles. Folhas marrons voaram com a brisa e as últimas nuvens desapareceram. O céu era de um azul imenso e surpreendente. "Estávamos esfarrapados", recordou, "sujos, sebentos, barbudos e semiconscientes. Nossos feridos que conseguiam andar marcharam conosco. Éramos a infantaria saindo da linha. Para nós, significou o fim de 59 noites em trincheiras e no chão; o fim das rações enlatadas, o fim de abandonar trincheiras com capacetes em cima, o fim de viver como ratos".[6]

Foi uma longa marcha para a segurança, a 16km de distância, cada passo exigindo mais esforço do que o anterior. Finalmente, Britt e seus homens chegaram ao vilarejo de Pietravairano, que haviam libertado no início daquele mês. No lamaçal, os soldados montaram barracas para oito homens e jogaram cascalho para fazer calçadas. Com as últimas energias, montaram beliches com caixotes de munição vazios e colocaram um cobertor de feno em cima. Lençóis novos foram providenciados.

Antes de desmoronar em seus caixotes de munição cobertos de feno sujo, alguns dos seus homens se alinharam uma última vez e tomaram um banho com água quente, cortesia de uma chama acesa sob um grande barril. As tendas eram uma proteção frágil contra rajadas de vento frio, mas a Rocha do Marne era mestre em improvisação e criou chaminés e fogões com latas de comida e carvão furtado dos moradores locais. Então a maioria dos homens dormiu melhor do que em anos, sem se preocupar com a artilharia inimiga. Rasparam as barbas irregulares usando água quente na manhã seguinte, olhando para espelhos sujos, tentando reconhecer quem um dia foram nos rostos envelhecidos encarando de volta.

No INÍCIO DE dezembro, Britt e seus colegas oficiais receberam folgas de cinco dias que lhes permitiram "descansar e se divertir" em Nápoles, cerca de 64km a sudoeste.[7] Quando se aventuraram na cidade, era óbvio que havia apenas um mestre nessa capital do barroco, outrora lar do Caravaggio, onde bombas-relógio plantadas pelos homens de Kesselring ainda explodiam às vezes. A fome governava sem piedade a terceira maior cidade da Itália. Crianças e seus rostos cor de massa foram empurradas na frente de seus libertadores, os olhos escuros suplicantes enquanto agarravam as mangas dos recém-chegados de uniformes verdes.

Os cafetões estavam nas esquinas.

"Quer uma boa garota?"

"Bife, espaguete. *Muí-tô* barato."

"Bom conhaque? Apenas quinhentas liras."

"Linda *signorina*."[8]

Pilhas de alvenaria, às vezes com seis metros de altura, serviam como monumentos empoeirados aos bombardeios Aliados, testemunhos dos aviões prateados que deixavam rastros brancos lá no alto. O fedor da morte, das fezes e da privação pairava no ar. Corcundas eram bizarramente comuns, alguns sem pernas, porque os moradores acreditavam trazer sorte. Os napolitanos tocavam suas corcovas e rezavam enquanto afagavam suas deformidades.

Todos os peixes exóticos do aquário de Nápoles haviam desaparecido, cozidos e devorados antes da chegada dos Aliados. Para comemorar a chegada de Mark Clark à cidade, as autoridades bizarramente forneceram um peixe-boi filhote assado — a atração principal do aquário —, porque ouviram dizer que ele gostava de frutos do mar. Muitas famílias viviam em um único quarto, sem janelas, uma pobreza terrível. E, ainda assim, havia ótima música tocada nas ruas e na grande casa de ópera, comida e vinho excelentes para aqueles que podiam bancar o preço do mercado negro.

A cidade era, ao mesmo tempo, totalmente miserável e esplêndida. "Uma multidão eletrizante subia e descia a Via Roma", o jornalista australiano Alan Moorehead lembrou, "entre as sedas brilhantes, as flores e os cafetões. Como uma flor tropical espalhafatosa que brota da podridão, mas cheira a podre no interior".[9]

Audie Murphy e Lattie Tipton visitaram Nápoles várias vezes, Murphy mais tarde lembrou que se enfeitiçou por uma adolescente chamada Maria. Mas os encantos da cidade seriam uma distração muito breve. Enquanto os homens de Truscott se embebedavam de *vino rosso* e pegavam gonorreia, Winston Churchill se debruçava sobre os mapas da Itália e decidia que era hora de encerrar o impasse nas montanhas ao sul de Roma de uma vez por todas. Uma operação anfíbia em Anzio, a 55km da Cidade Eterna, desequilibraria Kesselring, dividindo suas forças, permitindo que o 5º Exército de Clark avançasse para o norte.

Havia um problema. Mark Clark já se posicionara contra isso. Tinha explorado a possibilidade de desembarcar uma força em Anzio e concluiu que tal jogada só seria um sucesso quando o 5º Exército rompesse a Linha Gustav de Kesselring, em Cassino. Mas seu exército não tinha sequer alcançado a Linha Gustav, que dirá a rompido. Havia, como de costume, poucas tropas disponíveis, poucas lanchas de desembarque e suprimentos. No entanto, Churchill não deveria ser rejeitado, então um Clark relutante começou a organizar a operação de Anzio, codinome Shingle, a mesma que havia negado semanas antes. Clark não tinha escolha se quisesse manter seu posto. Churchill havia colocado uma "arma" em sua cabeça, como anotou em seu diário.[10]

Enquanto isso, as tropas mais experientes de Clark, os homens da Rocha do Marne, preparavam-se para celebrar o Natal. "Fizemos preparativos elaborados", Maurice Britt lembrou. "Não havia fundos da companhia, mas fizemos uma vaquinha e enviamos um destacamento até Nápoles para comprar laranjas, maçãs e nozes. Voltaram com um jipe carregado. Outro destacamento foi procurar vinho, mas só encontraram cinco galões num lugar onde acharam que poderiam comprar mil galões."

O oficial executivo de Britt, o tenente Miller, foi especialmente engenhoso, persuadindo as famílias locais a assar bolos e tortas de cereja em seus fornos. Alguém até arranjou uma vaca às pressas para que Britt e seus homens pudessem comer bife no jantar de Natal. Certa manhã, na inspeção, ele pediu que qualquer um que já tivesse trabalhado em um açougue desse um passo à frente. Quatro homens o fizeram, e logo a vaca foi cortada em pedacinhos.

Pacotes de Natal e correspondência chegaram. Os homens leram cartas de suas esposas, filhos e pais; prenderam cartões de Natal nas camas; e rasgaram alegremente pacotes de presentes recheados de guloseimas, como chocolate de verdade e goma de mascar, dividindo o conteúdo com os parceiros. Suas antigas vidas pareciam mais distantes e preciosas do que nunca. "Ansiávamos pelas coisas simples da vida em casa", Britt observou, "como ir ao cinema ou comer hambúrguer na mesa da cozinha. A véspera de Natal foi especialmente solitária. Cantamos canções natalinas e outras músicas antigas e sentimos um pouco de pena de nós mesmos. Perguntávamo-nos se algum dia chegaríamos em casa".

No dia de Natal, Britt foi convocado para um aeródromo próximo. Seu bife teria de esperar. Observou um avião Piper Cub descer e pousar. Mal pôde acreditar quando o general de 1,80 de altura, Mark Clark, desceu. Ele foi instruído a ficar em uma fila com vários outros oficiais. Clark, com seu nariz aquilino e feições angulosas, trotou até a fila e apertou a mão de cada oficial.

Ele encarou Britt nos olhos e entregou uma insígnia prateada de capitão.

"Um presentinho para você", Clark disse.

De volta ao QG da companhia, o recém-promovido capitão Britt deixou de lado a escassa ração de peru do exército e devorou o rosbife da vaca abatida.

A alegria do Natal não durou muito. Legiões ou substitutos chegaram para preencher as lacunas na companhia de Britt e em tantas outras. Eram crus, irritantemente jovens e ingênuos. Ele e seus colegas oficiais começaram de imediato programas de treinamento rigorosos. "Foi difícil para os homens que saíram do combate", recordou. "Espantosamente, houve poucas queixas."[11]

Os veteranos sabiam que a vida deles dependia de colocar os novatos em forma o mais rápido possível. Na maioria dos dias, Britt fazia seus homens praticarem travessias de rios — essas eram as ordens de cima. De todos os lugares, acabaram de volta ao rio Volturno, suas águas tão geladas e rápidas quanto no outubro anterior, quando tantos perderam a vida tentando atravessá-lo. Ele deduziu que seriam enviados para o norte a fim de cruzar o rio Rapido, ao sul de Cassino. No Ano-novo de 1944, saberia que não seria o caso. Ele e seus colegas oficiais da 3ª Divisão receberam ordens para levantar acampamento e se mudar para um ponto de encontro perto de Nápoles.

Homens embarcaram nos caminhões sob a lama congelada de Pietravairano em um dos dias mais frios que haviam visto.[12] Granizo e neve caíram. Um vento feroz derrubou muitas tendas, um prenúncio inquietante. "Devolvemos as barracas ao contramestre com certa tristeza", Britt lembrou. "Sabíamos que estávamos voltando para a guerra." Na nova área de treinamento, Mad di Quarto, um terreno pantanoso perto de Nápoles, ele e seus homens começaram a treinar para um desembarque anfíbio — o seu quarto. "Às vezes trabalhávamos 18 horas por dia, desembarcando na praia várias vezes. Em certos momentos, especulávamos sobre quais praias invadiríamos. A maioria imaginou que seria na França. Ao menos, esperávamos que sim."[13]

Algumas semanas depois de chegar a Mad di Quarto, Truscott soube por Clark que sua divisão invadiria Anzio sozinha. Truscott ficou horrorizado. "Estamos perfeitamente dispostos a aceitar a operação", respondeu, "se recebermos ordens para tal, e resistiremos até a nossa última bala. Mas, se o fizermos, você destruirá a porcaria da melhor divisão do Exército dos Estados Unidos, pois não haverá sobreviventes".[14]

Clark adicionou outra divisão, a 1ª Britânica, e nove batalhões de Rangers, Comandos e paraquedistas. Truscott estava longe de se sentir tranquilo e ordenou que sua divisão inteira fizesse um treino de invasão. Era um defensor do condicionamento físico e um excelente planejador. O que viu o deixou ainda mais preocupado. O caos e a confusão eram consideráveis. Milhares de homens nunca haviam estado no meio da ação, nem aprendido o trote Truscott. Este implorou a Mark Clark por mais um treinamento. Seus homens precisavam de outra chance. Ele recusou, dizendo que não havia tempo.

Em uma manhã fria no fim de janeiro, Truscott estava vestindo sua jaqueta de couro, as cordas vocais tensas, no convés do *USS Biscayne*, e observou seus homens se reunirem nas docas de Nápoles. Havia feito o possível para prepará-los, para forjar as legiões de substitutos de verde. Mais uma vez, seus "rapazes" pareciam magníficos, as bandeiras regimentais balançando ao vento enquanto a banda da 3ª Divisão lhes dava uma despedida empolgante, tocando "Dogface Soldier", o hino da divisão.

A Rocha do Marne começou a cantar:

> *I'm just a dogface soldier with a rifle on my shoulder*
> *And I eat a Kraut for breakfast every day.*
>
> *[Sou apenas um soldado americano com um rifle no ombro*
> *E como chucrute no café da manhã todos os dias.]*

A BORDO DO *USS Biscayne* estava o comandante escolhido por Clark para a próxima operação, o major-general Lucas, com seus óculos, tentando ficar calmo, convencido de que o fracasso se aproximava.

"Não se arrisque, Johnny", Clark o avisou. "Fiz isso em Salerno e tive problemas."[15]

Lucas não desobedeceria.

CAPÍTULO 6

A Agonia em Anzio

O CAPITÃO MAURICE Britt estava em sua lancha de desembarque, parte da primeira onda de invasores da Rocha do Marne, enquanto se aproximava de uma praia em frente à comuna litorânea de Nettuno. O clima estava ameno, e os mares, calmos. Esperava que a lancha levasse ele e seus homens para a França, mas, quando ordens secretas foram reveladas no dia anterior, descobriu que estava destinado mais uma vez ao combate na Itália. Uma flotilha carregando foguetes se aproximou da praia. O céu se iluminou quando os projéteis foram lançados e atingiram o solo com uma força tão devastadora que o choque pôde ser sentido pelos marinheiros norte-americanos em embarcações a 5km da costa.[1]

A lua minguante era visível no céu noturno. Então, a rampa foi abaixada. Não houve estalos de metralhadoras alemãs, nenhum grito de artilharia inimiga enquanto Britt cruzava a areia firme e áspera, liderando a Companhia L. Suas ordens eram para se mover 6,5km terra adentro, entrincheirar-se e esperar o contra-ataque alemão. Às 7h31, o sol surgiu no horizonte e, à luz do amanhecer, a Rocha do Marne conseguiu ver, a alguns quilômetros de distância, o porto de pesca de Anzio, berço de Calígula e Nero.

Foi tão fácil que foi quase desconcertante. Tinha que haver uma pegadinha. Organizou seus pelotões e avançou com sua companhia os 6,5km, passando por prédios sem graça com estuque descascado e pichações fascistas pintadas, por bosques de pinheiros e vastas terras agrícolas. Não houve nenhum disparo de *sniper* de acelerar o coração — o mínimo que Britt poderia esperar em território inimigo —, nem morteiros cuspindo projéteis. Ao pôr do sol, quando ele e seus homens se abrigaram, 13 soldados Aliados haviam sido mortos entre os 36 mil que desembarcaram naquele dia. "Após o desempenho quase desastroso durante o treinamento", observou o general Truscott, os desembarques reais foram "incrivelmente suaves e precisos".[2] No entanto, os alemães já estavam reagindo em "velocidade relâmpago", como foi relatado mais tarde, deslocando 20 mil soldados para Anzio dentro de 24 horas após a chegada dos Aliados.[3]

Enquanto isso, o cabo Audie Murphy estava num hospital em Nápoles, sofrendo da malária que contraiu na Sicília, um termômetro mostrando 40°C de febre. Recusou ajuda médica no começo, não queria que seu amigo Lattie Tipton e os outros lutassem sem ele, mas ficou tão doente que mal conseguia ficar de pé e foi mandado para o hospital.

Parecia que, ao cair da noite de 22 de janeiro, o capitão Britt e seus companheiros invasores da 3ª Divisão seriam capazes de chegar em um ou dois dias até Roma, normalmente a poucas horas de caminhão. Na manhã seguinte, ele atravessou confiante o canal Mussolini e seus mais de 30 metros de largura, construído na década de 1930, fornecendo drenagem para os Pântanos Pontinos, até que os alemães chegaram e prontamente inundaram a área, fazendo grande parte voltar a ser um pântano de malária.

A cidade mais próxima, Cisterna, ficava vários quilômetros ao norte dele. As terras agrícolas que se estendiam na direção dela eram estéreis e cinzentas, cruzadas por profundas valas de drenagem e pontilhadas por modernos edifícios de tijolos, muitos pintados de um azul brilhante e alegre. Ao longe, a nordeste, as colinas Albanas se elevavam várias centenas de metros. Britt sabia que, se os alemães estivessem em algum lugar, seria na neblina das alturas, olhando para baixo através de binóculos, capazes de ver qualquer movimento que ele e seus homens fizessem acima do solo.

Britt foi instruído a tomar um cruzamento importante ao norte do canal Mussolini. As patrulhas informaram que os alemães estavam transportando suprimentos por ele. Estavam, de fato, reforçando suas posições com a intenção de manter a linha no canal, ganhando tempo para que homens de quatro divisões da *Wehrmacht* chegassem de outros cantos da Itália e ajudassem a aniquilar a Rocha do Marne.[4] Alguns tanques foram vistos. Quando ele se aproximou, descobriu que o cruzamento era protegido por 3 pelotões da SS, a força de combate de elite de Hitler, apoiados por canhões 88mm FlaK e 5 tanques. A sua Companhia L não teria chance.

Antes que pudesse chamar reforços, ouviu o estrondo de granadas. Observadores alemães estavam naquelas colinas verdes e direcionavam o fogo dos tanques da SS. Pego a céu aberto, Britt gritou ordens e correu para a cobertura mais próxima, uma casa de tijolos. Explosões atingiram as valas e os campos próximos quando os operadores de tanque alemães estabilizaram sua mira, focando a Companhia L.

"Provavelmente, este é o ponto mais quente da cabeça de praia", um sargento disse.[5]

Ninguém discordou.

Onde exatamente estavam os tanques alemães? Britt precisava saber antes de ligar para o QG do batalhão e pedir o apoio de caça-tanques. Começou a subir uma escada. Teria uma boa visão do andar de cima. Houve uma explosão ensurdecedora — um projétil de um tanque alemão atingiu diretamente a casa, sacudindo-a até a fundação. Ele estava atordoado, mas ileso. O prédio começou a desmoronar, vigas e paredes caindo. Ficou parado na escada, que de alguma forma ainda estava de pé, enquanto a parede mais próxima dele ruiu, deixando-o com uma visão clara do campo de batalha. Pegou o rádio depressa, contatando os caça-tanques do regimento, que lançaram projétil após projétil até os tanques alemães recuarem.[6]

Britt saiu do prédio destruído e ordenou que seus homens continuassem até o cruzamento no lado norte do canal Mussolini.[7] Não haviam ido muito longe quando dezenas de alemães da Divisão Hermann Göring atacaram, sob ordens de empurrá-lo e a seus homens de volta ao mar. Eles já haviam se envolvido com a Rocha do Marne antes, nas montanhas ao sul e na Sicília. Era hora de acabar com eles.

Balas de metralhadora estalavam no alto. Quando ousou levantar a cabeça do chão, viu que muitos de seus homens estavam presos. Rajadas de balas encheram o ar. Vários dos homens de Britt foram atingidos. Não conseguia ver a arma alemã, então se levantou e foi para campo aberto, pulou para cima e para baixo, fazendo dois polichinelos, gritando e batendo palmas como se estivesse se aquecendo para um grande jogo com o Detroit Lions.[8]

Não demorou para as balas irem em sua direção. Sabia onde estava a metralhadora e avançou na direção dela, carregando um rádio nas costas, percorrendo 70 metros mais rápido do que jamais cruzou um campo de futebol. Então, encontrou abrigo, caiu de joelhos e chamou o apoio de artilharia. Para seu alívio, ouviu o silvo dos morteiros norte-americanos, e a metralhadora alemã foi destruída.

Mais tarde naquele dia, o comandante do regimento de Britt, o tenente-coronel McGarr, o encontrou em um bueiro ao lado de uma estrada. Ele deu alguns conselhos, mas ficou claro que Britt e seu oficial executivo, o tenente Miller, não precisavam de incentivo. Nenhum "empurrão" foi necessário. Estavam calmos e decididos, McGarr observou, mesmo quando "balas dos *snipers* cortavam o solo ao longo das margens e lascavam o concreto a centímetros de suas cabeças".[9]

O avanço em direção ao cruzamento continuou. A 90 metros de distância havia outra casa de fazenda. De longe, parecia vazia. Britt se questionou se os alemães estariam deitados lá dentro, esperando que a Companhia L se aproximasse para que pudessem massacrá-los. Alguns soldados da companhia deitaram no chão e rastejaram para perto da propriedade. Granadas foram atiradas lá dentro. Houve um som estranho, certamente não humano, depois um berro agonizante. A fonte não era um soldado da SS mutilado, mas uma vaca italiana ferida, rapidamente tirada de sua miséria com um misericordioso tiro de rifle.

Aquela noite estava escura como breu. Britt se sentiu inquieto, pois sabia que a SS muitas vezes lutava de forma mais eficaz depois de escurecer, o momento favorito deles para atacar. Ordenou que um pelotão avançasse, mas, assim que seus homens se expuseram, os alemães abriram fogo. Viu uma rajada de munição traçante atingir um palheiro próximo. As chamas lamberam o ar, iluminando ele e seus homens, tornando-os alvos fáceis. Houve um som aterrorizante no alto, como se os céus estivessem gemendo. Britt olhou para cima. Um bombardeiro alemão, perfurado pelo fogo antiaéreo Aliado, descia em espiral na direção dele. Caiu e explodiu em chamas que iluminaram toda a área como se alguém tivesse acendido uma lâmpada.

Não havia opção a não ser ficar parado até que as chamas se apagassem. Britt pegou o rádio. Precisava muito de apoio blindado. Após algumas horas, ouviu, aliviado, o som de quatro caça-tanques, seus motores roncando à medida que se aproximavam. Pela primeira vez em combate, veria o que poderia fazer com o poder de fogo deles. Nunca havia lutado ao lado de blindados antes.

Ao raiar do sol, Britt começou a trabalhar, direcionando o fogo dos caça-tanques contra fortificações alemãs. Então, uma granada alemã atingiu um dos blindados. Ouviu munição estourar, e o tanque explodiu, matando dois homens. Ele rastejou para a frente até estar a menos de 90 metros do cruzamento. O fogo inimigo se intensificou. Um jovem cabo viu, horrorizado, que seu pé havia sido arrancado. Sangue jorrava, e, apesar do ferimento, ele de algum jeito conseguiu mancar até onde Britt e seu oficial executivo, o tenente Jack Miller, tinham se abrigado.

"Estou morto, senhor", o cabo disse. "Eu não quero morrer."

Miller tirou o cinto e o enrolou firmemente na perna do garoto, estancando o sangue.

"Eu não quero morrer."

Para seu desânimo, Britt soube que os caça-tanques que apoiavam sua companhia haviam sido chamados para ajudar em outro lugar. Observou-os se afastando, deixando um rastro de fumaça de escapamento, e então olhou desamparado para o casco queimado do caça-tanques que explodira mais cedo. Ele e seus homens estavam por conta própria.

Havia um meio de chegar ao cruzamento sem ser visto? Ele notou um pântano por perto e ordenou que um pelotão o atravessasse, torcendo para que a SS não percebesse. À medida que o pelotão avançava, ordenou que seus homens abrissem fogo para distraí-los. Funcionou. Seu pelotão, sem ser detectado, emergiu do pântano, as pernas enegrecidas de lodo, e se aproximaram do cruzamento. "Aí os alemães acordaram", Britt lembrou. "Freneticamente, trouxeram um tanque antiaéreo que lançou projéteis de 20mm nos nossos homens. Foi uma das raras vezes em que a infantaria recebeu tal castigo. O fogo assassino matou cinco nossos e feriu outros seis. Mas eles se levantaram rápido."[10]

Britt avistou um soldado gravemente ferido. Estava caído a cerca de 65 metros de distância e sangraria até a morte se não recebesse ajuda depressa. Jack Miller assistiu, maravilhado, quando ele correu para o soldado caído e o pegou, "carregando-o nos braços como um bebê", enfrentando fogo implacável e salvando sua vida.[11] Foi uma das muitas ocasiões em que Britt, Miller disse mais tarde, arriscou a própria vida e não recebeu uma medalha.

Os estalos dos tiros de armas leves finalmente cessaram. A SS abandonara o cruzamento. Britt e seus homens enfim tomaram o local. Soldados da SS mortos, cadáveres endurecendo, rostos amarelando conforme o sangue escorria, jaziam espalhados. Para seu orgulho, notou que seus homens mataram duas vezes mais caras de Hitler do que ele havia perdido, embora a SS tivesse uma força maior.

Foi uma provação horrível. A munição estava acabando e os homens estavam totalmente exaustos, pois haviam dormido não mais do que alguns minutos, se é que dormiram, desde que chegaram a Anzio. Com suas últimas forças, eles se entrincheiraram ao redor do cruzamento e esperaram pela dispensa. A encruzilhada sangrenta seria conhecida pelos próximos quatro meses da Batalha de Anzio como Cruzamento de Britt.

Por fim, ele e seus homens foram levados de caminhão para uma praia perto de Anzio para se rearmar e descansar, talvez por alguns dias, se tivessem sorte. Alguns homens espertos não se esqueceram de levar a vaca que mataram e a fatiaram. Homens entorpecidos devoraram bife italiano fresco, unidos por algo sagrado, por orgulho e trauma, por muito sangue derramado. "Foi só mais um trabalho da infantaria quando a Companhia L lutou para garantir aquele cruzamento", Britt observou. "Porém, significou muito para nós. Perdemos bons amigos, bons soldados. Sabíamos o que estaria nos telegramas do departamento de guerra que logo voltariam para casa."

De luto, estômagos cheios de carne, Britt e seus homens desabaram em abrigos próximos e finalmente conseguiram dormir. A escuridão voltou e, com ela, a guerra. Uma bomba caiu por perto e matou mais dois de seus homens. À luz do dia, recebeu novas ordens. Sua companhia deveria apoiar um ataque do 7º Regimento da divisão, era a vez de eles irem para o olho do furacão. Britt e seus homens se recompuseram e partiram em direção a um ponto no seu mapa, longos 3km além do cruzamento que finalmente haviam garantido no dia anterior.

Passou pelo cruzamento mais tarde naquele dia. Fogo de artilharia e explosões se espalharam por toda parte. Após sobreviver aos últimos dias de carnificina, outros seis homens de Britt caíram, mortos ou feridos. Uma metralhadora alemã ganhou vida. Ele e seus homens se arrastaram de bruços por uma vala. Um esquadrão de alemães fugiu de uma fazenda que Britt ocupou. De uma janela do andar de cima, ele tinha uma vista privilegiada de Cisterna e de várias estradas. Crateras em forma de conchas marcavam toda a área como a superfície da lua.

Escureceu. "A tensão dos nossos nervos era tamanha, que acho que todos ficamos um pouco histéricos", Britt relembrou. Pensou em tirar sua companhia da linha, do combate, mas então munição extra chegou, junto com rações, que foram muito apreciadas, e 25 novos homens. "Não tínhamos os nomes deles na lista", lembrou, "mas estávamos tão cansados, que eu disse ao tenente Miller para colocá-los em formação e pegaríamos seus nomes pela manhã. Os novos homens eram recrutas que nunca haviam disparado uma arma contra o inimigo. Seus uniformes estavam limpos, eram educados e ansiosos, mas muito assustados".

O fogo alemão continuou esporadicamente durante a noite, e na manhã seguinte seis dos novatos foram mortos antes mesmo de Britt saber seus nomes. "Incluímos todos na lista mesmo assim", lembrou. "Também eram membros da Companhia L."

Ele queria se mexer. Seu instinto lhe dizia para encontrar um posto de comando mais seguro. Mas ele não queria fazê-lo ao ar livre, à luz do dia, arriscando a perda de mais homens. Melhor ficar parado e aguardar, contando as horas novamente até o crepúsculo.

Foi um erro.

De uma janela, Britt avistou seis tanques alemães.

"Estão vindo para cá", um homem gritou. "Recuar, recuar."

Outro soldado encarou os tanques inimigos.

"Seis tanques nazistas bem na nossa frente", disse. "Seis tanques nazistas, 450 metros e se aproximando."

"Está maluco?", Britt contestou. "Não são 450 metros."

"Bem... Quanto você acha que é?"

"Só consigo calcular a distância em campos de futebol americano. De nós até aqueles tanques não existem mais do que três campos."

"Seja qual for a distância, estamos na mira deles."

"Me dá esse telefone."

Britt agarrou o aparelho e tentou direcionar o fogo. Um tanque alemão avançou. Estava a cerca de 270 metros dele. De pé em uma janela no segundo andar, olhou através dos binóculos. Levantou o braço para apontar um alvo, quando uma enorme explosão abalou o prédio. Em seguida, outra bomba atingiu diretamente a construção, e estilhaços destruíram o batente da janela pela qual ele olhava, jogando destroços em quem estava no cômodo.

Britt foi jogado no chão. Estava vagamente ciente da poeira de gesso e dos detritos ao redor após a explosão.

Uma voz.

"Foi um tanque."[12]

Seu braço direito não estava ali. Havia sido arrancado na altura do cotovelo. Todos os ossos de um de seus pés estavam quebrados. Um tenente jazia morto a poucos metros de distância. Outros estavam gravemente feridos, estatelados nas proximidades, gemendo, sangue respingado por toda parte.

Britt conseguia mexer a mão esquerda. Havia algo nos escombros por perto. Estendeu o braço e pegou sua mão direita com a esquerda.

Já era...[13]

Alguém se movia. Um soldado estava ajoelhado fazendo um torniquete no seu braço com a coisa mais próxima que encontrou: uma corda pesada. Britt estava em choque, mas a dor não tinha começado a aparecer. O soldado achou água e o fez beber e engolir seis comprimidos de sulfonamida para prevenir uma infecção.

Britt virou para outro soldado e pediu que lhe tirasse o sapato porque seu pé estava dormente.

"Está tudo bem agora, senhor", o soldado disse.

Britt olhou para baixo e viu que a sola de seu pé havia sido arrancada.

Sentiu uma vontade absurda de fumar um cigarro. Alguém lhe deu um e o acendeu para ele. Um sargento ajoelhou ao seu lado.

"Capitão, sinto muito", ele disse. "Quais são as suas ordens?"[14]

Manter a posição. Entregar o comando da Companhia L a um tenente chamado Ivorson. Isso se ele não tivesse ido para a vala.

O tenente Miller estava por perto, muito ferido, mas consciente.

"Quem mais foi atingido?", Britt perguntou.

Miller mencionou alguns nomes.

Sua mente estava longe demais para registrá-los.

Quinze homens estavam no cômodo com Britt no momento do impacto. Apenas três saíram ilesos. Cinco jaziam mortos. Sete, incluindo ele e Miller, ficaram gravemente feridos.

Britt voltou a falar com Miller.

Podia confiar a ele um último desejo. Havia lutado ao seu lado por tanto tempo!

"Diga à minha esposa que eu a amo", murmurou antes de ficar inconsciente. Seu último pensamento antes da escuridão foi o de que estava morrendo.

Quando Britt acordou, estava em um hospital de campanha perto de Anzio. Havia recebido cinco transfusões de sangue salvadoras. Ele estava, de acordo com um soldado ferido em um leito ao seu lado, "fora de si... Totalmente desmoralizado, seu espírito quebrado".

Em algum momento começou a se sentir um pouco melhor. Viu uma bela enfermeira da Cruz Vermelha se aproximando e deu um sorriso largo. Ela tinha cuidado dele antes.

"Está melhor, capitão?"

"Estou bem. Eu gostaria de aceitar aquela oferta."

"E qual seria?"

"Você não disse que levaria uma carta para mim se eu a ditasse?"

"Às suas ordens."

"É para minha esposa. O nome dela é Nancy Britt. O endereço é rua North B, 2100."

Britt permaneceu na cama do hospital. A lateral do corpo havia sido gravemente cortada. Uma bala atravessara seu intestino. Tinha ferimentos de granada no rosto e nas mãos, três dedos quebrados e o braço direito faltando.

A enfermeira da Cruz Vermelha escrevia conforme ele ditava.

"Os nazistas finalmente tiveram sorte e me tiraram da batalha. No entanto, a única lesão permanente será a perda do meu antigo braço de arremessar, mas ainda tenho meu braço esquerdo para dar muitos abraços em você e logo irei, Nancy. Logo irei."[15]

Nenhum lugar estava a salvo da artilharia alemã em Anzio. Um projétil atingiu o hospital, e Britt foi jogado no chão, gritando de dor. Então, ele apagou. Quando se deu conta, estava em uma lancha de desembarque, indo para outro hospital, desta vez em Nápoles. Alguns meses depois, estava deitado num leito em um navio hospital lotado, partindo para os EUA. Certa vez, recebeu uma carta do major-general Lucian Truscott: "Senti profundamente a notícia dos seus ferimentos e da subsequente perda do braço, afinal, o conheci como um homem corajoso, um bom oficial e um amigo."[16]

Quando Britt voltou aos Estados Unidos, dois generais o saudaram da base de um pórtico quando ele desembarcou do navio. Haviam sido enviados por ninguém menos que o general George Marshall, chefe do Estado-maior do Exército dos EUA. Uma banda tocou, recebendo-o em casa.[17] Da Costa Leste, um trem o levou ao Hospital Geral de Lawson, na Geórgia. Ele estava deitado em uma mesa de raios X, cercado por repórteres, quando foi oficialmente informado de que receberia a Medalha de Honra por seus atos ao ajudar a salvar seu regimento em novembro anterior, no Monte Rotondo. O major-general Lucian Truscott havia recomendado Britt para o prêmio com, como Truscott informou, "profundo orgulho e satisfação pessoal".[18]

A imprensa foi convidada para gravar sua reação à notícia — ele já era uma publicidade vital, comprometido com uma turnê nacional, convidado para programas de rádio por todo o país. O único outro homem do Arkansas a receber o prêmio máximo por bravura na Segunda Guerra foi o general Douglas MacArthur, comandante do Sudoeste do Pacífico, recomendado para o prêmio duas vezes, durante a ocupação de Veracruz em 1914, e na Primeira Guerra, quando conquistou incríveis sete Estrelas de Prata. A Medalha de Honra de MacArthur, concedida em 1942, não foi por uma ação específica, mas por sua liderança nas Filipinas.

"Qual é a sensação de receber uma saudação do presidente?", um repórter perguntou.

Britt sorriu, colocou a mão no coração e riu.

"Normal."[19]

Um repórter leu em voz alta a citação da medalha de Britt. Era finalizada com o número de granadas que ele havia lançado naquela manhã angustiante no Monte Rotondo — 32.

"Como diabos eles sabem quantas granadas eu joguei?", gargalhou. "Pode apostar todas as suas fichas que não tive tempo de contar."[20]

A Medalha de Honra significava que o "capitão grandalhão vindo da região do arroz do Arkansas" era um dos soldados mais condecorados da guerra até então, faltando apenas a Cruz de Serviço Distinto.[21] Nenhum soldado na história dos Estados Unidos havia recebido todas as medalhas por bravura durante uma única guerra. Britt estava a um prêmio da imortalidade.

Os presidentes, o próprio MacArthur, todos os militares — homens e mulheres — seriam obrigados a saudar o brincalhão sempre sorridente "Pé Grande" Britt. Ele receberia uma pensão especial, o direito de ser enterrado no Cemitério Nacional de Arlington, passe livre para bailes e posses presidenciais, um subsídio extra para uniformes e, se tivesse filhos com sua esposa Nancy e eles atendessem aos padrões de qualificação, seriam automaticamente admitidos em qualquer uma das academias militares dos Estados Unidos. Sobretudo, a medalha — concedida pela primeira vez a seis voluntários do Exército dos EUA em 1863 — conferia um prestígio inestimável. Quem a recebia pertenceria a um panteão sagrado de heróis eternos.

A notícia de que ele receberia a Medalha de Honra o tornou famoso da noite para o dia, um nome familiar no Arkansas, onde já era reverenciado por muitos pelos feitos como um jogador dos Razorbacks. Um dia, Britt foi fotografado apoiado na cama do hospital. Nancy havia ido visitá-lo. A imprensa se reuniu ao redor mais uma vez. O rosto largo dele se iluminou novamente com um sorriso radiante.

Questionado sobre como havia perdido o braço em Anzio, ele culpou o azar.

"Não teriam a sorte de me acertar de novo", disse, "mesmo se atirassem naquela janela todos os dias durante dois meses".[22]

Britt parecia mais confiante do que nunca, vestindo pijamas, enquanto olhava nos olhos azuis de Nancy e seus 1,57 de altura, e depois contava com humor o que acontecera na Itália para os repórteres admirados, escondendo qualquer angústia por ter sido mutilado; os sonhos de ser uma estrela do futebol americano brutalmente frustrados.

"A história de Britt se parece com algo que um roteirista de Hollywood poderia ter imaginado", um repórter exclamou. "É melhor do que todas as suas façanhas no futebol juntas. Melhor, por exemplo, do que quando ele pegou um passe para *touchdown* nos últimos três minutos de jogo para vencer o Philadelphia Eagles por 21 a 17. Ou na tarde em que conseguiu dez passes para marcar todos os *touchdowns* na vitória de 27 a 12 em cima de um grande time de Tulsa."[23]

Nunca marcaria outro *touchdown*, mas seus feitos impressionantes no campo de batalha e sua extraordinária quantidade de medalhas certamente seriam impossíveis de superar.

DOIS DIAS DEPOIS de Britt ter sido mutilado, 27 de janeiro, o recém-promovido sargento Audie Murphy chegou em Anzio. Sabia que as coisas estavam indo mal quando foi para o interior a fim de se juntar à Companhia B e viu "carretas cheias de cadáveres... Os corpos empilhados como madeira... Cobertos com os lençóis usados como telhados para as barracas... Braços e pernas balança[vam] grotescamente nas laterais dos veículos".[24]

A batalha ficava mais feroz a cada dia que Kesselring reforçava suas tropas com divisões blindadas e baterias de artilharia, criando uma fortaleza de ferro ao redor dos Aliados, prendendo-os na planície de Anzio. O major-general John Lucas, comandando a força de invasão, seguiu o conselho de Mark Clark e evitou se arriscar, optando por consolidar suas posições em vez de avançar para Roma. Sua cautela era justificável, de acordo com alguns companheiros, incluindo o general Truscott. A Rocha do Marne poderia ter chegado à Cidade Eterna, Truscott reconheceu, mas teriam sido conquistadores levianos por um dia antes de serem aniquilados.

Notícias sombrias aguardavam Murphy na Companhia B. Joe Sieja havia sido morto em ação. Felizmente, seu outro amigo próximo, o cabo Lattie Tipton, saíra ileso, um dos poucos rostos reconhecíveis entre a Companhia B, cujas fileiras haviam sido preenchidas com substitutos inexperientes.

Murphy havia voltado para o front, ele lembrou, "pouco antes do inferno começar".[25] A Companhia B faria parte de um ataque combinado a Cisterna, de onde uma linha férrea e uma estrada, a Rodovia 7, levavam até Roma. Os primeiros homens da 3ª Divisão a avançar partiram em 19 de janeiro, mas foram parados em dois dias ao cruzarem terreno aberto. O fogo inimigo era tão intenso, segundo relatos, que "nada poderia viver sem se proteger".[26] As forças de Kesselring estavam "disputando cada centímetro de terreno amargamente".[27] Pela primeira vez, viu o fogo antiaéreo alemão de 20mm abrindo buracos do tamanho de bolas de futebol americano em seus companheiros. Um soldado foi morto a poucos metros dele, que foi jogado no chão. Desmaiou brevemente antes de voltar a si com uma hemorragia nasal.

O fracasso em tomar Cisterna foi um sério revés. Os Aliados se agarraram a uma cabeça de ponte de 22km de largura e 25km de profundidade, cercada por três lados, sob constante observação. Confrontaram um inimigo de igual força em número de homens e, crucialmente, apoio blindado. Atrás dos Aliados estava o mar. Não poderiam recuar. Como um soldado brincou, era "um longo mergulho de volta a Nápoles".[28] A campanha de Anzio, destinada a quebrar o impasse na Itália, só piorou. "Esperávamos um lance de sorte para arrancar as entranhas dos boches", reclamou Winston Churchill, principal arquiteto de toda a campanha italiana. "Em vez disso, encalhamos como uma enorme baleia na beira da praia."[29]

Audie Murphy e seus amigos da Companhia B se amontoaram em trincheiras, encharcados e com frio. A temperatura estava abaixo de zero em algumas noites e foi um inverno excepcionalmente úmido; muitos abrigos tinham 60 ou 90 centímetros de água dentro deles. O pé de trincheira dizimou as companhias nas linhas conforme o campo de batalha se tornava um vasto pântano.[30] Os homens sabiam que podiam ser despedaçados a qualquer momento. "Nunca antes", foi relatado, "nossos homens estiveram sob fogo de artilharia tão intenso, prolongado e mortalmente preciso".[31]

Ninguém nem lugar nenhum estava a salvo das miras alemãs em Anzio. Enfermeiras foram mortas enquanto cuidavam dos feridos. A constante ameaça de bombardeios desgastava os nervos de todos, dos generais aos cozinheiros. Os homens aprendiam a andar ou correr curvados o mais baixo possível, o que ficou conhecido como agachamento de Anzio. "Encurralados como estavam na área baixa e notoriamente insalubre", Kesselring lembrou, presunçoso, "deve ter sido muito desagradável; nossa artilharia pesada e a *Luftwaffe*, com suas numerosas FlaK antiaéreas e bombardeiros, garantiram que, mesmo quando estivessem 'descansando', os soldados norte-americanos não tivessem descanso".[32]

Na estação de propaganda alemã, Axis Sally relatou com falsa simpatia a situação da Rocha do Marne, dedicando-lhes canções como *Don't Get Around Much Anymore* antes de acrescentar com sutileza teutônica: "Enquanto houver tinta azul e branca, sempre haverá uma 3ª Divisão."[33] Os contra-ataques alemães ao longo de todo o perímetro Aliado foram interrompidos, mas a um custo cada vez maior. "A maior parte das treze divisões alemãs estava num círculo vigilante em torno daquele pequeno pedaço de terra", um homem lembrou, "e deram seu melhor para torná-lo o tipo de inferno que um filho da Itália uma vez descreveu como o lugar que aguarda pelas almas daqueles que pecaram na terra. As descrições de Dante, porém, eram imaginárias. As de Anzio, infelizmente não".[34]

O ataque alemão mais combinado, a Operação *Fischfang*, começou em 16 de fevereiro. Tantas forças alemãs não avançavam contra os Aliados desde a *Blitzkrieg* em 1940 — mais de 100 mil soldados. Hitler ordenou que Kesselring "drenasse o abscesso abaixo de Roma", e ele estava determinado a entregar isso ao Führer.[35] A principal rota de ataque era uma estrada chamada Via Anziate.

Conforme o ataque alemão se desenrolava, envolvendo seis divisões esmagando as linhas inimigas, parecia que os Aliados estavam condenados. Com imenso sacrifício, em especial da 45ª Divisão de Infantaria, os alemães foram parados a 11km da costa após uma semana de matança ininterrupta em escala industrial. Veteranos alemães juraram que a batalha foi ainda mais feroz do que em Stalingrado. Quando perguntado se seus homens haviam recuado durante o ataque, o comandante assistente da divisão, John O'Daniel, respondeu: "Nem um maldito centímetro!"[36] Um batalhão dos EUA sofreu 75% de baixas. Um batalhão britânico do Regimento Real da Rainha foi totalmente destruído.

Depois que a crise passou, o comandante do 5º Exército, Mark Clark, decidiu se livrar de Lucas, o deplorável líder das forças Aliadas sitiadas em Anzio. Lucas havia muito esperava ser substituído, então não foi uma surpresa quando, como ele disse, sua cabeça finalmente "parou numa bandeja".[37] O substituto escolhido por Clark não poderia ser outro senão o comandante da 3ª Divisão, Lucian Truscott, cuja posição foi ocupada por John O'Daniel, de 50 anos, apelidado de Mike de Ferro, que se mostraria tão capaz quanto Truscott.

A Operação *Fischfang* falhou por pouco. As forças de Kesselring se reagruparam e atacaram novamente em 29 de fevereiro. Desta vez, mudou o foco do seu ataque principal, lançando três divisões contra a 3ª Divisão ao sul de Cisterna — onda após onda de tropas apoiadas por mais de cem tanques. Perto de uma vila chamada Isola Bella, o batalhão do sargento Audie Murphy sentiu a força total do ataque alemão. O major Keith Ware e seus colegas no quartel-general do batalhão organizaram uma defesa frenética, lançando caça-tanques na batalha e convocando bombardeios de artilharia. Logo havia tantos alemães mortos perto de Isola Bella, que o inimigo os empilhou e depois usou tratores para enterrar seus corpos em valas comuns.[38]

Murphy estava mais uma vez no limite no dia 2 de março, liderando o cabo Lattie Tipton e outros de seu pelotão pela linha de frente, uma pistola na cintura, um fuzil M1 pendurado no ombro, bolsos cheios de granadas, carregando munição extra e uma carabina, sua arma favorita. Tinha um punho de pistola de madeira que era mais curto e mais leve que o do M1. Um pente com 15 balas e, se quisesse, poderia prendê-lo a outro para que pudesse, em teoria, atingir 31 alvos em rápida sucessão se tivesse uma bala na câmara.[39] Embora carregasse muito peso, ainda se movia notavelmente rápido.[40]

Naquela noite, Murphy levou uma patrulha de seis voluntários para sondar as linhas alemãs. No escuro, ele viu um tanque alemão a 180 metros de distância. Temendo que os alemães estivessem tentando consertar o tanque, disse a seus homens que ficassem em uma trincheira e rastejou pela lama na direção dele. "Desejei que minha camisa não tivesse nenhum botão para que eu pudesse me aproximar do chão", lembrou. "Quando estava a uns 25 metros do tanque, montei um lança--granadas, disparei e acertei 6 tiros."[41]

Os alemães reagiram com violência, disparando de várias direções, chegando perto do tanque. Munição traçante cortou a escuridão, e com tantas balas brilhantes que se cruzavam a centímetros do chão, a metros de Murphy, que ele decidiu que era o momento de correr para se salvar, fazendo "provavelmente a corrida de 200 metros mais rápida da história". Liderou seus homens de volta às linhas Aliadas e depois riu com eles sobre o perigo. "Mas durante meia hora eu rastejei em direção ao tanque e atirei nele", lembrou, "não houve nada de engraçado naquilo. Foi assim que consegui a Estrela de Bronze. 'Conduta valorosa em ação', a citação diz. Acho que tive sorte".[42]

A Rocha do Marne se manteve firme, mesmo machucada e brutalizada. No entanto, mais substitutos vestidos de verde preencheram as fileiras. Eles irritavam os veteranos, mesmo aqueles que estavam no front havia apenas algumas semanas. A sua inexperiência era desmoralizante. Não podiam ser confiáveis. E não havia tempo para treiná-los. Audie Murphy, como tantos outros líderes de pelotão, ficou cada vez mais irritado quando seu último grupo de formandos do ensino médio não fez exatamente o que lhes foi instruído. Outros recém-chegados não estavam em condições de lutar, ainda se recuperando de ferimentos. Um dia, se enfureceu com um oficial médico que lhe enviou homens que não conseguiam nem caminhar porque ainda sofriam de pé de trincheira. Em outra ocasião, ficou irritado quando pediram para seu pelotão realizar um treinamento de marcha, uma prática inútil que enervou seus homens cansados.

"Deixamos os regulamentos na retaguarda", Murphy cuspiu. "Era peso pra caramba para carregar."[43]

Finalmente, ele ultrapassou o próprio limite. Estava em combate havia mais de duzentos dias. Anzio tinha se tornado demais até para ele. Um dia, no final de março, descobriu que vacas mortas por fogo de artilharia jaziam perto das posições de seus homens, estômagos inchados e apodrecendo na garoa impiedosa. Murphy disse a vários homens para cavarem buracos e cobrirem os cadáveres ou o fedor da morte seria insuportável.

Um substituto ousou discordar.

Os outros assistiram enquanto Murphy socava o estômago e o rosto do soldado e, em seguida, batia a cabeça dele contra uma porta. Ninguém questionou seu surto de violência. Era a mesma agressividade que precisavam para salvá-los em momentos de perigo nas patrulhas, da qual dependiam nos tiroteios e que precisariam para escapar de Anzio.

CAPÍTULO 7

Fuga

O INVERNO DEU lugar à primavera. Os riachos corriam cheios. Nas poucas árvores que sobraram com galhos em Anzio, os primeiros brotos corajosos apareceram. A vida ali estava voltando a ser o lugar em que Nero uma vez havia acalmado seus membros doloridos. O oceano de lama começou a secar, e os homens puderam andar sem pular de tábua em tábua, mesmo que ainda usassem o agachamento de Anzio quando se aventuravam acima do solo, curvados com as mãos trêmulas, nervos despedaçados depois de semanas de bombardeios tensos. "As rosas estão florescendo para todos os lados", o general Truscott escreveu à sua esposa. "Sabe como eu as amo."[1]

Quando os limoeiros floresceram naquele abril, os Aliados começaram a acumular grandes quantidades de suprimentos e a reabastecer as fileiras com mais substitutos pálidos. Toda noite, conforme o clima esquentava, mais e mais artilharias abriam fogo contra os alemães, sempre um prenúncio de uma grande operação, desta vez para escapar de

Anzio. Os Aliados não podiam aceitar passar mais uma estação sem ir a lugar nenhum. Na Inglaterra, milhões de tropas se reuniam para uma iminente invasão da Normandia. A Itália não poderia continuar como um impasse.

Era claro para a Rocha do Marne que os bombardeios noturnos deveriam enfraquecer as defesas alemãs, assim como atrair o 19º Exército de Kesselring a responder na mesma moeda, esgotando, portanto, seus suprimentos. Não havia uma área onde o bombardeio fosse mais intenso — isso alertaria os alemães e os faria fortalecer ainda mais suas posições, já bastante formidáveis.

Oficiais se debruçavam sobre mapas atualizados e relatórios de inteligência. No início de maio, já estavam familiarizados com os vastos acres de campos minados, as centenas de ninhos de metralhadoras e, em particular, o labirinto de defesas reforçadas ao redor da cidade de Cisterna. Ware e seus homens tentaram retomar a cidade em janeiro, com muitas perdas. Outras unidades da 3ª Divisão tentaram cinco vezes chegar ao local mais bem defendido na planície de Anzio. Toda vez, foi relatado, a Rocha do Marne "tropeçava e parava".[2] Para escapar, era óbvio que teriam que, finalmente, tomar Cisterna, o lugar mais bombardeado no campo de batalha mais bombardeado da face da Terra.[3]

Ware sabia que os alemães que o enfrentavam precisavam lutar mais do que nunca. E Kesselring não deixaria de trazer os próprios reforços e suprimentos para impedir qualquer tentativa de conquista de Cisterna. Quem lutaria mais, os defensores experientes de Kesselring ou os Aliados cansados da guerra? Profundamente ciente de quanto sangue já fora derramado, Truscott estudou obsessivamente as posições inimigas, Cisterna em especial, onde dois batalhões de Rangers haviam sido tragicamente exterminados no fim de janeiro. Menos de doze homens dos batalhões ligados à divisão de Truscott na época retornaram às linhas Aliadas. Centenas de Rangers capturados foram obrigados a desfilar diante de câmeras pelas ruas de Roma, peões humilhados pela máquina de propaganda nazista rumo a campos de prisioneiros de guerra.

Foi difícil para Tuscott encarar a derrota tendo lutado com aqueles Rangers no norte da África, na Tunísia, na Sicília e no sul da Itália. Agora ele buscava vingança. Cada fortificação e cada abordagem foram examinadas. "Prédios de pedra e ruas estreitas eram obstáculos formidáveis para qualquer força de ataque", lembrou. "Extensas cavernas sob a cidade protegiam os defensores de nossa artilharia de bombardeios aéreos mais pesados."[4]

Em 20 de maio, os reservas do 15º Regimento de Infantaria receberam ordem de levantar acampamento e seguir em frente. Naquela noite, Ware teria visto clarões no céu ao extremo sul, perto de Cassino, onde os Aliados estavam parados desde o Natal em uma guerra de atrito tão sangrenta e dolorosa quanto a de Anzio. Um grande impulso vindo do sul, com o objetivo de se unir às forças do local, também estava em andamento.

No dia seguinte, 21 de maio de 1944, veio uma ordem simples: "O regimento avançará hoje à noite."[5] Os homens de Ware no 15º Regimento de Infantaria não teriam que fazer um ataque direto a Cisterna — essa era a missão do 7º Regimento. O 15º iria pela direita do 7º e contornaria Cisterna pelo sudeste, tomando posições ao longo da crítica Rodovia 7 que levava até Roma e, em seguida, cortariam uma linha ferroviária de igual importância.

Os homens de Ware atravessaram uma floresta de pinheiros em direção às linhas de frente. Após meses de frio e de chuva, finalmente tiveram uma noite amena. O verão havia chegado. Ovelhas pastavam em campos próximos. A banda da 3ª Divisão cantou "Dogface Soldier". O moral parecia alto enquanto os homens assobiavam e cantavam junto. Máquinas que criavam fumaça artificial começaram a bombear espumas de neblina adocicadas demais para proteger as tropas em marcha do reconhecimento aéreo alemão e dos observadores nas colinas Albanas, ao norte. Na escuridão crescente, a Rocha do Marne continuou por uma estrada que levava ao ponto de partida.

O céu se encheu de clarões do fogo de artilharia. Quando os homens olhavam para cima, era como se estivessem testemunhando uma tempestade bíblica, sons de raios com segundos de intervalo entre si. Sabiam que uma batalha selvagem estava por vir, provavelmente ainda pior do que na Sicília ou nas montanhas ao sul de Roma. Mais de mil homens da divisão de Ware foram mortos em ação desde que ele chegou a Anzio, em janeiro. Pelo andar da carruagem, haveria muito mais.

FALTAVA UMA HORA PARA o nascer do sol. Truscott estava com a artilharia, vestido com a habitual jaqueta de couro, lenço de seda no pescoço, perto do ponto de partida da 3ª Divisão. "Uma chuva leve caiu durante a noite, mas estrelas aqui e ali prometiam um dia claro", lembrou. "Nada indicava que mais de 150 mil homens estavam tensos, alertas e esperando. Para o melhor ou para o pior, a sorte estava lançada conforme os ponteiros dos relógios se moveram lentamente em direção à meia-noite."[6]

Às 5h45 daquele 23 de maio, os céus foram rasgados pela maior barragem de artilharia Aliada da guerra até então, tão poderosa que Audie Murphy e seus homens da Companhia B pensaram que "não sobraria nada das linhas alemãs". Poucos podiam ouvir os outros acima do barulho e do estrondo de milhares de tiros de artilharia. Era como se os céus estivessem gritando quando uma grande persiana de ferro foi fechada.

"Hitler, conte suas crias!", gritou um homem perto de Murphy na Companhia B.[7]

Murphy e os homens da 3ª Divisão saíram rastejando dos abrigos. Balas de metralhadora — apontadas para os alemães, felizmente — estalaram acima. Truscott assistiu, admirado, quando "uma parede de fogo apareceu no momento em que nossas primeiras salvas colidiram com os fronts inimigos, então traçantes teceram padrões assustadores de luz enquanto centenas de metralhadoras de todos os calibres lançavam uma chuva de aço nas posições inimigas".

O chão sob os pés dos homens estremeceu como em um terremoto. Amanheceu, mas as tropas do front mal conseguiam distinguir as posições inimigas, de tão espessas que a fumaça e a poeira das explosões eram. Eram quase 6h30 quando Truscott viu aviões mergulharem em formação dentro e ao redor de Cisterna, "suas asas prateadas brilhando na luz da manhã".[8]

Murphy e a Companhia B se moveram o mais rápido que suas pernas permitiram através dos campos pontilhados de violetas e botões de ouro, esperando romper as linhas alemãs enquanto estivessem atordoadas e em pânico. Então, Murphy ouviu o estalo característico das metralhadoras inimigas e percebeu que os alemães em seu setor haviam sobrevivido ao bombardeio Aliado.

O sucesso não dependia dos aviões velozes e suas barrigas prateadas, das toneladas de projéteis, nem dos planos habilmente elaborados de Truscott. Cabia aos soldados de infantaria, ou melhor, aos guerreiros-chave que poderiam levar outros pelas salvas de balas inimigas, que poderiam mostrar o caminho, que estavam preparados para morrer a fim de concluir o trabalho. Homens altruístas fariam toda a diferença.

O 15º Regimento de Infantaria enfrentou muita resistência desde o início. Em algumas horas, a Companhia L foi reduzida de 150 homens para cerca de 40 capazes de lutar. Outras companhias sofreram muitas baixas, atingidas por fogo intenso de abrigos bem camuflados e tão bem preparados que apenas um golpe direto poderia deter a salva aparentemente constante de balas de metralhadora que varreu a ponta de lança do regimento.

Após 90 minutos, a Rocha do Marne só havia se movido cerca de 450 metros.

"Está muito devagar", trovejou o comandante "Mike de Ferro" O'Daniel.[9]

Eles tinham que sair da maldita planície e entrar nas colinas, mesmo que um deles estivesse morrendo a cada quatro minutos.[10] Ao anoitecer, haviam se movido quase 1,5km, mas perderam 995 companheiros norte-americanos, o maior número de baixas sofridas por qualquer divisão do Exército dos EUA em um único dia na Segunda Guerra.[11] Havia mais feridos do que médicos para tratá-los, e muitos sangraram até a morte em meio aos pés de milho pisoteados.

Cisterna estava sendo um osso duro de roer, como era de se esperar. Na manhã seguinte, a Companhia A do 15º Regimento de Infantaria chegou a um aterro ferroviário na periferia, mas foi repelida. Era a última linha defensiva dos alemães, que deveria ser mantida a todo custo. A Companhia A perdeu um oficial e outros 8 homens, e 54 ficaram feridos tentando chegar ao aterro. Não conseguiram atravessar a linha em si.

A Companhia B de Audie Murphy foi a próxima a tentar. Ao se aproximar do aterro, Murphy viu duas fortificações alemãs a algumas centenas de metros de distância. À sua frente estavam dois outros pelotões da Companhia B. Em seguida, os homens de *feldgrau** abriram fogo mais uma vez, tentando dividir os pelotões norte-americanos e criar pânico.

Murphy viu um sargento em um dos pelotões. Ele o reconheceu. Lutsky. Um cara bonito. Um polonês de Ohio — Sylvester Antolak, de 27 anos.

Ele sabia o que Antolak devia estar pensando.

Se os pelotões se separassem, estariam acabados. Os alemães iriam varrê-los do mapa como se estivessem limpando os restos de sopa do prato com um pão.

Murphy estava se aproximando de uma fortificação quando o viu correr para a frente, um homem realmente possuído, demoníaco, em uma corrida de 200 metros. Antolak atirou em um ninho de metralhadoras. Os alemães tentaram derrubá-lo com vários tiros de armas leves. Foi atingido duas vezes e jogado no chão sem cobertura, mas se levantou como se fosse imortal e voltou a atacar.

Uma metralhadora alemã surgiu da direita. Rá-tá-tá! Rá-tá-tá!

Foi atingido pela terceira vez e caiu. Um cabo o alcançou. "Pedimos ao sargento Antolak que se protegesse", lembrou o cabo, "enquanto providenciávamos assistência médica. Ele parecia muito fraco por causa dos ferimentos e da perda de sangue constante".[12] De algum modo, Antolak se levantou. O braço direito estava destroçado. Tinha uma ferida funda no ombro. O sangue encharcou a parte superior do corpo, mas ele continuou cambaleando, empunhando a carabina com o braço bom. A 13 metros do inimigo, ele puxou o gatilho e matou mais dois alemães. Dez outros decidiram se render.[13]

"Kamerad!", eles gritaram.

---

* Uma cor cinza esverdeada; era a cor oficial dos uniformes militares das forças armadas alemãs utilizados desde o início do século XX até o fim da Segunda Guerra Mundial (na Alemanha Oriental a cor foi utilizada até 1989). [N. da R.]

Era errado executar homens com os braços para o alto, mesmo que você o fizesse com seu último suspiro.

Ele os poupou.

Cisterna ainda tinha que ser tomada, mesmo que fosse só escombros. Os alemães ainda espreitavam sob as ruínas, em porões, em abrigos. Antolak partiu para outra fortificação, a cerca de 100 metros de distância. Incrivelmente, quase a alcançou, quando caiu no chão, morto por tiros.[14] "Foi assim que Lutsky", Murphy lembrou, "ajudou a comprar a liberdade que prezamos e abusamos".[15] Ele se tornaria o terceiro homem do 15º Regimento de Infantaria a ganhar a Medalha de Honra na batalha de Cisterna. Em 48 horas, o regimento havia conquistado mais Medalhas de Honra do que toda a 101ª Divisão Aerotransportada, as lendárias *Screaming Eagles*, ganhariam na Segunda Guerra.[16]

Os alemães estavam finalmente enfraquecendo. Algumas unidades perderam metade dos homens. Dezenas de tanques Sherman da 1ª Divisão Blindada avançaram, as engrenagens rangendo, fechando o cerco em Cisterna. Kesselring, informado da situação, admitiu que "as coisas não pareciam boas".[17] Murphy e a Companhia B continuaram lutando, cada vez mais próximos da linha férrea. Ao meio-dia de 25 de maio, com o apoio de tanques e intenso fogo de artilharia, a Companhia B finalmente atravessou a linha. Outras unidades conquistaram Cisterna, causando muitas perdas.

Em Cisterna e em outros lugares, a fortaleza de ferro ao redor de Anzio finalmente se quebrou. O 15º Regimento de Infantaria fez uma pausa em uma área arborizada para se reagrupar. Equipamentos alemães abandonados estavam debaixo dos loureiros. Os homens sentiam muita sede e fome. Não tinham comida, então vasculharam o chão e caçaram rações alemãs descartadas entre as árvores.

Os alemães os avistaram, e granadas começaram a explodir por toda parte, estilhaços e incontáveis farpas de madeira e pedaços de rocha voando. Murphy se protegeu em uma trincheira alemã e enfiou a cabeça entre os joelhos. Um homem pulou no buraco. Ele o conhecia. Seu apelido era "Cara de Cavalo". Ele parecia aterrorizado quando pediu um gole de água a Murphy.

Ele entregou seu cantil, mas Cara de Cavalo o derrubou. Qual era o problema? Cara de Cavalo disse que achava que tinha machucado as costas e caiu para a frente. Murphy abriu a camisa do homem e viu um ferimento no ombro. Foi um arranhão, disse Cara de Cavalo. Murphy sabia que era mentira. Saiu da trincheira e correu através das bombas explodindo para chamar um médico. Mas, quando voltou para o buraco, seu amigo Cara de Cavalo, também conhecido como soldado Abraham Homer Johnson, não respirava mais.[18]

O bombardeio terminou, e o regimento seguiu para o norte, perseguindo os alemães, movendo-se em colunas pela Rodovia 6, a principal de Roma a Nápoles. Então, houve o som metálico de motores lá em cima — aviões de combate. Eles mergulharam, linhas de traçantes à frente, metralhando, matando dezenas de homens, causando mais de uma centena de baixas.[19] Em seguida, subiram, estrelas brancas claramente visíveis nas asas. Malditos pilotos norte-americanos. Homens do Marne jaziam na estrada mortos e feridos, gemendo, gritando, corpos dilacerados por balas de metralhadora, abatidos como gado pelos próprios norte-americanos depois de tanta coisa, depois de finalmente escaparem de Anzio.

Os sobreviventes ficaram de boca aberta, incrédulos. Então a raiva veio, as maldições proferidas, as cabeças balançando em negação, a pena. Murphy e seus amigos enfurecidos seguiram em frente e descobriram que os alemães estavam em rápida retirada. Tinham que aproveitar a vantagem. Além disso, Roma chamava, a Cidade Eterna com suas maravilhas antigas, seu vinho tinto Dago e suas prostitutas de 25 liras.[20]

Ao longo do front de Anzio, as forças alemãs estavam em fuga, tentando escapar dos Aliados para que pudessem se reagrupar ao norte de Roma e lutar mais um dia. No que se tornaria um dos episódios mais controversos da guerra, o comandante do 5º Exército, Mark Clark, desobedeceu a uma ordem direta de seu superior, Harold Alexander. Em vez de perseguir as legiões de Kesselring, ele desviou forças-chave para Roma, para ultraje de Lucian Truscott e de outros comandantes que viram a chance de uma derrota decisiva contra os alemães na Itália. "O inimigo se comportou do jeito que eu esperava", Kesselring lembrou. "Se ele tivesse avançado imediatamente, enviando suas divisões de tanques pelas estradas, nosso Grupo de Exércitos a oeste do Tibre teria sido colocado em perigo quase irremediável."[21]

Clark tinha outras prioridades. "Marcus Clarkus", como seria ironicamente apelidado pela imprensa, desejava uma página nos livros de história, não uma nota de rodapé. Queria ser lembrado para sempre como o libertador, se não o imperador, de Roma. Tinha sofrido por muito tempo, tirado leite de pedra. Era hora da retribuição. Teria seu nome estampado nas primeiras páginas do mundo todo, elogiado como o senhor da guerra que havia conquistado a primeira capital do Eixo a cair para os Aliados.

Truscott nunca o perdoaria. Nem muitos homens do Marne. Pronto para destruir as forças alemãs que infligiram tanto sofrimento a seus homens por mais de dois anos, Truscott foi forçado a ficar de lado enquanto Clark ia para sua coroação, sorrindo de um jipe e sendo recebido por multidões calorosas, rumo ao Capitólio e depois para almoçar no Hotel Excelsior. Ordens eram ordens, embora "impedissem a destruição do X Corpo de Exército alemão", como ele disse.[22] A fuga de Anzio havia sido uma vitória de Pirro.

Roma fora declarada uma cidade aberta. Os alemães deixaram uma força mínima para retardar os Aliados em alguns lugares, mas conseguiram fazê-lo por poucas horas. O major Keith Ware e a 15ª Infantaria logo cruzaram o Tibre e estabeleceram quartéis-generais no coração da cidade, perto da Villa Borghese.[23]

Pinheiros-mansos se erguiam, sombreando fontes secas. Garotas de olhos escuros e cabelos brilhantes já estavam passeando, usando batom, meias de seda e sapatos com saltos de verdade. Os clientes anteriores haviam saído no dia anterior. Não precisariam mais fazer a saudação fascista. Sem *"Guten Abend, Mein Herr"*. Os ianques, com seus chocolates e Chesterfield, finalmente chegaram à cidade.

"Cá-râmbá", um homem gritou, "eles têm até ruivas!".[24]

Audie Murphy e seus companheiros da Companhia B montaram acampamento em um grande parque. A maioria não estava com vontade de comemorar. Muitos morreram para que chegassem às margens do Tibre. Em menos de um mês, 18 mil de seus compatriotas norte-americanos haviam se tornado vítimas. Três mil jaziam mortos, seus cadáveres apinhando cemitérios improvisados em solos esburacados, separados por quilômetros de desgosto, desde as ruínas da Abadia do Monte Cassino até as valas com malária em Anzio.

Em trincheiras pegajosas, sob fogo constante, Murphy e seu melhor amigo, Lattie Tipton, imaginaram orgias, bacanais, sexo e bebedeira intermináveis, mas agora, no parque monótono, em suas tendas cáqui, estavam exaustos demais, entorpecidos demais para fazer qualquer coisa além de deitar a cabeça nos sacos de dormir.

ELE ESTAVA SENTADO nas arquibancadas do Razorback Stadium, de volta à sua *alma mater*, cercado por 8 mil. Ele não era forte o suficiente para andar por mais de 45 minutos, e uma cadeira de rodas foi fornecida para quando quisesse descansar.[25] Seu pé direito estava coberto por gesso branco limpo, ao lado da bela e jovem esposa, Nancy, a manga esquerda enfiada no bolso da cintura do casaco militar e dobrada ordenadamente onde ele um dia tivera um braço.

Britt havia voado de Atlanta especialmente para a ocasião, acompanhado desde o hospital por um fotógrafo e um oficial de relações públicas. Seu nome foi chamado, e ele se levantou e conseguiu mancar até o campo, sem ajuda, onde ficou sozinho. Em seguida, um pequeno grupo de oficiais superiores caminhou até o capitão Maurice Britt, esperando pacientemente no campo de futebol americano onde ele conquistou a glória esportiva como um bom norte-americano.

Uma Guarda de Honra da 42ª Divisão, a *Rainbow Division*, que ainda não havia sido enviada para o combate, alinhou-se atrás dele. Quarenta e oito soldados carregando as bandeiras de todos os 48 estados* dos EUA marcharam para o campo.

Uma banda tocou o hino nacional. Então, o comandante da 42ª Divisão, o major-general Harry Collins, colocou uma fita azul em volta de seu pescoço largo e prestou continência. Escondendo a dor dos ferimentos, Britt retribuiu o gesto com a mão esquerda e mancou até um

---

* Somente em 1959 o Alasca e o Havaí se tornaram estados dos EUA, totalizando os 50 estados atuais.

microfone, dizendo à multidão que estava recebendo o prêmio em nome dos homens que lutaram tanto quanto ele, mas que não estavam voltando para casa. Muitos outros se sacrificaram. Quatro arkansenses que jogaram com ele no time das estrelas de 1939 haviam sido, até junho daquele ano, mortos em ação.[26]

Sua voz era clara e alta, "ecoando pelas colinas verdes íngremes que se elevavam", observou um repórter, e foi levada para cada canto do estádio onde ele estrelou como jogador defensivo e ofensivo em um dos times "mais corredores" na história do Arkansas.

"Desconheço ocasião mais feliz para mim", Britt disse, "do que este evento hoje, a não ser que seja o povo norte-americano comemorando o fim desta guerra horrível".[27]

Eram mais ou menos 16h do dia 5 de junho de 1944, formatura da Universidade do Arkansas.

A imprensa se reuniu enquanto Britt abraçava sua esposa e sua mãe. Então, ele posou com um grupo de jogadores dos Razorbacks e com o lendário treinador de basquete da universidade, Glen Rose, que assumiu o cargo durante a guerra. Repórteres de jornais, estações de rádio e um cinegrafista da *Fox Movietone News* estavam todos ali para testemunhar, foi observado, "a cerimônia mais impressionante" já realizada no estádio.[28]

Ele não mencionou que deveria ter recebido a medalha mais importante em uma cerimônia especial na Europa, em Londres — uma propaganda para motivar as dezenas de milhares de norte-americanos que estavam prestes a invadir a Normandia.

Enquanto Britt saudava o general Collins, os primeiros paraquedistas da 101ª Aerotransportada já haviam pintado o rosto e recebido paraquedas na Inglaterra. Mais cedo naquela manhã de 5 de junho, o comandante supremo Aliado Dwight Eisenhower finalmente havia iniciado a operação anfíbia mais importante e célebre da história:

"Ok, vamos nessa."[29]

PARTE DOIS

França

CAPÍTULO 8

La Belle France

ENQUANTO O CAPITÃO Britt comemorava com a família no Arkansas, homens da Companhia I do 3º Batalhão do 18º Regimento de Infantaria observavam a Inglaterra sumir de vista enquanto uma armada Aliada navegava para o sul, ao luar, em direção à França. Entre os duzentos soldados a bordo do LCI-536 (Infantaria de Lanchas de Desembarque) estava um soldado alto e desengonçado de 19 anos chamado Michael Daly, carregando uma mochila, um colete salva-vidas, bandoleiras de munição e uma máscara de gás.

O Canal da Mancha estava agitado, balançando bruscamente sua lancha de desembarque enquanto avançava pelas ondas.

Um alto-falante ecoou com a voz do comandante supremo Aliado Eisenhower.

"Vocês estão prestes a embarcar na 'Grande Cruzada', pela qual nos esforçamos durante muitos meses. Os olhos do mundo estão voltados para vocês. As esperanças e as orações dos amantes da liberdade de todos os lugares marcham com vocês... Sua missão não será fácil. Seu inimigo está bem treinado, bem equipado e é experiente. Ele vai lutar com selvageria."[1]

Antes do amanhecer, veio a ordem para entrarem nos barcos Higgins. Homens escalaram a lateral da LCI e desceram as redes de contenção de carga. Quando já estavam nos barcos, a espera recomeçou. O barco de Daly circulou por várias, intermináveis horas. Muitos homens vomitaram em sacos para enjoo. Ele era mais sortudo do que a maioria, certamente mais do que os garotos do interior que nunca haviam pisado em um navio antes de deixar os Estados Unidos. Passara muitos dias divinos sob o sol brilhante do verão no estuário de Long Island, nadando, indo e vindo em um bote, acostumando-se à agitação do alto-mar.

Os projéteis silvavam no alto. Estavam a caminho da praia de Omaha. Era início da tarde, várias horas depois da primeira leva de homens ter desembarcado. Daly não sabia que houvera tanta carnificina e confusão a ponto de o alto escalão pensar em cancelar tudo no meio da manhã. O controle dos norte-americanos sobre Omaha ainda era delicado. Um contra-ataque alemão combinado poderia facilmente empurrar a 1ª Divisão de Infantaria — a *"Big Red One"* — de volta ao Canal da Mancha.

Homens agarravam seus rifles embrulhados em celofane. Moviam-se de maneira constante em direção à praia, o barco Higgins quicando na água, apontando para uma das oito seções em Omaha, codinome *Easy Red*. Eram mais ou menos 13h40. Tendo ingressado na unidade como substituto uma semana antes da invasão, Daly não havia conseguido treinar com os homens ao seu lado.[2] Com os nervos à flor da pele, avistou os cadáveres de alguns dos novecentos norte-americanos mortos naquela manhã ainda flutuando nas ondas raivosas. Quando olhou para a frente, viu "uma tremenda confusão, fumaça e fogo inimigo, que não consegui localizar. Os [alemães] estavam nos procurando. Eles miraram [em nós] com fogo [cruzado]".[3]

Daly observou o timoneiro da embarcação manobrar entre as minas e os obstáculos da praia. A rampa desceu, e os homens foram para a água fria. Foi instruído a atravessar Omaha o mais rápido que pudesse.

Sua sacola estava encharcada, fazendo peso, retardando-o. Então, os horrores começaram. Um homem próximo foi morto, sua cabeça estourada. Ele continuou, jogando a sacola nas ondas, caminhando com dificuldade pelos últimos metros, grato por sua altura — se fosse alguns centímetros menor, não teria conseguido manter a cabeça acima da água, certamente teria se afogado.[4]

Avistou uma mina, um obstáculo, um cadáver flutuando. Um estalo perverso, um tá-tá-tá, enquanto balas de metralhadora voavam acima de sua cabeça. Alguns homens congelaram de medo. Daly ajudou um soldado com ferimentos graves. Não havia sinal dos alemães, mas ele podia ver a destruição deles ao longo da praia — veículos fumegantes, destroços queimados, equipamentos descartados. "Não conseguíamos ver quem atirava em nós", lembrou. "Não se tratava de superar meu medo, mas de tentar controlá-lo. Meu pai costumava dizer que não existia essa tal de coragem. O que as pessoas chamavam de bravura era a nossa criação que nos fazia ter mais receio de mostrar nosso medo do que o medo em si."[5]

Daly provavelmente estava tão cheio de adrenalina que se esqueceu de se abaixar enquanto as balas estalavam no alto. Um oficial lhe disse para se abaixar, e ele o fez, rastejou pela areia e por pedras lisas. Uma elevação que oferecia alguma proteção. Começou a correr, seguindo os homens até a saída E-1 da *Easy Red*. Havia sido protegida a um custo alto. Em seguida, o batalhão ao qual pertencia, o último do 18º Regimento a chegar, recebeu ordens de avançar terra adentro, por um vale, em direção a um vilarejo chamado Saint-Laurent.

Daly seguiu os outros através de um campo minado. Homens com torpedos Bangalore avançaram e abriram buracos no arame farpado. Soldados à sua frente correram pelo arame e se espalharam, para a esquerda e para a direita, enfurecidos, caçando *snipers*. Ele avistou um soldado de 30 anos carregando um lança-chamas. O soldado se movia na direção de um campo de taboas e grama alta que não havia sido pisoteado ainda. Oferecia proteção. O soldado o conduziu e outros através dele, então rastejaram para cada vez mais longe da praia de Omaha.[6]

À noite, Daly estava quase 1,5km para dentro do país, ileso, não mais um garoto, totalmente mudado, para sempre grato. Outros se sacrificaram para que pudesse escapar da Omaha Sangrenta. Então, o dia chegou ao fim. Ele e seu pelotão cavaram trincheiras ao lado de uma cerca viva. Na manhã seguinte, estava em ação de novo, avançando com a Companhia I para o interior. Estava finalmente à vontade, muito vivo. Nos dias seguintes, se adaptou rápido, aprendendo os sons do campo de batalha, como se mover e conservar energia, quando se abaixar, quando contra-atacar, como se manter vivo. O comandante da sua companhia ficou impressionado. Daly estava disposto a lutar; e era agressivo, decisivo, tranquilo sob pressão. Ele se voluntariou para patrulhas, expondo-se várias vezes ao fogo alemão para que seu pelotão pudesse localizar e destruir posições inimigas.

Sentia que precisava se "provar" em combate,[7] talvez, acima de tudo, para deixar o pai orgulhoso. Ele nasceu no privilégio, parte de uma unida família católica irlandesa de Connecticut. Seu pai, Paul, era uma lenda na comunidade, um veterano altamente condecorado da Primeira Guerra, muitas vezes chamado com reverência de "O Major". Durante a infância de Michael, Paul estudou advocacia na cidade de Nova York e ia aos fins de semana para um haras onde treinava cavalos campeões de hipismo. Ele sempre montava em um dos melhores à frente do desfile anual do Memorial Day na cidade natal, Litchfield. Todo Dia da Independência, também seu aniversário, realizava a maior queima de fogos em quilômetros de distância. Com o passar dos anos, o sentimento de Paul como soldado nunca o abandonou, e ele agora servia na Itália como coronel no quartel-general do 7º Exército do General Patch.

Michael Daly estava servindo na antiga divisão do pai, a *Big Red One*, comandada pelo general Clarence Huebner, outro dos ex-companheiros de trincheira do Sr. Daly. Naquela guerra para acabar com todas as guerras, o Sr. Daly recebeu o segundo e o terceiro prêmios mais altos do Exército dos Estados Unidos — a Cruz de Serviço Distinto e a Estrela de Prata. Também foi recomendado para a Medalha de Honra.

No verão de 1942, o jovem Michael Daly foi aceito em West Point, a instituição que produziu a maior parte do alto escalão do Exército dos EUA na Europa, incluindo Mark Clark e Eisenhower. Desde o início, ele não se encaixou. "Fui um fracasso surreal como cadete", recordou. "Uma noite, eu estava atrasado para o serviço de guarda. Não tinha travado meu rifle. Confundi o gatilho com a trava e disparei um cartucho contra um prédio. Na mesma noite, estava sentado no estribo de um veículo quando o inspetor apareceu. Estabeleci um recorde de deméritos naquela noite."[8] A cultura de West Point de trotes às vezes brutais e sua arregimentação excessiva alimentaram seu ressentimento. Finalmente, ficou de saco cheio, deixou West Point e se alistou, determinado a lutar como um simples soldado e provar ao pai — e àqueles que o atormentaram em West Point — do que realmente era capaz.

Em 15 de junho, Daly estava chegando em uma vila chamada Biéville, a 30km da praia de Omaha, quando a 2ª Divisão Panzer contra-atacou. Viu dezenas de soldados inimigos correndo em sua direção. Quando os alemães estavam a 180 metros de distância, abriu fogo com um fuzil automático Browning, acertando vários deles. Outros de sua companhia o acompanharam, e os alemães foram derrotados. No processo, ganhou a Estrela de Prata, sua primeira medalha.

Provavelmente, foi o verão mais longo da vida de Daly. Todas as manhãs, sua companhia tinha que levantar e ir para a linha de fogo. A única escapatória do horror era "ser ferido ou morto". Muitos soldados inimigos eram "corajosos e engenhosos". Alguns "demostraram uma crueldade inacreditável". A cada encontro, sentia que não poderia "se dar ao luxo de perder... Você tinha que se mexer e ir atrás deles. Na maioria dos casos, [os alemães] tinham equipamentos melhores, metralhadoras melhores... Certamente blindados superiores".[9]

Por 38 dias seguidos, lutou cada vez mais para dentro da França, descansando, por fim, em 14 de julho, Dia da Bastilha, quando o avanço aliado na Normandia havia diminuído para um ritmo desanimador. O comandante do Primeiro Exército dos EUA, Omar Bradley, desenvolveu um plano chamado Operação Cobra, projetado para perfurar as linhas alemãs e permitir que forças e tropas blindadas passassem. Envolveria bombardeios maciços em uma área estreita das linhas de frente.

Em 25 de julho, o soldado Michael Daly esperou sob o céu ensolarado, tendo ido com o resto de seu batalhão para um ponto de partida da Operação Cobra. Às 9h38 da manhã, seiscentos caças-bombardeiros Aliados mergulharam, disparando, motores roncando enquanto se inclinavam e subiam de novo. Durante uma hora e meia, os alemães foram atingidos por mais de 2 mil bombardeiros.[10] Uma divisão alemã, a *Panzer Lehr*, foi praticamente destruída, sete a cada dez homens mortos. O batalhão de Daly entrou em ação e fez bastante progresso. A fuga havia começado. Dentro de duas semanas, a Batalha da Normandia se tornou um tumulto.

Um dia, enquanto os Aliados lutavam na direção de Paris, Daly dividiu uma trincheira com um subalterno de sua companhia. Ele havia descoberto que receberia a Estrela de Prata. Ele e o oficial discutiram sobre o valor das medalhas de combate.

Daly disse que só queria uma medalha: a Medalha de Honra.

Era a única importante que seu pai não tinha.[11]

Oito quilômetros ao norte do coração de Nápoles, ficava a velha cidade de Pozzuoli. No calor escaldante de julho de 1944, foi o lar de mais de 10 mil homens do Marne, submetidos a um intenso treinamento. As marchas noturnas em alta velocidade tinham um motivo. Estavam sendo moldados para atingir o auge do condicionamento físico.

Aqueles que sabiam como se comportar, que não se cagavam quando as balas começavam a voar, estavam especialmente ocupados nos campos de tiro perto de Pozzuoli, famosa pela areia vulcânica e pelo Anfiteatro Flaviano, palco de lutas de gladiadores no Império Romano. Entre os treinadores testando os substitutos, mostrando-lhes a melhor forma de matar, estava o sargento Audie Murphy. Mesmo após um ano de combate, ele parecia mais jovem que a maioria de seus alunos.

Um dia, um tenente chamado George W. Mohr assistiu Murphy mostrar aos homens como manejar várias armas.

Ele foi impressionante, em particular, com a metralhadora.

Mohr viu Murphy disputar consigo uma corrida de 15 metros, correndo o mais rápido que podia, disparando um pente com trinta balas. "Ele inseriu outro pente, caiu no chão, rolou e esvaziou mais trinta cartuchos", lembrou.

Alguns não ficaram tão impressionados.

Um jipe encostou, um coronel desceu e se aproximou de Mohr.

"Que diabos estão fazendo? Desperdiçando munição?"

"Não, senhor, mas o senhor gostaria de ver o que Murphy fez com aquela metralhadora?"

Mohr e o coronel foram até vários alvos. "Dos sessenta tiros que disparou", Mohr lembrou, "não acho que errou mais do que quatro alvos. E ele estava em movimento o tempo todo".[12]

Murphy estava carregando sua carabina de confiança, não uma metralhadora, enquanto era transportado para o porto de Nápoles no dia 12 de agosto de 1944. Ele e outros homens do Marne marcharam em frente ao rosto melancólico do tenente-general Alexander Patch, de 54 anos, comandante do 7º Exército, para o qual a 3ª Divisão fora transferida naquele verão. Patch cresceu no matagal do Arizona, atuou no salto com vara de West Point, serviu com excelência na Primeira Guerra e começou essa guerra lutando contra os japoneses. Ele era das antigas, um verdadeiro cavaleiro, capaz de enrolar um cigarro Bull Durham com uma mão só. O general Truscott, agora servindo como comandante de corpo sob as suas ordens, às vezes se perguntava o motivo de Patch não ser mais demonstrativo e articulado. Outros sabiam muito bem que, uma vez provocado, o "velho Sandy" tinha um temperamento impetuoso e uma vontade de aço tão grande quanto a de qualquer comandante do Exército dos EUA.

Murphy e seus amigos estavam, de novo, destinados à guerra. Mas para onde? Enquanto os barcos saíam de Nápoles para o mar naquela noite de 12 de agosto, poucos soldados pareciam se importar. A armada transportando a 3ª Divisão e outras duas logo se estendeu além do horizonte. Os apostadores iniciaram os trabalhos. Atualmente o sargento Audie Murphy quase nunca perdia um bom jogo de *craps* ou pôquer. Apostar em dados ou cartas era sua distração favorita.

Veteranos de Anzio, Salerno e Sicília examinaram suas mãos atentamente. Só ganhar importava.

Desistir? Dobrar a aposta?

Apostar tudo?

A costa italiana desaparecia ao longe.

"Ok, seus palhaços", um soldado gritou, "deem uma última olhada na Itália!".

Muitos sequer se incomodaram. Não sentiriam falta das prostitutas cheias de IST, do vinho barato apodrecido, do fedor das ruelas de Nápoles, da lama ensanguentada de Anzio.

A Itália desapareceu.

O céu estava azul-claro.

Um rádio tocava.

Os homens conseguiam ouvir Axis Sally, a radialista da propaganda alemã.

Não haveria surpresa, ela insistiu. Os alemães sabiam que a 3ª Divisão estava indo em sua direção.

Eles estarão prontos.

Os homens continuaram apostando. Eles já tinham ouvido Sally dizer aquilo antes.

Mais cartas foram distribuídas. Mais ases.

Um capelão, novo na divisão, observava os homens apostarem e relaxarem enquanto o sol se punha.

O que diabos era preciso para fazer esses garotos suarem?

O capelão encarou alguns dos homens batendo papo, examinando cuidadosamente suas cartas.

"Esse bando de homens está muito desanimado", disse ele para um oficial.[13]

Esses homens eram diferentes. Eles eram os infames *D Day dodgers*, os trapaceiros do Dia D, e alguns estavam participando da sua quinta operação anfíbia. Os confiáveis, os mais antigos ali, vinham avançando sobre costas hostis desde novembro de 1942.

O sargento Audie Murphy havia visto tantas mortes violentas, tantos homens bons e tementes a Deus mortos, que tinha pouca fé no Todo-poderoso, se é que Ele existia. Sempre se irritava quando ouvia homens orando em voz alta nos momentos difíceis, pedindo que Deus os salvasse.

Ele queria gritar: "Ei, por que salvar você? Nossa companhia inteira está aqui!"

Certa vez, um capelão o repreendeu por não comparecer a um culto.

"Você ora", Murphy retrucou, "e eu atiro".[14]

Naquela noite abafada, alguns homens escolheram não jogar, optando por olhar para o mar.

Bem ao longe, havia um pequeno barco.

Ele se aproximou.

Uma lancha cortou as ondas até ficar a uns 90 metros de distância.

Os homens apertaram os olhos.

Poderia ser verdade?

Sim, era ele. Era ele mesmo.

"É o Churchill!"

Os homens se espremeram contra o corrimão.

"É o Churchill!"[15]

Ele era uma figura baixa e atarracada. Suas costas estavam retas, o cabelo branco e ralo sendo soprado por uma brisa fresca.

A lancha chegou mais perto.

Churchill levantou a mão direita e fez seu famoso V de Vitória usando dois dedos.

Os homens do 15º Regimento de Infantaria comemoraram e acenaram de volta.

NAS PRIMEIRAS HORAS de 15 de agosto, a Rocha do Marne se preparou para a guerra mais uma vez. No convés inferior de um navio transportando o 15º Regimento de Infantaria, os porões estavam abarrotados de homens afastando os cobertores e se levantando dos beliches, iluminados por fracas luzes azuis. Então, formaram filas, sonolentos, e se moveram devagar, com as marmitas na mão, passando pelos serventes que jogavam pedaços de carne em suas marmitas e despejavam café fumegante em suas canecas. Os soldados tomavam cuidado para não escorregarem no convés e nos degraus gordurosos enquanto se dirigiam ao refeitório para o último café da manhã antes do combate.

Estava amanhecendo, e o mar estava calmo. Os homens do Marne foram finalmente informados de que faziam parte da Operação Dragão, a invasão do sul da França ao longo da Côte d'Azur. Eles vestiam roupas de lã verde-oliva, carregados de morteiros, máscaras de gás, rações e bandoleiras de munição. Chegariam às costas inimigas pela primeira vez à luz do dia.

Não seria como em Anzio. Os Aliados decidiram que iriam com tudo o que pudessem contra as defesas alemãs ao longo da Côte d'Azur. Não correriam nenhum risco, não como em Salerno, e haviam reunido o maior número possível de lanchas de desembarque e homens, mais de 150 mil soldados de 3 divisões endurecidas pelo combate, todos colocados sob o comando do general Truscott. De fato, haveria mais batalhões de infantaria desembarcando do que na Normandia em 6 de junho. O objetivo era esmagar a resistência e perseguir os alemães pelo vale do Rhône, juntando-se ao 3º Exército do general George Patton no coração da França.

O Primeiro Batalhão do major Keith Ware estaria na primeira leva de desembarques com a Companhia B de Murphy, programado para chegar nas areias douradas e macias da praia Amarela ao sul de Saint-Tropez às 8h. O sol já tinha raiado quando Audie Murphy e Lattie Tipton ouviram o ronco do motor da lancha de desembarque ao se afastar da nave-mãe. Os céus explodiram com a enorme barragem naval e aérea que atingiu a praia Amarela e as defesas alemãs. Foguetes silvaram no céu, deslizando abaixo das nuvens, cada um pousando com um poderoso "cr-a-a-ck!".[16]

Um homem estava em uma lancha de desembarque, tentando tranquilizar os novatos.

"Acreditem em mim", o soldado disse. "A primeira leva na praia é a melhor para se estar. Você tem uma escolha na primeira leva! Se você não gosta da casamata à direita, você se move e pega a da esquerda. Mas, se você vem mais tarde, não tem escolha. Precisa pegar a casamata que a primeira leva deixou passar."

Tipton e Murphy podiam ver uma neblina rala acima dos vinhedos no interior da praia Amarela e sua forma de meia-lua.

Os destróieres Aliados que haviam atacado a praia espreitavam como fantasmas atrás do ombro de Murphy, sem abrir fogo, a quilômetros de distância lá no mar.

Os disparos de foguete cessaram. Tudo o que se ouvia era o zumbido constante dos motores das lanchas de desembarque, como o "zumbido de abelhas gigantescas".[17]

Murphy olhou ao redor da lancha. Seus homens estavam "tão infelizes quanto gatos molhados. Apesar de o mar estar relativamente calmo, vários estavam enjoados. Outros tinham a expressão perdida e abstrata de homens usando o trono".[18]

Ele disse a Tipton e a outros para cantarem *Beer Barrel Polka*:

There's a garden, what a garden
Only happy faces bloom there
And there's never any room there
For a worry or a gloom there

[Existe um jardim, e que jardim
Apenas rostos felizes florescem lá
E nunca há espaço lá
Para preocupação ou melancolia lá.]

Um homem cantou junto, mas parou.

Murphy não aceitaria isso.

Eles deviam erguer a voz e cantar, como os soldados norte-americanos faziam nos filmes quando iam para a guerra.

Alguém mandou Murphy calar a boca. Estavam quase lá. Aquele sentimento angustiante e familiar de terror surgiu. A rampa desceu, e ele liderou seu pelotão até a praia Amarela às 8h.

Uma metralhadora alemã estalou.

Murphy e Tipton correram pela praia, mergulharam no chão e rastejaram para se proteger. Então, levantaram e se moveram na direção de colinas cobertas de pinheiros, através de pequenos campos e olivais. Houve pouca resistência, e avançaram alguns quilômetros naquela manhã, chegando aos arredores de uma antiga cidade montanhosa chamada Ramatuelle.

Murphy olhou para cima e viu, a algumas centenas de metros, um cume cravejado de pedregulhos e de grandes rochas, sombreado por sobreiros e plátanos.

Ele e Tipton foram atacados por outra metralhadora.

Tipton sentiu uma dor aguda. Havia sido baleado na orelha, e o sangue escorria pelo pescoço, encharcando o uniforme.

"Recua, Lattie", Murphy gritou. "Recua e costura essa orelha."

"Vai pro inferno."

Tipton limpou o sangue do rosto. Ainda podia lutar. Observou Murphy disparar, de repente, para uma trincheira, correndo 35 metros enquanto as balas levantavam terra ao seu redor.

Murphy retornou um tempo depois, novamente enfrentando o fogo alemão, e disse que havia visto a metralhadora alemã. Ele lidaria com isso sozinho.

"Eu também vou", Tipton insistiu.

Ele lutava ao lado de Murphy desde que desembarcaram na Sicília havia mais de um ano. Murphy era mais próximo dele do que qualquer irmão poderia ser. Na Itália, uma promoção lhe foi oferecida, mas a recusou, querendo ficar com Murphy.[19]

"Eu vou subir, Lattie", Murphy disse. "Agora vou dizer de novo: recua e conserta essa orelha."

Partiu e olhou por cima do ombro. Tipton o seguia. Dois alemães estavam à frente. Murphy matou ambos com sua carabina. Eles deslizaram de barriga para cima por uma encosta, movendo-se por um vinhedo, uvas maduras pendendo acima deles.

O som de balas era ouvido acima.

Murphy viu dois alemães. Um estava com as mãos no ar. O outro agitava uma bandeira branca.

"Vou subir para pegá-los", Tipton disse. "Me dá cobertura."

"Que merda! Lattie, fique abaixado."

"Eles querem se render", disse. "Eu vou pegá-los."

"Fica abaixado!", Murphy gritou. "Não confie neles."

Bam!

"Murph..."

Tipton caiu em cima de Murphy. Não havia sinal de sangue em seu uniforme, mas estava morto, baleado no coração.[20] Alguma coisa se quebrou dentro dele. Nunca mais seria o mesmo. Os minutos seguintes foram um borrão de raiva e matança. "Murphy perdeu a cabeça", outro soldado da Companhia B lembrou. "Quando você perde um amigo assim, é muito difícil."[21]

Ele jogou várias granadas e matou os dois alemães com a bandeira branca, enfiando balas neles. Outro alemão jazia ali perto com a mandíbula arrancada. Sangue jorrava de sua boca. Murphy sabia que deveria acabar com a dor do garoto. Mas estava farto de matar chucrutes por hoje. Teve sua vingança. Assim, voltou sob o sol quente, através das videiras, até onde havia deixado Tipton, pegou uma mochila e apoiou a cabeça do amigo morto nela.

No uniforme empapado de sangue de Tipton, Murphy encontrou uma foto da filha dele, Claudean, com seu cabelo em tranças, o sorriso tranquilo...

A garotinha perfeita de Lottie, o motivo pelo qual ele tinha que viver.

Murphy havia jurado protegê-lo para que o amigo pudesse abraçá-la novamente. Havia falhado. Caiu no chão, quebrado pelo luto, lágrimas escorrendo pelas bochechas, e, então, chorou como um bebê. Foi a única vez que alguém o viu chorar em combate.[22] Era um garotinho de novo. Havia sido abandonado de novo, como quando sua mãe morreu.

Por suas ações em Pill Box Hill, no vinhedo perto de Ramatuelle, Murphy recebeu a Cruz de Serviço Distinto, o segundo maior prêmio dos EUA por bravura. Ele a teria trocado pela vida de Lattie Tipton em um piscar de olhos.[23]

Murphy se levantou e voltou para Companhia B, reorganizando seu pelotão, recarregando, avançando para mais perto da Alemanha, o céu azul acima, o oceano alguns quilômetros atrás. "Mais uma vez, vi a guerra como ela era", lembrou. "Uma série interminável de problemas letais, alguns grandes e outros pequenos, que envolviam o sangue e a coragem dos homens. Lattie estava morto, e eu, vivo. Era simples assim. Os mortos jaziam onde haviam caído; os vivos seguiriam em frente e continuariam lutando. Não havia nada além disso que pudesse ser feito."[24]

CAPÍTULO 9

Blitzkrieg em Provença

A Operação Dragão foi um sucesso espetacular, a "melhor invasão em que já estive", de acordo com o célebre cartunista do *Stars and Stripes*, Bill Mauldin.[1] Ao contrário de Anzio, os Aliados desembarcaram homens o suficiente e deram cobertura com apoio aéreo eficaz e bombardeio naval preciso. Prisioneiros atordoados resmungaram sobre o "cobertor de bombas" lançado antes do pouso, sobre o impacto "de estremecer até os nervos" dos foguetes, sobre serem enterrados duas ou três vezes sob detritos e solo arenoso.[2]

O VI Corps de Lucian Truscott avançou em terra firme, sofrendo quinhentas baixas com menos de cem mortos. "Quebramos uma crosta fina", um dos colegas oficiais do major Keith Ware na 3ª Divisão lembrou, "e por trás da crosta não havia nada que pudesse nos parar". No fim do Dia D, 15 de agosto, o 15º Regimento de Infantaria havia alcançado todos os seus objetivos. Audie Murphy e a Companhia B tiraram algumas horas para descansar em uma floresta de pinheiros perfumada.

121

No dia seguinte, a Companhia B foi designada a ir de caminhão para o norte, por uma estrada ladeada por sebes de oleandro-rosa, jacintos e intermináveis fileiras de videiras cheias de uvas maduras. Não haveria pausas como em Anzio, nem espera. Truscott já tinha falado com seus generais, deixando isso bem claro. Eles deveriam se mover o mais rápido e o mais longe possível. "Para o inferno com ordens escritas", vociferou. "Vamos lá."[3]

Pela primeira vez na guerra, Audie Murphy e seus companheiros norte-americanos se moviam em velocidade real, fazendo o maior avanço deles no menor tempo. O ânimo aumentou. Sorrisos retornaram aos rostos dos homens. Cada quilômetro mais próximo da Alemanha era outro mais perto de casa. O 19º Exército alemão foi pego de surpresa, desprevenido, e recuou pelo vale do Rhône, refazendo a lendária Rota de Napoleão. Muitas unidades estavam desorganizadas e em pânico, sem líder. Era cada um por si.

O desânimo atingia rapidamente até mesmo os alemães obstinados que ficaram para trás a fim de tentar deter o avanço norte-americano. A deserção era comum. Prisioneiros de várias nacionalidades — incluindo russos, poloneses e norte-africanos — amaldiçoaram os oficiais arrogantes que fugiram para a Alemanha com caixas de vinho francês e os abandonaram para enfrentar toda a fúria da guerra-relâmpago de Lucian Truscott através de Provença.[4]

O próximo objetivo de Truscott era a cidade de Montélimar, famosa pela produção do melhor doce da França, uma sublime mistura de mel e nozes. Aninhava-se nas margens orientais do Rhône e tinha um quê medieval com as ruas estreitas e sinuosas — território ideal para *snipers* alemães. Conforme o 15º Regimento de Infantaria se aproximava da cidade, a artilharia de apoio atingia alvos e estradas importantes sem parar.

Problemas de abastecimento rapidamente se evidenciaram.[5] Milhares de projéteis eram disparados todos os dias, mais de 37 mil só em Montélimar em uma única semana. E cada um precisava ser reposto. Os caminhoneiros faziam viagens de ida e volta por 750km de estradas poeirentas até as praias de Provença para trazer mais suprimentos. Manter três divisões de infantaria na batalha consumia 100 mil galões

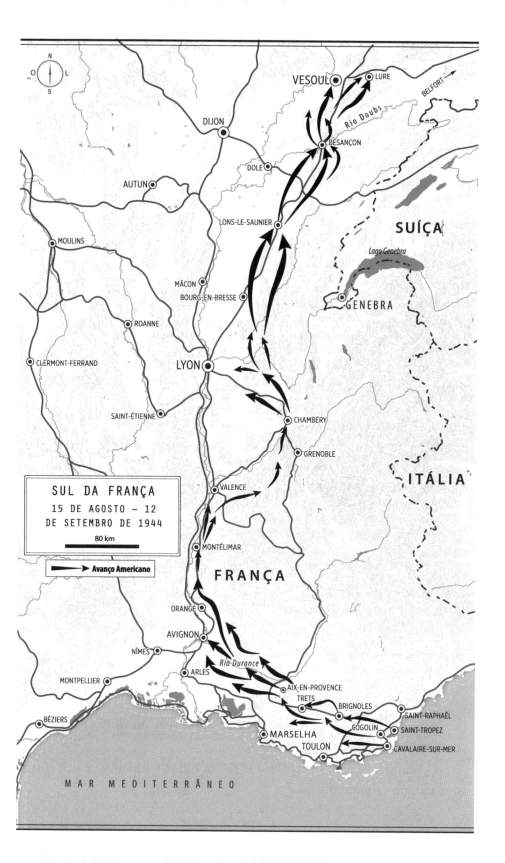

de combustível por dia. Mas nada impediria Truscott de tomar Monté-limar o quanto antes, então simplesmente manteve seus soldados com dois terços das rações.

"Se vocês ficarem sem gasolina", Truscott ordenou, "estacionem seus veículos e continuem a pé".[6]

Montélimar finalmente surgiu ao longe, grande parte em ruínas. Na tarde de 28 de agosto, o 1º Batalhão do major Keith Ware recebeu ordens para adentrar a cidade. A Companhia B de Murphy liderou a investida.[7] Nos arredores, o reconhecimento avistou uma arma antiaé-rea móvel — um FlaK — e três 88mm. Ele e seu pelotão não foram detectados e conseguiram se aproximar das armas, cobertas por redes de camuflagem, sem que os alemães tivessem a chance de abaixar seus canos e abrir fogo.[8]

Pouco depois, avistou um depósito de munição. Ele pediu uma bazuca, uma arma diferente da carabina com a qual era mortalmente preciso. Após várias tentativas, atingiu o depósito, que explodiu com uma força tão ensurdecedora que mais de uma centena de alemães prontamente se renderam. Outros fugiram, e a Companhia B formou uma linha de atiradores, furando suas costas e suas pernas com balas, como se jogassem tiro ao alvo, depois a Companhia B continuou para o que restava de Montélimar.

A luta seria de perto e pessoal, de casa em casa, de cômodo em cômodo. Murphy entrou em um prédio, um posto de comando alemão, com um esquadrão de seu pelotão. Demorou segundos valiosos para que a visão se acostumasse com a escuridão após a claridade lá fora. Ele carregava uma metralhadora, não sua amada carabina. Poderia encher um cômodo de balas bem mais depressa com a metralhadora.

A porta de um cômodo estava fechada.

Haveria um alemão atrás dela?

Ergueu a metralhadora, pronto para puxar o gatilho.

Abriu a porta. Encarando-o de volta, estava um homem armado com uma metralhadora.

O homem parecia o diabo. Ele tinha olhos vermelhos e um rosto barbado, pintado com tinta.

Murphy puxou o gatilho instintivamente.

Alguma coisa estilhaçou.

Ele havia visto a si mesmo em um espelho de corpo inteiro e disparado contra o próprio reflexo.[9]

Um soldado se curvou de tanto rir.

"É a primeira vez", o soldado deixou escapar, "que vejo um texano se bater primeiro".[10]

Montélimar caiu três dias depois, com o 1º Batalhão do major Ware ganhando a Citação Presidencial de Unidade. A 3ª Divisão prendeu oitocentos prisioneiros e matou ou feriu cerca de quinhentos alemães. Havia uma razão para os alemães terem resistido firmemente na cidade. A batalha ganhou tempo precioso para muitas unidades blindadas escaparem para o norte. Ainda assim, havia milhares de retardatários tentando freneticamente ultrapassar os norte-americanos. Centenas de carroças puxadas por cavalos e peças de artilharia se moviam lentamente na retaguarda dos homens em pânico que restavam do 19º Exército alemão, indo para o norte pela rota nacional 7, seguindo o rio Rhône em direção a Lyon.

Para um observador lá nos ares, os cavalos bem camuflados pareciam "arbustos em movimento" seguindo atrás de colunas de tropas. Aviões de observação relataram a posição deles, e a artilharia ligada à 36ª Divisão, uma das três do VI Corps de Truscott, foi ao trabalho. Em poucas e infernais horas, várias centenas de soldados alemães foram mortos. Foi a pior destruição que a Rocha do Marne presenciou durante a guerra. Sob o sol forte, os cadáveres dos alemães incharam e apodreceram, cobertos por moscas, transformando 24km da rota nacional 7 na "Avenida do Fedor".

Escavadeiras foram chamadas para abrir caminho entre os destroços, deixando pilhas de carne vermelha carbonizada e equipamentos abandonados nos lados da estrada. Aqui e ali, encontravam um caminhão alemão intacto por um milagre, cheio de espólios de guerra: garrafas de champanhe e conhaque, câmeras e pilhas de cédulas, um soldado relembrou, "tão grossas quanto as folhas de uma árvore". Um dos camaradas da Companhia B de Audie Murphy pegou uma braçada de "meias de seda e cuecas".[11]

Enquanto o major Ware e seus homens avançavam pela estrada, encontravam cenas horríveis. Nunca esqueceriam o fedor da morte, os tanques esmagados, os destroços por tantos quilômetros, os esqueletos de mais de 2 mil veículos destruídos... Todos os jovens alemães mortos, rostos transformados em carvão, cabelos chamuscados, tanta carniça. Dezenas de cavalos estavam morrendo, relinchando, a angústia no branco dos olhos.

Um texano de fala mansa da Companhia B viu um cavalo com as entranhas vazando do corpo. Audie Murphy lhe entregou uma pistola Luger tirada de um oficial alemão com ferimentos graves. O texano apontou a arma para a cabeça do cavalo, atrás da orelha, que morreu com um único tiro. O texano adorava equinos, assim como Murphy. Eram melhores do que os malditos seres humanos, bem mais merecedores, os melhores amigos que um homem poderia ter. Eles não massacravam uns aos outros.

O texano queria devolver a Luger, mas Murphy disse a ele para mantê-la. Havia muito mais cavalos e talvez alguns humanos que precisavam de misericórdia adiante. Dias depois, ele soube que o texano havia sido atingido na coluna por um pedaço de aço e ficou paralisado da cintura para baixo, nunca mais montaria em uma sela.

Os homens do Marne seguiram para o norte, pela rota nacional 7, em direção à cidade de Besançon, um importante cruzamento. Eles acompanharam o poderoso rio Rhône, imperioso, fluindo lentamente na outra direção, para o Mediterrâneo. Mais uma vez, desfrutaram da sensação inebriante da velocidade e ousaram torcer por uma vitória antes do inverno, enquanto invadiam Provença, passando pelos campos de girassóis e lavanda, pela paisagem bonita demais para ser estragada com guerras.

Aldeias de calcário surgiam uma após a outra. Moradores lotaram as ruas. Veteranos da Primeira Guerra saudaram os ianques e crianças balançaram bandeiras caseiras, algumas com estrelas e listras, outras, tricolores esfarrapadas. *Mademoiselles* em vestes de verão davam flores e garrafas de vinho aos soldados bronzeados e sorridentes pegando carona em Shermans — os ícones tilintantes da vitória — empoeirados, a carcaça coberta com sacos de areia. Os Aliados estavam em movimento por toda a França, a confiança nas alturas, a esperança de um fim rápido para tudo compartilhada por norte-americanos e comandantes Aliados.

O major Keith Ware vinha libertando a Europa havia um ano, mas foi só no vale do Rhône coberto de vinhas, na rota nacional 7, seguindo pela famosa Rota de Napoleão, que ele e seus companheiros do Marne se sentiram apreciados de verdade.[12] Não tinham tempo para parar e desfrutar do melhor vinho do mundo, o *grand cru* da Borgonha, mas ao longo do percurso, enquanto se dirigiam para o nordeste, os Alpes suíços crescendo à direita, Ware e suas tropas foram aplaudidos. A gratidão dos libertos foi realmente animadora depois da miséria e do desespero de tantos italianos.

A alegria não durou muito. A sotavento das montanhas Vosges ficava Besançon. La Citadelle, o forte projetado por Vauban, erguia-se acima de uma curva no rio Doubs. Muitos outros fortes menores do século XVII protegiam a cidade. Uma boa estrada, a Rota 73, de acordo com o mapa turístico de Ware, serpenteava para o leste de Besançon na direção do Terceiro Reich, fornecendo a principal rota de fuga para o 19º Exército.[13] Os alemães não desistiriam da terra natal de Victor Hugo sem lutar. Os três regimentos da 3ª Divisão fariam parte do que rapidamente se tornaria o combate mais feroz desde que chegaram na França.[14]

A Companhia B atacou um dos fortes menores, Fort de Fontain, no dia 5 de setembro. "Os chucrutes colocaram morteiros e metralhadoras no forte", Ware lembrou. Caça-tanques e artilharia atacaram o forte e, "com a cobertura fornecida pela escuridão", seus homens invadiram a única ponte que levava ao forte e a limparam.[15] O resto da cidade caiu três dias depois.[16] O batalhão de Ware continuou avançando ao longo da sinuosa E23 até Vesoul, exatamente 643km ao norte de Saint-Tropez. Seus homens cobriram a distância em menos de um mês. Porém, ainda tinham mais 800km antes de chegarem a Berlim, e os alemães pareciam ameaçadoramente determinados a defender cada quilômetro.[17]

No dia 12 de setembro, um primeiro-tenente de 22 anos chamado John Tominac, um rapaz alto vindo da Pensilvânia, parte da Companhia I do 15° Regimento de Infantaria, avistou uma barricada alemã. Foi a primeira de muitas, projetadas para retardar os homens do Marne à medida que se aproximavam do rio Mosela. Correu à frente do pelotão por 45 metros e matou 3 alemães com sua metralhadora. Então, ele e seu pelotão atacaram outro forte alemão e, em uma feroz troca de tiros, mataram mais trinta. Um tanque Sherman se juntou ao pelotão, Tominac e seus homens se moveram ao lado dele rumo ao terceiro ataque. Houve uma explosão feroz quando um canhão alemão disparou contra o tanque, atingindo Tomiac e ferindo-o no ombro.[18]

O tanque explodiu em chamas, mas sua tripulação conseguiu sair antes de ser queimada até a morte. Tominac se levantou e depois escalou o tanque, que descia lentamente uma colina, fora de controle. As chamas lambiam o ar, e balas silvaram contra o tanque, mas ele, embora bastante ferido, ficou na torre do tanque em chamas, "uma silhueta clara contra o céu", de acordo com um relato, e agarrou sua metralhadora 50mm.[19]

Tominac atirou, seu fogo tão certeiro que os alemães decidiram fugir dali. Por fim, pulou do tanque e o viu rolar colina abaixo antes de explodir. Seus homens se reuniram. Em agonia, ele pediu que um sargento arrancasse os estilhaços de seu ombro usando um canivete. Então, voltou a ficar de pé, atacando novamente, desta vez usando granadas de mão e forçando outros trinta alemães a se renderem, ganhando, assim, a Medalha de Honra, somando-a ao extraordinário número da 3ª Divisão, maior do que qualquer outra divisão de infantaria na Europa.[20] De fato, naquele outono, os homens do Marne eram os libertadores norte-americanos mais condecorados, tendo lutado por mais tempo e, sem dúvida, mais duramente por quase dois anos. Seus companheiros já haviam ganhado cerca de cem Cruzes de Serviço Distinto e bem mais de mil Estrelas de Prata.

O clima mudou para pior. O jornal alemão do 19° Exército, *Die Wacht*, noticiou que 13 de setembro foi um dia particularmente triste. Homens que recuaram da ensolarada Provença estavam encharcados, tremendo "no limiar do Reich... Nuvens densas pairam entre as montanhas da parte mais baixa dos Vosges. As estradas reluzem com a chuva e o vento sopra frio sobre as planícies… O trovejar das armas já ecoa pelos vales pacíficos".[21]

Dois dias depois, a Companhia B de Audie Murphy encontrou uma barricada.

Houve um zunido baixo de um morteiro.

Já era.

O projétil explodiu a poucos metros de Murphy, arremessando-o no chão.

Ele voltou a si e se viu ao lado de uma cratera. Estava aturdido, os olhos ardendo de dor. Podia ver sua carabina de confiança quebrada em dois pedaços. Dois homens jaziam mortos por perto. Murphy olhou para baixo e viu que a parte de trás da bota não estava ali. Então, abaixou a mão e sentiu sangue. "Foi só um ferimento leve", ele lembrou, "mas ganhei o Coração Púrpura e passei duas semanas em hospitais de evacuação e convalescentes antes de retornar ao meu grupo".[22]

Quando voltou à linha, a resistência alemã estava ainda mais forte. As folhas ganhavam cores no topo das colinas. A Rocha do Marne se dirigia para Belfort Gap, um amplo vale a nordeste que separava os Vosges dos Alpes.

"Como você relatou outro dia, o Belfort Gap é a porta de entrada para a Alemanha", escreveu Truscott ao comandante do 7º Exército, Alexander Patch, no dia 15 de setembro. "É óbvio que os boches estão se esforçando bastante para fortalecer a defesa desta região e que esperam manter a área com eles o máximo possível."

Truscott sabia que cada semana de atraso poderia significar meses de desgaste desnecessário no inverno.

"O ataque ao Belfort Gap deve começar o mais cedo possível… Como demonstrado na Itália durante o inverno passado, os boches podiam limitar o progresso a um ritmo de tartaruga e até pará-lo completamente, mesmo lutando contra uma força superior."

Não deixaria suas tropas presas nas montanhas de novo, não quando as patrulhas avançadas estavam a apenas 80km da fronteira alemã.

"Pareceria um desperdício usar as três divisões mais experientes do exército norte-americano em uma operação na qual os inimigos podem ser contidos com uma fração da força, e onde a capacidade de manobra demonstrada é tão limitada."[23]

Patch não ligou para a carta de Truscott. Não gostava que lhe dissessem o que fazer. Afinal, ele era o comandante-geral de Truscott, não um substituto idiota.

Patch tinha que responder ao próprio chefe, Eisenhower, que estava preocupado com o progresso ao norte.

"Temo a aproximação da chuva, do frio, da neve e do tedioso trabalho nas montanhas", Truscott escreveu à esposa Sarah em 16 de setembro. "Os céus estão sempre chorando agora."[24]

Naquela noite, Patch contatou Truscott por telefone.

"Não acho que essa sua carta foi conveniente", Patch disse. "Alguém menos sensível do que eu — e não sou nada sensível — veria isso como falta de confiança em seus líderes. Acho que devo lhe dizer que não foi uma carta muito digna."

"Só escrevi porque é algo em que acredito. Eu não conheço a história completa, é claro."

"Sei disso, mas, quando tenho algo para dizer, preciso falar para a pessoa. É assim que sou."

"No que me diz respeito, você tem meu total e sincero apoio, uma vez tomada a decisão. Se você acha que outra pessoa pode fazer esse trabalho melhor do que eu, por mim tudo bem. Mas não acho que podem."

"Sei disso."

"Já estou em posição. Está tudo pronto. Não podemos parar agora."

Patch entendeu. Mas ele precisaria da permissão de Eisenhower antes que pudesse liberar as tropas de Truscott para avançarem pelo Belfort Gap.

"Precisa ser aprovado primeiro", disse, "mas te aviso assim que possível".

"Se eu continuar do jeito que estou indo", Truscott respondeu, "estarei enfrentando as defesas de Belfort depois de amanhã".

Patch disse a ele que discutiria melhor o assunto pessoalmente, talvez na noite seguinte.

"No meio-tempo", disse, "não perca o sono por isso".[25]

Truscott só recebeu a resposta superficial onze agonizantes dias depois, quando as temperaturas caíam mais a cada noite. Patch tinha más notícias: não havia apoio para uma grande investida no Belfort Gap. As defesas eram fortes demais. Eisenhower sofrera um revés humilhante durante a Operação Market Garden, uma tentativa audaciosa de cruzar o Reno que terminou em um fracasso bem caro. Ele não queria mais desastres.

A Rocha do Marne deveria, em vez disso, chegar à Alemanha nazista por uma rota mais ao norte, através das montanhas Vosges, que em breve seria pronunciada *Vôs-dis* por muitos norte-americanos.[26]

As tropas de Truscott partiram sob nuvens sujas, cruzando o rio Mosela, a correnteza veloz. "Devido às rápidas mudanças das situações", o major Keith Ware lembrou, "os únicos mapas disponíveis para o batalhão eram mapas de estradas [franceses]".[27] Faltavam detalhes, mas mostravam claramente o que havia além do Mosela — os Vosges, que nunca antes foram atravessados com sucesso durante o inverno por um exército atacante.

Era difícil imaginar um lugar pior para lutar. Todas as vantagens estavam com os alemães. Cordilheiras irregulares estavam acima de vales de brejos fundos, que davam para pântanos onde ventava bastante. Grandes tors de granito pontilhavam densas florestas de coníferas em pontos mais elevados. Os abetos bem agrupados se elevavam a mais de 20 metros em alguns lugares, e, sem uma bússola, os homens podiam se perder depois de rastejar alguns metros sob os galhos mais baixos. Havia poucas estradas, e aquelas em que cabiam tanques eram estreitas e tortuosas, serpenteando para cima e para baixo, de uma aldeia de casas enxaimel para outra. E os Vosges eram famosos pelo clima cruel, mesmo no norte da Europa, com frentes frias atingindo os homens por semanas a fio.

Sendo promovido de major a tenente-coronel, Ware soube que as patrulhas haviam encontrado uma resistência desanimadora das forças alemãs em uma pedreira perto de um vilarejo chamado Cleurie.[28] O local ficava a sotavento de várias montanhas de 900 metros, 64km a leste da cidade de Colmar. A pedreira de Cleurie era, como Audie Murphy mais tarde descreveu, "só um ponto em um mapa muito amplo, mas na memória dos homens que lutaram lá, era como Kings Mountain na Guerra de Independência".[29] Situada no topo de uma encosta íngreme densamente arborizada, dava para uma estrada importante. Não podia ser contornada. Os alemães cavaram dois túneis fundos na formação rochosa e, portanto, estavam a salvo do fogo de artilharia e de morteiros.

Cada acesso para a pedreira, a âncora das defesas do 19º Exército, estava sob a mira de *snipers* e de metralhadoras. Relatórios adicionais do reconhecimento confirmaram que os alemães haviam transformado a pedreira em uma fortaleza natural, uma armadilha mortal de granito.[30] Conquistá-la seria o maior desafio que o tenente-coronel Ware enfrentaria em mais de quatrocentos dias de guerra.

CAPÍTULO 10

A Pedreira

UMA CHUVA FRIA caía durante o dia 29 de setembro, envolvendo a Pedreira Cleurie em uma névoa. Os acessos pelo leste e pelo oeste haviam sido bloqueados por enormes muros de pedra erguidos nas últimas semanas pelos alemães. Dezenas de metralhadoras e *snipers* espreitavam, esperando pelo menor movimento enquanto a ponta de lança do 1º Batalhão de Ware se aproximava. Quando os homens apareceram, rajadas de balas cortaram a névoa e, em pouco tempo, os homens de Ware foram parados na borda sul da pedreira. O fogo alemão era muito intenso.[1]

Era por volta da meia-noite quando Audie Murphy e a Companhia B, comandada pelo capitão Paul Harris, tentaram avançar de novo. Um nevoeiro denso caiu, e eles se entrincheiraram perto da pedreira. Ele montou seu quartel-general em uma casa de fazenda aproximadamente 22 metros atrás das posições avançadas da Companhia B, pregando mapas detalhados da pedreira em uma parede. Alemães rastejaram na direção deles, granadas de vara enfiadas nos cintos, e rapidamente cercaram o posto de comando de Harris. Balas ricochetearam nas paredes do prédio e munição traçante branca cortou a escuridão.

De sua trincheira, Audie Murphy observou a munição traçante e viu os alemães se aproximando da casa. Deslizou para fora do buraco e se arrastou na direção do prédio. Foi visto, e balas estalaram no alto. Ele continuou, atirando granadas o mais rápido que conseguiu. Explosões ecoaram nos bosques próximos. Para seu alívio, viu os alemães recuando para as árvores.

No quartel-general do batalhão na manhã seguinte, o tenente-coronel Ware e os outros ficavam cada vez mais preocupados com o ataque à pedreira, uma "grande pedra no sapato da 15ª Infantaria".[2] A luta para tomá-la dos "jovens e fanáticos nazistas" havia se tornado uma "disputa terrível de coragem e resistência".[3] Como era de se esperar, queria ver por si o que estava acontecendo.[4] Ele chegou ao posto de comando da Companhia B com o oficial executivo do 15º Regimento de Infantaria, o tenente-coronel Michael Paulick, de 29 anos e queixo quadrado, filho de imigrantes húngaros. Formado em West Point, Paulick havia sido um mineiro de carvão na Pensilvânia antes da guerra e, até o fim dela, receberia todos os prêmios por bravura, exceto a Medalha de Honra.[5]

Foi mais um dia deprimente com céu monótono. Paulick e Ware falaram com o capitão Harris, que estava com os olhos vermelhos de cansaço. Paulick pediu a ele que escolhesse quatro soldados para formar uma patrulha. Então, Ware e Paulick iriam verificar a pedreira em si.

Harris não pediu que Murphy se juntasse à patrulha, embora fosse o soldado mais útil da Companhia B. Ware sabia como ele poderia ajudar em uma situação difícil desde os dias juntos na Sicília, quando ele foi o primeiro comandante da sua companhia. De qualquer forma, Murphy não estava afim de se voluntariar. Estava deprimido por causa das grandes perdas do pelotão nos últimos dias. Tinha começado a se esquecer dos nomes dos homens, afinal, houve muita rotatividade.

Vários homens se aproximaram para fazer parte da patrulha.

Murphy não achava que Ware e Paulick deveriam ir além do perímetro da Companhia B — aventurar-se colina acima na direção da pedreira era um convite para uma perversa resposta alemã.

Paulick estava sob muita pressão de Truscott para liberar a pedreira. Quanto a Ware, o estrategista sagaz do 1º Batalhão, ele, sem dúvida, queria dar uma boa olhada no problema para poder resolvê-lo. Esse era seu jeito de trabalhar.

Paulick e Ware partiram com a patrulha.

Murphy admirava Ware depois de dois anos servindo sob seu comando. Não estava disposto a deixá-lo ser morto sem motivo. Inquieto, pegou sua carabina e várias granadas, e então os seguiu: "Deduzi que os cavalheiros teriam problemas. Então, acompanhei-os uns 20 metros pela retaguarda, para assistir à debandada."

Os alemães avistaram o grupo, abriram fogo e lançaram granadas, derrubando dois homens e metralhando outro.

Ware, Paulick e os outros estavam presos, balas estalando acima de suas cabeças.

Murphy gritou o nome de um homem na patrulha e perguntou se ele estava vivo.

O homem gritou de volta.

Murphy berrou outro nome.

Vivo.

Granadas explodiram na posição alemã adiante. Ware e Paulick o encontraram empunhando sua carabina, parado ao lado de uma metralhadora alemã. Perto dele, quatro alemães mortos. A alguns metros, três homens feridos e aterrorizados encolheram-se, os uniformes ensanguentados e esfarrapados.

Paulick ficou bastante impressionado com o jovem texano. "Para mim, o importante", lembrou, "foi a compreensão imediata que Murphy teve da situação, seu pensamento preciso e sua frieza inquietante na hora da ação".[6]

Um alemão tentou fugir.

Murphy ergueu a carabina e mirou no capacete cinza dele.

O alemão estava acima do peso, cambaleando, sem fôlego, "como o diabo fugindo da cruz".

Será que Murphy deveria matá-lo?

Parecia muito fácil, como "um porco no abate".

O porco estava armado.

Um único disparo.

O porco caiu, morto.

Murphy se aproximou de Paulick, que parecia surpreendentemente calmo, "tão frio quanto uma manhã de agosto".

"Essas granadas não são má ideia", Paulick disse. "Da próxima vez, trarei as minhas."[7]

Ware e Murphy foram verificar o soldado da Companhia B que fora atingido pela metralhadora. O homem agonizava. Alguém foi buscar um médico. Ware teve tempo suficiente para avaliar Murphy. O sargento ainda tinha apenas 19 anos. Ambos estiveram em combate com o 15º Regimento de Infantaria pelo mesmo tempo, o que deve ter parecido uma eternidade. Estava forte como sempre, totalmente destemido, um baita guerreiro, "sem dúvida o melhor" que já tinha visto.[8]

Um médico chegou com uma maca. Depois, todos desceram a encosta mortal, afastando-se da pedreira e voltando às linhas da Companhia B. As ações de Murphy naquele dia, além de salvar a vida de dois superiores, lhe renderiam a Estrela de Prata, graças à recomendação de Paulick. Até o dia de sua morte, Ware se sentiria em dívida com ele.[9]

A batalha pela pedreira continuou. Caça-tanques e artilharia dispararam quinhentos explosivos contra a pedreira e seus túneis. Morteiros deixaram fragmentos de aço em cada metro da pedreira, e, antes do amanhecer de 4 de outubro, patrulhas de todas as companhias do 1º Batalhão atacaram mais uma vez, imediatamente se deparando com tiros extraordinariamente precisos de *snipers*. Oitenta atiradores de elite, armados com os melhores rifles telescópicos, foram anexados a cada pelotão do 601º Batalhão para defender a pedreira.[10]

Naquela tarde, sob enorme estresse, o comandante do regimento da 15ª Infantaria, coronel Richard Thomas, teve um ataque cardíaco e foi substituído pelo tenente-coronel Hallett D. Edson, um oficial magnífico, que lideraria o regimento com grande habilidade pelo resto da guerra. Escurecia no dia 5 de outubro, o sexto dia do cerco, quando os homens do Marne finalmente limparam a pedreira depois de lutarem "de igual para igual", como foi relatado, removendo "grossas camadas" de atiradores.[11] "Essa foi uma das lutas mais difíceis que já vi", Murphy lembrou. "Você poderia entrar em um bosque com trinta homens e sair com apenas quinze."[12]

O 15º Regimento de Infantaria estava em combate sem descanso desde 15 de agosto. A luta pela pedreira havia acabado, mas os alemães pareciam irritantemente determinados a lutar por cada cume à frente. No dia 8 de outubro de 1944, três dias depois de deixar a pedreira, Murphy avançou com a Companhia B menos de 5km. Nesse ritmo, levaria uma eternidade para chegar em Berlim.

Ainda chovia forte quando Murphy conduziu seu pelotão de 27 homens através de alguns bosques.

Um estalo.

Um *sniper*.

Alguém atrás dele caiu e berrou em agonia.

O grito foi ouvido por atiradores alemães, que abriram fogo. Vários homens de seu pelotão logo ficaram gravemente feridos.

Ele sabia que precisava de apoio de artilharia, então pegou um rádio SCR-536.[13]

Os alemães continuaram atirando. Murphy mergulhou no chão e tentou escapar das balas. "Fiquei tão abaixado, que devo ter cavado uma vala na encosta de uma colina", lembrou. "Eu estava com frio, molhado, assustado, e meus dentes batiam tão alto que eu estava com medo de me entregar. Devo ter rastejado 50 metros antes de decidir que poderia dar o aval para a artilharia. Pedi fogo de morteiro 4.2, e ele veio. Por uma hora fiquei ali desejando ser uma toupeira. Balas de fuzil e metralhadora chegaram a menos de 30 centímetros de mim, mas os nazistas não conseguiram me acertar."[14]

O bombardeio funcionou. Relatórios pós-ação listaram 35 alemães feridos e 15 mortos. Por salvar seu pelotão, Murphy recebeu sua segunda Estrela de Prata em três dias — um ramo de folhas de carvalho para a medalha que havia ganhado por salvar a vida do tenente-coronel Ware.

Agora, o único prêmio por bravura que faltava a Murphy era a Medalha de Honra. Se conseguisse o prêmio, ele igualaria o recorde de Maurice Britt. Mais tarde, disse que não poderia se importar menos para qual medalha estivesse em seu peito. Todas valiam a mesma coisa. Toda vez que ganhava uma, estava mais perto de voltar para casa pelo que era chamado de "sistema de pontos". "No que me dizia respeito", explicou, "eu só queria voltar para o Texas o mais rápido possível".[15]

O sistema de pontos para os norte-americanos na Europa durante a Segunda Guerra foi uma forma de decidir quem deveria retornar para casa primeiro. Se um soldado tivesse três ou mais filhos com menos de 18 anos, seria o primeiro a ser enviado de volta quando a guerra na Europa acabasse, não importando quantas medalhas havia ganhado nem quanto tempo havia servido. Murphy e quase todos os soldados, porém, precisavam acumular 85 pontos. Cada homem recebia um ponto para cada mês de serviço militar e um ponto adicional para cada mês no exterior. Cada campanha em que participavam valia cinco pontos. Aqueles como Ware e Murphy, que estavam em combate desde a Sicília, já haviam lutado em seis campanhas, o que significava trinta pontos automáticos.

Não se ganhava pontos por ser casado ou mais velho e, para a indignação de muitos soldados de infantaria, não havia pontos por receber a Insígnia de Infantaria de Combate — sendo assim, o soldado médio da linha de frente era tratado da mesma forma que o preguiçoso da retaguarda. As medalhas valiam cinco pontos, sem diferença entre a Estrela de Bronze e a Medalha de Honra, embora receber a Medalha de Honra nessa altura da guerra garantiria que um homem fosse retirado do front — os militares queriam heróis vivos, como Maurice Britt, para espalhar a propaganda. Homens mortos não convenciam as pessoas a comprar títulos de guerra. O único jeito pelo qual a maioria dos soldados de infantaria garantiria a sobrevivência, a menos que fosse retirado da linha com ferimentos graves, era ganhando a Medalha de Honra e sendo notificado o mais rápido possível sobre o feito.

Medalhas eram uma coisa. Promoção era outra bem diferente. Já era hora de Murphy subir de posição. No entanto, ele já havia dito ao capitão Harris, comandante da Companhia B, que não queria uma promoção. "Ele não se considerava bom o bastante para ser um oficial", lembrou. "Tinha vergonha da falta de educação formal."[16]

Foi convocado para falar com o tenente-coronel Paulick, oficial executivo da 15ª Infantaria.

Novamente, Murphy se opôs. Estava feliz em continuar como sargento, liderando um pelotão.

Paulick ouviu pacientemente. Não ordenaria que ele aceitasse outro cargo. Haveria alguma maneira de fazer esse garoto teimoso com sotaque texano quase ininteligível mudar de ideia?

Por fim, Murphy informou que não se oporia a uma nova patente, desde que não precisasse fazer nenhuma papelada.

Isso fez com que Paulick pensasse.

Por que não deixar seu ajudante fazer a papelada?

Murphy gostou da ideia.

Havia outro problema. Os alistados promovidos sempre eram enviados para novas equipes. Murphy estava na Companhia B desde que aprendera o trote Truscott no norte da África. Não havia a menor chance de abandonar sua família ensanguentada e abatida quando ela precisava dele mais do que nunca.

Paulick disse que conseguiria uma exceção para o caso, e Murphy poderia ficar com a Companhia B.

Em 14 de outubro, vários dias depois de ganhar a segunda Estrela de Prata, Murphy foi chamado ao QG do regimento.

O coronel Hallett Edson empossou Murphy e outros dois homens como oficiais, depois prendeu duas insígnias prateadas no uniforme de cada um deles.

"Vocês agora são cavalheiros por ato do Congresso", Edson disse. "Façam a barba, tomem banho e voltem para as linhas."[17]

Murphy foi, de fato, dispensado e depois comissionado, passando três horas como civil antes de se tornar oficial. Então, o segundo-tenente Murphy retornou com seu novo posto para a Companhia B, na linha de frente, um dos 4.800 norte-americanos que entraram em ação na Europa na Segunda Guerra Mundial.[18]

"Quer dizer que eu preciso prestar continência para você?" Um soldado que vinha lutando com ele desde a Sicília questionou.

"Preste para o uniforme", respondeu.[19]

Outro amigo de Murphy da Companhia B havia brincado com ele nas últimas semanas, dizendo: "Ei, Murph, se você aceitar uma promoção, espero que um tiro arranque sua bunda."[20] A piada já não tinha mais tanta graça. Ele agora teria muito mais chances de ser morto ou ferido. Recém-promovido a oficial, além de cavalheiro, ele ocupava o posto mais perigoso da infantaria dos EUA. Estatisticamente, viveria um mês, talvez alguns, mas não mais que isso. Em Anzio, em 50 dias, sua divisão havia sofrido 150% de baixas de segundos-tenentes.[21]

Fatos eram fatos. As chances não eram boas. De fato, os dois homens comissionados com Murphy logo seriam mortos.

Três dias depois que Murphy subiu de patente, seu comandante do VI Corps, o também recém-promovido tenente-general Lucian Truscott, foi convocado para uma reunião importante. Era 17 de outubro quando Truscott se juntou ao comandante do 7º Exército, Alexander Patch, e prestou continência ao comandante supremo Aliado Dwight Eisenhower em Épinal, a cerca de 50km do front. A princípio, Eisenhower foi charmoso e cortês como sempre. Então, ele deixou de conversa fiada e foi direto ao ponto.

"Lucian, vou tirá-lo do VI Corps", disse. "Você é uma vergonha para mim agora que foi nomeado tenente-general. Todos os meus comandantes dos Corps agora querem ser tenentes-generais. Vou designá-lo para organizar o 15º Exército. Você não vai gostar porque esse exército não entrará em ação. Será um comando administrativo e de treinamento, e você não irá para o combate."[22]

Truscott disse que preferia ficar em seu posto anterior com seus homens. Ele não quis ser promovido.

Perguntou se Patch permitiria que ele ficasse.

Patch disse que sim.

Eisenhower não aceitou nada daquilo. Precisava de Truscott para montar seu novo exército.

Assim, em 24 de outubro de 1944, o indiscutivelmente maior comandante de divisão dos Estados Unidos da Segunda Guerra estava diante de seus oficiais superiores e soldados da 3ª Divisão.

A banda da 3ª Divisão tocou o seu hino: *Dogface Soldier.*

Truscott não escondeu as lágrimas ao se despedir de sua amada Rocha do Marne. Sabia que talvez não os veria de novo, soldados que tinha liderado durante dois anos, da Argélia até agora, quase perto o bastante para atacar o Terceiro Reich. Sentia como se os abandonasse, exaustos e abatidos, em um momento tão importante.

Não havia dúvidas sobre o que o futuro reservava — outro inverno com ainda mais tragédia imensurável. Em uma carta recente para a esposa Sarah, Truscott havia expressado seus medos: "A besta pretende continuar lutando até o fim."[23] A Pátria estava em risco. Uma coisa era um soldado alemão arriscar a vida pelo Führer na Itália, outra bem diferente era impedir que os *Amis* — aqueles criminosos, mestiços norte-americanos — conquistassem o solo sagrado: *Heimweh*, abençoada Alemanha.

Começou a nevar nos picos mais altos dos Vosges alguns dias depois da partida de Truscott. Audie Murphy liderou seu pelotão através da floresta Montagne na direção de uma cidade chamada Saint-Dié, cerca de 50km a nordeste da Pedreira Cleurie. Era mais uma tarefa difícil, mais um dia deslizando como cobras pelo chão gelado ao amanhecer e comendo lama na garoa sem fim. A floresta provocava medos primitivos. Onde estaria a próxima armadilha, campo minado, alarme de perímetro? O que estaria escondido atrás da próxima árvore? O som de um galho quebrando sob seus pés poderia ser a última coisa que um soldado ouviria.

Fazer qualquer barulho poderia ser letal, e isso se provou naquele dia, quando um *sniper* alemão mirou o operador de rádio de Murphy e puxou o gatilho. Uma bala se cravou no fundo da cabeça do operador, acima do olho esquerdo, e ele caiu morto.

Murphy não ousou gritar, mas teve que se expor para fazer um sinal com a mão. Ele era um oficial. Precisava ser visto para que pudesse liderar. Entrou em campo aberto por apenas alguns segundos, mas foi tempo suficiente para o *sniper* alemão colocá-lo na mira. Bang. O alemão errou, mas a bala ricocheteou em uma árvore e atingiu sua nádega direita.

Ele não largou sua carabina quando caiu no chão. Procurou pelo *sniper*. A adrenalina que pulsava nele entorpeceu a dor.

Um terceiro tiro foi ouvido.

A bala do *sniper* perfurou o capacete de Murphy, que estava no chão da floresta, a alguns metros de distância.

Um movimento. Uma capa de camuflagem se mexendo. Lá estava o *sniper*, deitado no chão, escondido sob a capa manchada.

O alemão levantou a capa para ter uma chance melhor de acabar com ele.

Murphy segurou sua carabina com a mão direita e disparou.

"Era o cérebro dele ou nada", contou. "Aquele bastardo não erraria de novo."[24]

Uma bala estourou na cabeça do atirador a 30 metros dele.

"Não deixe ninguém te dizer que o soldado americano é mole", Murphy diria mais tarde. "Quando fica bravo, é tão bruto quanto qualquer um deles. Imaginei que cada chucrute que eu matasse me deixaria 1km mais perto do Texas."[25]

Os homens vieram até Murphy.

A dor agora era excruciante, como se um atiçador quente estivesse perfurando seu quadril.

"Levei um tiro bem na bunda."[26]

Um dos homens, o sargento Albert L. Pyle, havia passado 22 dias seguidos em uma trincheira com a Companhia B em Anzio e considerava Murphy mais próximo do que um irmão. Ele observou os médicos se aproximarem com uma maca. Colocaram o tenente Murphy com cuidado na maca. Entregou sua carabina a um sargento para que ela fosse bem cuidada. Era sua arma da sorte, mas não precisaria mais dela.

Fizeram dois alemães de prisioneiros. Foram obrigados a marchar na frente do grupo com a maca. "Um deles era um chucrute baixinho, e o outro era mais alto e acho que era um observador de artilharia", Pyle lembrou. "E Murphy fez com que ambos andassem na sua frente. Não estava sangrando tanto e ficou cutucando seus prisioneiros, obrigando-os a carregar um rádio com eles."

Pyle foi até Murphy.

"Espero que você possa ficar atrás", Pyle disse. "Boa sorte." Murphy abriu "um sorrisão, como um bebê".[27]

Ele foi carregado até uma estrada próxima, onde foi colocado no capô de um jipe e levado para um posto médico. Cada sacolejo nas trilhas esburacadas das montanhas deve ter sido uma agonia. Naquela noite, a maior parte de seu pelotão seria massacrada, incluindo o sargento a quem confiou sua carabina.

Um médico injetou morfina em Murphy. Durante três dias, ficou deitado em um leito em uma tenda para seis pessoas, febril, enquanto sua ferida infeccionava, ouvindo o tamborilar da chuva e os homens xingando e gemendo, antes de ser transferido para um hospital em Besançon. Um soldado da 36ª Divisão, recrutado da Guarda Nacional do Texas, estava em uma ambulância ao seu lado enquanto o veículo descia por uma estrada estreita e saía dos Vosges. "Ficamos presos na estrada pelo fogo de artilharia e, depois, pela neve intensa", o soldado lembrou. Alguém perguntou a Murphy se ele queria um cigarro. "Nem ferrando", respondeu. "Os chucrutes estão tentando me matar e você está tentando ajudá-los me envenenando."[28]

De Besançon, Murphy foi movido de novo. Desta vez, iria de trem ouvindo o monótono tuc-tuc-tuc nos trilhos, pelo vale do Rhône, passando por vinhedos já colhidos, em direção ao céu azul e ao sol, longe dos estrondos raivosos de obuseiros. Vários dias depois, foi internado no 3º Hospital Geral em Aix-en-Provence, centenas de quilômetros ao sul. Seu ferimento havia se tornado gangrenoso, cheirando pior do que a prostituta mais barata de Nápoles. Ao longo das semanas seguintes, mais de 2kg de carne podre foram cortadas de sua nádega. Recebia poderosas injeções de penicilina a cada três horas. Lenta e agonizantemente, a ferida começou a cicatrizar, mas ele mancaria pelo resto da vida.

Na mesma ala de Murphy, estava um soldado do Tennessee chamado Perry Pitt. Fora atingido nas costas por estilhaços e ficou paraplégico. "Murphy parecia um garoto do ensino médio", lembrou. "Fiquei espantado com o quão pequeno ele era. Ele descobriu que eu também era um garoto do interior e começou a me dar água para que eu pudesse beber."[29]

Incapaz de dormir por causa do ferimento, Murphy perambulava pela ala e, na maioria das noites, passava o tempo com Pitt. "Ele ficava mancando pelo corredor com a perna boa, e as enfermeiras sempre o faziam parar", Pitt lembrou. "Costumávamos conversar sobre o que queríamos fazer quando voltássemos. Ele pensava em abrir uma loja. Eu sempre quis ter uma fazenda lá perto de casa."[30] Murphy era o favorito entre as enfermeiras. Já era famoso bem além das linhas por suas façanhas, lembrou Colista McCabe, que não demorou para se encantar — Murphy era "alguém que você queria abraçar e levar para casa".[31] Outra enfermeira que se aproximou de Murphy foi Carolyn Price, de 24 anos, uma beldade de cabelos escuros, sorriso gentil e olhos brilhantes. "Se eu tivesse que escolher um candidato para o 'Grande Herói de Guerra Americano' daquela ala de oficiais", ela relembrou, "Murph estaria no fim da lista. Acho que o velho instinto maternal tomou conta de mim e eu o enchi de atenção".

Murphy se apaixonou perdidamente por ela. Foi o seu primeiro romance de verdade. Price era estritamente profissional, mas não conseguia deixar de mimar o oficial vindo das plantações de algodão, belo e com aquele brilho atrevido nos olhos, a voz suave, o charme de garotinho perdido.

Outros oficiais ficaram com inveja.

"Não deixe essa carinha de bebê te enganar", um capitão a alertou. "Esse é o soldado mais forte da 3ª Divisão."

Pelo tom de respeito na voz do capitão, Price sabia que ele falava sério.

Murphy foi um paciente que exigiu bastante. Um médico ia examiná-lo e, quando deixava a enfermaria, levantava, flertando e brincando por aí, matando o tempo, fazendo com que sua ferida demorasse mais para cicatrizar. O sol e a paz de Provença claramente não combinavam com o tenente inquieto. Não conseguia ficar parado ou relaxar, nem por um momento. "Ele estava obcecado com a ideia", a enfermeira Price lembrou, "de que deveria voltar para sua equipe, e perguntava todos os dias quanto tempo levaria até que pudesse retornar".[32]

CAPÍTULO 11

A Crosta Congelada

O GENERAL ALEXANDER Patch, comandante do 7º Exército, foi um dos melhores líderes norte-americanos da Segunda Guerra — o único oficial-general além de Lucian Truscott a comandar uma divisão, um corpo e um exército. No entanto, era praticamente um desconhecido nos EUA. Ascético, discreto e incrivelmente autodisciplinado, importava-se muito com seus homens, remoendo perdas enquanto enrolava intermináveis cigarros Bull Durham. Em seu livrinho de bolso, guardava uma flor esmagada das encostas do Monte Vesúvio, dada por uma garota que lhe desejou boa sorte em agosto, no dia anterior ao embarque de seu exército para a França.

A flor murchou no decorrer dos meses desde a chegada na Côte d'Azur. Quando o inverno começou com tudo nos Vosges, não era mais um amuleto de boa sorte, e sim um lembrete amargo dos destinos cruéis da guerra. O que Patch mais temia havia acontecido: seu único filho, o capitão Alexander "Mac" Patch, havia sido morto no dia 22 de outubro enquanto liderava uma companhia de infantaria da 79ª Divisão. A notícia de que o filho morreu na hora, acertado diretamente por um projétil de tanque, partiu seu coração.

Ao que parecia, nada poderia amenizar sua dor. Então, descobriu por meio de um amigo próximo, o coronel Paul Daly, que um colega do "Mac" de West Point estava na Europa. O garoto era um baita soldado, mas ocioso. Seria uma boa companhia, poderia até animar Patch um pouco, distraí-lo da depressão e do luto. Escreveu para a esposa Julia, em 6 de novembro: "Eu mandei [um ajudante] voar até a Inglaterra [e] trazer Michael [Daly] para cá, como fiz com o Mac. O garoto é magnífico — 1,90 de altura, um rapaz adorável e bonito."[1]

Haveria muito o que discutir no primeiro jantar no 7º quartel-general do Exército de Patch, em Épinal. O jovem Daly fora ferido perto de Aachen no dia 6 de setembro, atingido na perna por um estilhaço de morteiro. Então, voltou à Inglaterra para se recuperar do ferimento. Foi quando Patch mandou chamá-lo.

Michael Daly se lembrava de "Mac" como um veterano bonito e popular de West Point que o ajudou e o acolheu na academia. "Mac" havia voltado à ação apenas alguns dias antes de ser morto. Acabara de se recuperar de um grave ferimento naquele verão.

Patch enterrou o único filho em Épinal.

Ficou parado bastante tempo sobre seu túmulo.

Então, três palavras:

"Até logo, filho."

Pelo menos "Mac" não estava mais, como seu pai expressou, "com frio, molhado e faminto".[2]

Patch disse para a esposa: "Você, e só você, sabe o quão profundamente ferido estou... É a nossa dor estritamente particular."[3]

Recebeu cartas atrasadas da esposa nos EUA. Em uma carta, a esposa de Patch implorou para que tirasse o filho deles de combate. Ele não o tinha feito. "Você [me pediu] naquelas cartas", Patch respondeu à esposa, "para, por favor, não deixá-lo voltar ao combate tão cedo. E eu mal consigo suportar, sabendo que fiz justamente isso. Nunca serei capaz de me perdoar... Enquanto escrevo, as lágrimas estão escorrendo dos meus olhos."[4]

Michael Daly, sem dúvida, fazia o general se lembrar do filho. Era uma espécie de substituto. Ele se juntou a Patch para jantares com o alto escalão, incluindo o general Patton, que xingava com entusiasmo durante as refeições. Daly só falava quando lhe faziam uma pergunta.

O pai de Daly não comparecia aos jantares. Estava de volta ao combate, liderando o 398º Regimento de Infantaria, que Patch queria que ele colocasse em forma. E, como havia feito na Primeira Guerra Mundial, o coronel Paul Daly liderou no front, ganhando a Estrela de Prata, arriscando corpo e alma enquanto seu filho batia papo com generais e levava Patch para reuniões. O jovem Daly, um esquentadinho atrás do volante, era muito mais preocupante do que os bombardeios ocasionais alemães em Épinal. Em um dia daquele novembro melancólico, Michael dirigiu tão depressa que perdeu o controle de um jipe e quase matou Patch e a si mesmo.[5]

No final, as chances acabavam até mesmo para o soldado mais sortudo. Em 17 de dezembro de 1944, o coronel Paul Daly foi ferido na coxa por um morteiro, a mesma arma que machucara seu filho mais cedo naquele outono. Para sua frustração, foi enviado de volta aos Estados Unidos a fim de se recuperar. Enquanto isso, seu filho se sentia cada vez mais inquieto. Não queria passar a guerra como um motorista nada confiável, fazendo comentários educados nos jantares enquanto os generais xingavam os hunos. Patch sabia disso e, um dia depois de saber que o coronel Daly estava gravemente ferido, promoveu Michael Daly a segundo-tenente e providenciou para que ele voltasse para o front. "Ele perguntou de que tipo de trabalho eu gostaria", Michael lembrou. "Insinuou que eu poderia ser seu ajudante. Eu disse que queria voltar para a infantaria."[6]

UM BELO ARMINHO estava nos galhos superiores dos abetos imponentes dos Vosges. Homens do 15º Regimento de Infantaria se abraçavam nas trincheiras para compartilhar o calor do corpo, torcendo para não dormir e morrer de frio. Foi o inverno mais rigoroso em quarenta anos.

Todos os dias o vento soprava do Ártico, trazendo lascas de gelo que cegavam e perfuravam os rostos desgastados pelo clima.

Foram dias de imenso sofrimento para milhares de soldados de infantaria ao longo da Frente Ocidental, que se estendia do mar do Norte até os Alpes. Dwight Eisenhower, assim como Alexander Patch, agonizavam com a situação. Como comandante supremo, sabia muito bem que alguns dos homens da 3ª Divisão, como era o caso do tenente-coronel Keith Ware e do tenente Audie Murphy, estavam tentando sobreviver ao segundo inverno nessa guerra.

O pessoal na América nunca entenderia quão terríveis eram as condições para seus amados familiares. Em uma carta para Ernie Pyle, o correspondente mais lido da América, Eisenhower confessou, em dezembro de 1944: "Fico tão furioso pela falta de apreciação ao verdadeiro heroísmo — a aceitação, sem queixas, de condições insuportáveis —, que me torno completamente inarticulado."[7]

O insuportável era impiedoso. Enquanto a Batalha do Bulge se desenrolava a 320km ao norte, em dezembro a 3ª Divisão foi jogada no fogo mais uma vez, ordenada a transpor uma área de forte resistência alemã, o Colmar Pocket, que, nas palavras de Audie Murphy, era "uma enorme e perigosa cabeça de ponte avançando pelo oeste do Reno como uma adaga afiada".[8]

O Pocket se estendia 32km a oeste do Reno e 48km ao sul de Colmar até a cidade de Mulhouse, no total, cerca de 2.200km² que Eisenhower acreditava ser uma "ferida" que precisava ser "limpa" a todo custo.[9] Transpondo o Pocket, os homens do Marne teriam acesso direto ao Reno. Então, seriam capazes de se infiltrar profundamente no coração do Terceiro Reich. Mais de 25 mil soldados da *Wehrmacht*, incluindo veteranos do 19º Exército, ocupavam o Pocket. Eles estavam, como foi notado, "cheios de uma nova esperança", inspirados pelo sucesso chocante dos camaradas nas Ardenas, onde os Aliados foram pegos de surpresa e afundados em crise.[10] Muitas aldeias e cidades foram transformadas em fortalezas ao longo do perímetro de 210km do Pocket. Uma delas se chamava Sigolsheim. Ficava bem no caminho do batalhão do tenente-coronel Ware.

Ware tinha completado 29 anos no dia 23 de novembro de 1944. Ele havia liderado o tenente Audie Murphy e outros por mais de quinhentos dias de guerra, uma quantidade exaustiva de tempo para qualquer soldado. Eventualmente, ele com certeza chegaria ao limite. Um homem conseguia aguentar até certo ponto. Um psiquiatra do exército concluíra que a maioria dos homens poderia durar cerca de duzentos dias antes de "se tornarem ineficazes".[11] Apenas 7% chegavam aos duzentos dias sem serem feridos ou mortos. "Não existem homens de ferro", outro psiquiatra enfatizou. "Mesmo a personalidade mais forte, se submetida a estresse suficiente por um período de tempo o bastante, desintegra."[12] Ware e Murphy ainda não haviam se desintegrado, e passaram muito mais de duzentos dias em combate. Eram, como Murphy expressou, "fugitivos da lei das médias".[13]

Os bombardeios Aliados e o fogo de artilharia achataram Sigolsheim. Casas com estrutura de madeira e edifícios medievais desabaram em pilhas de escombros que se estendiam por centenas de metros. Os homens de Ware começaram a sondar os arredores fumegantes cedo em 23 de dezembro. Então, os alemães, "homens de grande capacidade física e arrogância", como observado, foram traiçoeiros, atacando de uma fortificação no centro e do alto, com vista para a cidade, marcada no mapa de Ware como "Colina 351".[14]

No dia de Natal de 1944, Ware se encontrou com o tenente George Mohr. Ele havia lutado em Anzio e, depois de retornar no dia de Ação de Graças após ser ferido, foi escolhido por Ware para substituir o ex--comandante da Companhia B, que havia perdido o respeito dos subalternos da companhia. Em Mohr, Ware sabia que tinha uma "pessoa que comandaria" e inspiraria confiança.[15] Ele o mandou atacar a Colina 351 e unir forças com a Companhia C. Não era o que ele queria ouvir bem no aniversário de Cristo. Era muito perigoso, Mohr argumentou, sair de suas posições, que estavam sob vigilância alemã, "durante o dia."

Em vez disso, Mohr avançaria sob o manto da escuridão às 5h da manhã seguinte, o que se provou ser uma proteção escassa. Ele e a Companhia B enfrentaram fogo intenso quando partiram para a Colina 351 que, no fim das contas, estava sendo protegida por tropas experientes da SS. Era como se, um soldado lembrou, "os portões do inferno se abrissem — a encosta foi inundada com onda após onda de um fogo que devorava tudo pelo caminho".[16] Os corajosos o bastante para erguer a cabeça acima do solo puderam vislumbrar a Alemanha. O vale do Reno ficava ao longe, e a vasta Floresta Negra espreitava além. "Cada vez que nos movíamos", Mohr lembrou, "uma saraivada caía sobre os homens. À medida que avançamos, enfrentamos o fogo de meia dúzia de metralhadoras que tinham uma excelente zona de tiro; elas dominavam nosso acesso ao cume".[17]

Muitas vezes, na Itália e na França, os soldados mais leais de Hitler lutaram até serem cercados ou estarem prestes a serem mortos, então se rendiam com um *"Kamerad! Kamerad!"* berrado. Mas não aqui tão perto da pátria deles. Conheciam Hitler apenas como o salvador da Alemanha. Haviam sido doutrinados com o nazismo desde a infância. Eles não largariam suas pistolas-metralhadoras e MG 42 quando o inimigo estivesse na entrada do Terceiro Reich. Sua tenacidade era irritante. Naquela manhã, um soldado da SS continuou disparando sua metralhadora, embora uma das nádegas tivesse sido atingida. Outros tinham feridas abertas, mas continuaram pressionando os gatilhos até o último suspiro enquanto defendiam o que ficaria conhecida como Colina Sangrenta — *"Blutbuckel"*.[18]

Vinhedos cercavam a colina e, enquanto soldados norte-americanos subiam pelas videiras quebradiças, ligadas por arames, um dos melhores jovens oficiais de Mohr foi atingido no peito. Outros caíram, mortos ou feridos, conforme se aproximavam das posições alemãs. A Companhia B corria o risco de ser exterminada. De seu posto de comando, Mohr pediu ao soldado William Weinberg, de 23 anos, para levar uma mensagem até Ware no quartel-general do batalhão. "Eu deveria contar ao tenente-coronel Ware sobre a nossa situação e pedir tanques e soldados que pudessem ser enviados como reforço", lembrou Weinberg, que havia entrado na Companhia B como um substituto naquele outono. "Ele me mostrou o mapa dele da área. Encarei o papel e o memorizei."[19]

Chegar até Ware sem ser morto seria um grande desafio. Weinberg partiu depois de escurecer, armado com uma carabina e acompanhado de outro soldado que havia levado uma metralhadora alemã. Correram o mais depressa possível através de fileiras retas de videiras. Uma metralhadora estalou. Ele sabia pelo "estrondo" das balas que o atirador alemão o avistara: "Os tiros pareciam um pequeno canhão de tiro rápido mirado na gente."

Weinberg continuou correndo. Não conseguia ziguezaguear. As fileiras retas de videiras significavam que ele precisava continuar acelerando. Sem fôlego e apavorado, mergulhou no chão e abriu caminho através de várias fileiras de vinhas grossas, esperando que o atirador o perdesse de vista. O atirador ainda podia vê-lo, mas teve que mudar a mira quando ele rastejou entre os galhos e os arames que seguravam as vinhas. Logo as balas voaram na direção dele, assobiando, mais uma vez. Permaneceu deitado, arfando, ofegando, e então ouviu o som de botas com travas — uma patrulha alemã se aproximando, a apenas três fileiras de vinhas de distância.

Weinberg ficou o mais esticado que podia, um braço passando ao redor do capacete, o coração batendo forte, desviando o olhar, sem querer ver os alemães enquanto o matavam... Mas eles seguiram em frente. Ele se levantou de novo e correu na direção do posto de comando do batalhão de Ware, uma casa senhorial nos limites de um vilarejo chamado Mittelwihr, 800 metros a nordeste da Colina 351. Ele ficou contente por ter brincado de pique-esconde quando mais novo; aprendera a evitar pisar em galhos ou a agarrá-los para que não fizessem barulho enquanto ele corria. Finalmente, o posto de comando de Ware estava à vista. Havia um tanque parado por perto, destacado contra o brilho das estrelas.

"Soldado", Weinberg gritou.

"Quem é?"

Weinberg entrou na casa por volta das 20h, empurrando panos pesados que serviam de proteção contra a luz. Ware estava com outros oficiais superiores do 1º Batalhão em uma mesa. Ware o reconheceu, que havia sido mensageiro entre a Companhia B e o quartel-general do batalhão. Mostrou para Ware em um mapa onde a Companhia B estava presa, em grande desvantagem numérica, encurralada por tropas da SS, sem água ou comida, tendo que procurar rações nos camaradas mortos. Eles precisavam de toda a ajuda possível.

Ware reagiu imediatamente, mandando os oficiais ao redor da mesa reunirem todos os homens disponíveis, "todos os escriturários, cozinheiros, motoristas", e solicitando apoio blindado. Depois, perguntou se Weinberg poderia liderar o caminho de volta às posições da Companhia B. O jovem assentiu, apontou no mapa e sugeriu a melhor rota para um tanque.

Partiriam antes do amanhecer, Ware informou. Weinberg precisava de alguma coisa?

"Comida."

Uma sopa gordurosa de legumes e café teriam que dar para o gasto. Weinberg se envolveu em um cobertor e tentou dormir um pouco, enrolado no chão. Antes do amanhecer, o café da manhã foi servido — pão fresco, ovos em pó e leite. Os céus começaram a clarear enquanto Ware conduzia o grupo de resgate com cerca de 25 homens na direção da Colina 351. Weinberg mostrava o caminho para o condutor do tanque abarrotado de cozinheiros, escriturários e motoristas de jipe do quartel-general do batalhão. "A responsabilidade de liderar a força-tarefa improvisada às pressas e o medo de ser frito dentro do tanque", lembrou, "eram quase esmagadores. O tanque era um alvo bem grande".[20]

Ware os acompanhava de um jipe atrás do Sherman do 756º Batalhão de Tanques, uma grande estrela branca estampada na frente enlameada. Ao lado de Weinberg, na torre do tanque, estava sentado um sargento chamado Simon Bramblett. Weinberg mostrou a Bramblett onde estavam as posições da Companhia B. Em seguida, pulou do tanque, apontou para o posto de comando da Companhia B e se escondeu o mais rápido possível. Os alemães certamente tinham avistado o grupo e ouvido o ronco do tanque.

Weinberg viu Ware e dois outros oficiais saírem calmamente do jipe e olharem ao redor. Gritou para que se abaixassem logo, mas eles o ignoraram.[21]

Mohr e outros oficiais da Companhia B se juntaram a Ware do lado do tanque e discutiram estratégias. Weinberg viu Ware fazer o reconhecimento na frente do tanque, a céu aberto e em plena luz do dia, um alvo fácil, examinando o terreno por vários minutos. Weinberg se escondeu em uma trincheira, esperando não levar o primeiro tiro quando os alemães inevitavelmente abrissem fogo.

Ware voltou, indo na direção de Weinberg.

"Vamos", Ware gritou.

Os alemães pareceram pegar a deixa de Ware, e morteiros sibilaram pelos ares. Homens mergulharam em trincheiras. O comandante da Companhia B, Mohr, gritou para que os homens se levantassem e saíssem dos buracos. Ninguém o fez. Weinberg observou enquanto Ware, exasperado, "ia de buraco em buraco chutando os traseiros dos caras que [estavam deitados], o mais abaixados possível. Era um homem grande. Tinha um chute forte. Os homens saíram. Não timidamente, mas de maneira sombria, enfrentando de maneira realista a morte instantânea".[22]

Com sorte, o tanque de Bramblett faria toda a diferença contra os homens da SS que haviam encurralado o que restava da Companhia B. Porém, Ware também precisava do máximo de soldados possível para ajudar a limpar a Colina 351. Como foi colocado nos arquivos oficiais da divisão, ele decidira "que uma enérgica demonstração de liderança se fazia necessária para devolver às tropas o espírito ofensivo que havia sido amortecido pelas grandes perdas sofridas, o clima congelante e a luta contínua".

Ware liderou, enfrentando rajadas de tiros de metralhadora e fogo de morteiro, colina acima para outras posições da Companhia B, onde sobreviventes traumatizados ainda estavam encolhidos, congelados de medo. Ele os encorajou, os persuadiu. Precisavam atacar. Se ficassem no meio das vinhas retorcidas, morreriam.

"Sigam-me!", Ware bradou.[23]

Pegou um fuzil automático Browning, a arma mais poderosa que conseguia disparar enquanto se movia, das mãos de um homem próximo. Começou a subir a colina, 140 metros à frente do grupo de resgate, seguindo por uma trilha de terra. Dez homens o seguiram. O tanque de Bramblett rangeu ao avançar. Ele observou, atentamente, enquanto Ware subia pelas vinhas. Se ele lançasse munição traçante em uma posição, Bramblett sabia que deveria atirar nela com força total.

Um soldado assistiu enquanto Ware ficou sob "terrível fogo inimigo: artilharia, morteiro, metralhadora e rifle... Um projétil explodiu tão perto dele que parecia ter sido envolvido por uma parede de chamas, mas ele emergiu desse inferno e continuou se movendo na direção do inimigo, como se o estivesse tentando".[24] Balas cortaram o chão aos seus pés e ricochetearam nas rochas a centímetros de distância.

Quando chegou perto de uma metralhadora da SS, ele ergueu o fuzil, apertou o gatilho e acertou dois soldados. Disparou traçantes no ninho de metralhadoras. O estouro furioso do tanque de Bartlett foi ouvido. Em seguida, houve uma explosão, e o ninho foi destruído. Ware parecia possuído. Continuou se movendo para perto de outro ninho de metralhadoras. Os alemães ergueram as mãos. Não havia necessidade de matá-los.

O fuzil não tinha mais munição, então Ware pegou um rifle M1 de um homem ferido e continuou atirando. Em menos de trinta minutos, ele e o tanque de Bartlett destruíram quatro ninhos. Cinco dos dez homens que participaram do ataque com ele ficaram feridos, alguns em estado grave. O comandante da Companhia D, o capitão Vernon L. Rankin, apoiou o ataque furioso de Ware disparando morteiros contra as posições da SS. Ele acreditava que Ware tinha "pessoalmente matado cinco alemães e capturado cerca de outros vinte". O próprio Ware foi atingido na mão por estilhaços e estava sangrando, mas se recusou a receber tratamento. A batalha pela Colina Sangrenta ainda não fora vencida.[25] Alguns homens obstinados da SS mantiveram suas posições.

Ware retornou ao quartel-general do batalhão de jipe, contatou o tenente Mohr, comandante da Companhia B, e ordenou que ele realizasse um ataque final para eliminar a última resistência. Porém, antes que Mohr pudesse obedecer, foi gravemente ferido no quadril por um *sniper*. "Imediatamente, pedi a um soldado que chegasse perto e cortasse meu cantil, assim eu conseguiria colocar gelo na ferida", Mohr lembrou. "Aquele dia estava tão frio, que a minha água potável congelou. Foi aí que a coisa mais assustadora aconteceu. Um projétil invadiu nossa trincheira e atingiu o soldado bem no peito. Olhei para a minha perna e havia partes do cérebro dele nela. Nós perdemos muitos homens bons naquele dia; foi uma batalha e tanto."[26]

O soldado Weinberg encontrou Mohr deitado, sangrando sem parar. Um médico cortou suas calças, estancou a ferida e tentou enfaixá-la. Os estilhaços que o atingiram também rasgaram seu coldre e seu cinto. Weinberg perguntou a Mohr se poderia pegar o coldre para ele — Mohr não precisaria mais do item: sofrera um ferimento premiado, grave o suficiente para ser mandado para casa. Mohr tentou sorrir e simplesmente acenou com a cabeça, Weinberg limpou o sangue do coldre, amarrou-o na lateral do corpo e, em seguida, colocou um valioso prêmio nele: uma Luger. "Fiquei honrado por ele ter concordado", lembrou. "Foi um símbolo de sua breve, mas eficaz, liderança da Companhia B."[27]

Antes do que restava do 1º Batalhão de Ware executar o ataque final, apoio de artilharia foi chamado. As últimas resistências da SS começaram a fugir em pânico e aterrorizadas, por volta das 15h, quando morteiros acertaram suas posições, enchendo o topo da colina de estilhaços voadores. Os homens de Ware começaram a acabar com quaisquer sobreviventes. O soldado Richard Byham, que testemunhara o heroísmo de Ware mais cedo, foi instruído a tentar capturar prisioneiros se pudesse. Poderiam fornecer informações úteis. "Trinta e sete inimigos se renderam", ele lembrou. "Mais tarde, fui informado de que muitos dos alemães que ocupavam as trincheiras lá no topo escaparam para Sigolsheim abaixo da colina."[28]

Foi relatado que cerca de 150 "fortes soldados da SS foram colocados para correr".[29] A Colina 351 finalmente havia sido tomada. Escureceu. Os sobreviventes da Companhia B, vinte dos duzentos, agruparam-se em uma caverna perto do cume, um deles lembrou. Agora eram "velhos desgastados", barbudos, o corpo inteiro dolorido, cobertos de feridas e de erupções cutâneas, cabelos emaranhados e imundos, "neandertais com armas no lugar de lanças".[30]

O céu estava limpo. A fumaça dos prédios em chamas no vale abaixo flutuava preguiçosamente na noite escura. Os homens estiveram focados, traumatizados e tensos demais para chorar naquele dia. Entorpecidos, sequer tiveram forças para saquear os bolsos dos alemães mortos. "A maioria dos caras não dormiu bem, porque éramos um emaranhado de braços e pernas", Weinberg lembrou. "Todo mundo fedia. Cobertores alemães escureceram a entrada. Éramos um grupo de homens tristes, doloridos, nenhum desfrutando da sobrevivência, todos certos de que morreriam em breve. A caverna era a nossa cela no corredor da morte."[31]

Corpos de dezenas de jovens norte-americanos estavam espalhados pelas encostas áridas e pelos vinhedos esmagados. A Companhia B, que Ware havia comandado pela primeira vez na Sicília, perdera todos os seus oficiais, incluindo seu comandante, o tenente Mohr. Metade da Companhia B havia sido morta ou ferida.

O tenente-coronel Ware, comandante em exercício do 1º Batalhão, receberia a Medalha de Honra por suas ações em Sigolsheim, o nono homem e o com escalão mais alto do 15º Regimento de Infantaria a recebê-la na Segunda Guerra.[32] "O tenente-coronel Ware, mesmo contra todas as chances e apesar de ter sido ferido na mão no início da investida, foi diretamente responsável pela tomada da Colina 351", foi informado, "que, até então, era considerada inconquistável".[33] Ao contrário de outros que recebiam a Medalha de Honra, Ware não estava prestes a ser mandado para casa para poder jogar boliche, sua paixão pré-guerra, ou arrumar um emprego tranquilo, longe do perigo. Sua experiência e sua liderança eram valiosas demais. Seu tempo de serviço estava longe de terminar.

A Colina 351 foi tomada, mas a cidade de Sigolsheim permaneceu infestada pelo inimigo, escondidos entre os escombros dos edifícios. Ela ainda tinha que ser libertada, purificada da SS. Mais tarde na noite de 26 de dezembro, o 1º Batalhão de Ware juntou forças com o 2º Batalhão. Na manhã seguinte, Typhoons desceram dos céus e atingiram fortificações alemãs. Mesmo assim, os mais leais a Hitler resistiram. "Em todo o longo histórico de combate do regimento", observou-se, "nunca haviam encontrado uma resistência tão firme e cruel".[34] Não havia outra opção a não ser lutar de uma ruína para a outra.[35]

Ainda assim, a Rocha do Marne se surpreendeu mais uma vez com a ferocidade da defesa da SS. "Não era incomum ver um alemão parado no meio da rua, completamente exposto", um soldado lembrou, "disparando uma bazuca ou, às vezes, apenas um rifle nos nossos tanques, enquanto o blindado feroz o matava ou os *doughboys* (um dos apelidos dos norte-americanos) atiravam nele".[36] De acordo com uma testemunha, a SS "atacou tanques com rifles, muitos deles parados no meio da rua até que fossem atropelados e esmagados sob as esteiras". Era, de fato, a resistência mais fanática que o regimento já havia enfrentado nos mais de quatrocentos dias de combate, pior até do que a de Cisterna, durante a fuga de Anzio.

O tenente-coronel Ware havia liderado no dia anterior. Agora, 27 de dezembro, outro oficial — um tenente chamado Eli Whiteley, formado pela Universidade Texas A&M — do 15º Regimento, cujo lema era *"Can Do"*, apresentou-se e fez muito além do dever. Assim como Ware, ele usava óculos e tinha a fala mansa. Tinha completado 31 anos no dia 10 de dezembro, fazendo dele um dos líderes de pelotão mais velhos do regimento, tendo sido convocado enquanto estudava para um mestrado no Texas. Após vários dias em combate, seu pelotão e alguns outros da Companhia L foram reduzidos a um punhado de homens.

Whiteley se tornou o alvo de metralhadora enquanto se dirigia para uma escola no coração de Sigolsheim, onde um major da SS estabelecera um posto de comando. Ele atacou um prédio sozinho, matando os inimigos, e foi para a próxima casa e depois para outra, acabando com a SS onde quer que estivesse à espreita. Então, sua sorte acabou. Foi ferido no ombro e no braço. Entretanto, continuou lutando, jogando granadas de mão e de fumaça com o braço bom para abrir caminho. Whiteley ordenou que os sobreviventes do pelotão o seguissem, dizendo a um de seus homens para trazer uma bazuca, que ele disparou com a mão boa, abrindo um grande buraco na lateral de um prédio que ele, então, atravessou.

Com a carabina debaixo do braço bom, Whiteley entrou em um cômodo e matou cinco soldados da SS, forçando mais doze a se renderem. Sua matança continuou. Com a adrenalina correndo por ele, parecia ter resistência quase sobre-humana. Parecia que ele havia "cheirado pólvora" enquanto perseguia a SS em meio às pilhas de tijolos chamuscados e pedras quebradas. Um pedaço de estilhaço lhe cegou um olho. E, embora o sangue escorresse pelo rosto, Whiteley ainda não desistiria. No entanto, estava sangrando muito e foi convencido a ser tratado por um médico, acabando com sua matança. Graças às ações naquele longo dia em Sigolsheim, ele receberia a Medalha de Honra. De acordo com a citação, assim como o tenente-coronel Ware, ele tinha "feito uma rachadura em um ponto vital do núcleo da resistência inimiga".[37]

Não restava muito de Sigolsheim quando os últimos homens da SS foram derrotados. Árvores perderam os galhos, seus troncos retalhados. Por centenas de metros, nenhum edifício tinha telhado. As paredes que ainda permaneciam de pé estavam marcadas por buracos de bala. As ruas estavam repletas do enorme desperdício que vinha com a guerra: fuzis descartados, armas *Panzerfausts* amassadas, restos de balas usadas, pedaços de móveis quebrados e carroças abandonadas, servindo como barricada.

No dia seguinte, 28 de dezembro de 1944, um segundo-tenente alto se juntou ao 1º Batalhão do tenente-coronel Ware, o quartel-general nos arredores destruídos. Michael Daly chegou para assumir o comando do primeiro pelotão da Companhia A. Ele preferia ter terminado a guerra com sua antiga unidade — a 1ª Divisão —, mas, por causa do clima atroz e da luta intensa, não conseguiu chegar até ela, apesar de ter tentado três vezes. Em vez disso, ele estava se apresentando para o serviço no sofrido batalhão do tenente-coronel Ware.

A nova unidade de Daly, a Companhia A, supostamente liderava o 15º Regimento de Infantaria em medalhas totais. Seu comandante de batalhão, Ware, a mão remendada depois do heroísmo na Colina Sangrenta, era claramente um líder excepcional. De fato, era reverenciado por todos os seus subalternos. Ali estava um guerreiro do mesmo tipo que o próprio pai, um que Daly podia realmente admirar. O fato de ter sobrevivido ao combate por tanto tempo aumentou, e muito, sua autoridade. Para os veteranos, que tinham se convencido irracionalmente de que escapariam da morte ou de ferimentos graves, Ware era, de fato, um amuleto da sorte, assim como Audie Murphy. Era fácil para qualquer soldado conversar com [Ware]", lembrou Weinberg, que testemunhou a matança de Ware na Colina 351. "Ele era inteligente e ousado. Duvido que tenha estudado além do ensino médio, se muito, mas era rápido em captar as situações, entendê-las e lidar com elas."[38]

Um homem devoto da Companhia A, o sargento Troy Cox, ficou surpreso com a aparência jovem de Daly. Não passava de um menino esguio. Cox não sabia que ele havia visto combates o bastante — afinal, tinha sido promovido no campo de batalha, indo de um humilde soldado direto para oficial, uma progressão rara. E tinha ganhado a Estrela de Prata.[39]

O magricela não enfrentava nada novo.

Ele tinha o necessário para ser um líder... Igual ao tenente-coronel Ware?

Ele daria para trás, mijaria nas calças quando a matança e a morte recomeçassem?

Será que ele jogaria fora a vida de seus homens?

CAPÍTULO 12

A Qualquer Custo

Nevou nos Vosges na véspera de Ano-novo. As ruínas chamuscadas de Sigolsheim desapareceram debaixo de uma nova camada de branco. Nas trincheiras, os homens do tenente-coronel Ware tremiam e praguejavam. Mecanismos de disparo, canos de água e motores congelaram. Foi difícil limpar as estradas e até mesmo colocar proteções de arame farpado ao redor dos abrigos. Para os que passavam noite após noite em trincheiras congeladas, duras como pedra — ou "caixas de gelo", como os homens passaram a apelidá-las —, o clima era tão perigoso quanto os alemães, se não mais. A paisagem "parecia uma grande cidade dos mortos", lembrou o general francês Jean de Lattre de Tassigny, "onde os esqueletos emergiam das árvores, assombrados por nuvens crocitantes de corvos".[1]

Nas primeiras duas semanas de janeiro, houve patrulhamento e uma peculiar sonda alemã nas linhas do tenente-coronel Keith Ware, mas nenhum confronto importante. Era como se o clima tivesse congelado a guerra.[2] Em algumas noites, estava tão escuro que os homens não conseguiam ver as próprias mãos.[3] Quando as nuvens cobriam o céu e não havia lua, eles precisavam segurar o ombro do soldado da frente durante as patrulhas.[4] O menor som — um galho quebrando ou uma rajada repentina de vento — era o suficiente para fazer um homem pular de medo. Os homens de Ware não conseguiam ver o inimigo, nem as armadilhas ou as minas, tampouco os alarmes de perímetro, e foram forçados a confiar na intuição e no olfato. Os boches realmente fediam a chucrute, assim como os italianos cheiravam a alho e cebola. Às vezes, as excursões noturnas eram terrivelmente fatais, causando pesadelos recorrentes nos sobreviventes durante décadas. Uma noite, um soldado habilidoso da SS ouviu os homens de Ware se movendo por uma trilha na floresta e, saindo de um covil muito bem camuflado, matou silenciosamente um soldado, tomou o lugar dele na patrulha e os levou para uma emboscada.[5]

O tenente Audie Murphy voltou para o 1º Batalhão de Ware em 14 de janeiro de 1945, um dos dias mais frios de que se lembra.[6] Era um contraste gritante entre o clima ameno de Provença e o de Colmar Pocket, onde os homens deixavam para trás mechas de cabelo, congeladas e grudadas no chão, ao se mexerem todas as manhãs. Quando checavam os pés, muitos tinham a esperança de ver sinais de pé de trincheira — "uma maneira legalizada e aprovada de sair do combate", o soldado William Weinberg, da Companhia B, lembrou. "A maioria de nós abriria mão, de bom grado, de alguns dedos só para sair das linhas. Era melhor do que uma ferida grave que valesse a dispensa."[7]

Murphy não estava procurando um jeito fácil de sair das linhas, então massageava os dedos dos pés com a maior frequência possível, trocava as meias sempre que podia e tentava não molhar as botas de couro. Ainda assim, sofreu mais do que a maioria naquelas condições terríveis. Um sargento de pelotão, Tom Rocco, lembrou-se de ajudar Murphy a tirar as botas depois de uma patrulha: "Arrancar suas meias foi como descamar sua pele junto. Estávamos nervosos, desgostosos e desanimados, mas, ao ver Murphy mancando com os pés doloridos, teríamos vergonha de não segui-lo."[8]

Os boatos eram de que a Rocha do Marne voltaria para o combate. Acabariam com o Colmar Pocket. Porém, antes que isso pudesse acontecer, precisaram trazer substitutos para preencher as fileiras. Certa manhã, o tenente Murphy visitou um depósito para buscar recrutas para o 3º pelotão da Companhia B. Os novatos chegaram pelo porto de Le Havre, vindos do Canal, em vagões congelados, os parafusos que os mantinham lá dentro "brancos com o gelo", de acordo com um homem.

Murphy disse a um sargento que precisava de dezoito texanos.

O sargento examinou uma lista com os recém-chegados.

"Tenente, só tenho dezesseis texanos."

"Certo, me dá esses dezesseis e outros dois."

O sargento assim o fez, acrescentando ao grupo um homem de Oklahoma e outro do Tennessee. O soldado de Oklahoma era um nativo norte-americano. Murphy ficou muito feliz. Por experiência própria, sabia que o oklahomense era confiável em batalha.

Murphy levou seus novatos para o QG da Companhia B, nas margens do rio Ill, um afluente ocidental do Reno. Eles entraram em formação. A neve caiu, sujando seus uniformes novos. A artilharia podia ser ouvida à distância, um estrondo sinistro. Os substitutos nunca haviam escutado os barulhos da guerra antes. "Estávamos imaginando o que raios aconteceria conosco", um homem lembrou. "Recrutas dos EUA com... treinamento insuficiente."

Murphy conseguia ver o medo em seus rostos.

"Vejam bem, vocês ingressarão em uma das melhores unidades do Exército dos Estados Unidos. Vocês descobrirão que esses caras serão alguns dos amigos mais próximos que terão."

Os substitutos escutaram com atenção.

"Também haverá momentos em que morrerão de medo. Sempre fico com medo quando estamos no front. Não tenham vergonha disso. Às vezes, vocês vão querer chorar. Não há nada de errado com isso."[9]

Um soldado recordou como os recrutas de Murphy treinaram durante alguns dias, "todos admirados" com o líder do pelotão, um "artefato ambulante entre eles". Todo veterano tinha uma história fantástica sobre Murph. Seu auge era quando "atirava para matar". Ele sempre "parecia estar à procura de uma briga". Raramente pegava no pé dos mais fracos ou montava em seus homens, como alguns oficiais faziam.

Nunca se gabava nem falava besteira. "Não havia dúvidas", um homem da Companhia B lembrou. "Você podia contar com ele."[10]

A velha cidade de Colmar, famosa pelos comerciantes de vinho branco e pelos canais, ainda tinha que ser arrancada das mãos nazistas. E, para chegar até Colmar, a 3ª Divisão precisaria cruzar o Rio Ill. O 1º Batalhão do tenente-coronel Ware deveria partir no dia 22 de janeiro. Alguns homens pintavam tanques e caminhões de branco, outros amarravam lençóis, costuravam fronhas pegas de casas locais e vestiam as "fantasias de fantasmas" mal-ajustadas que forneceriam um pouco de camuflagem na neve. As cartas para casa eram breves, escritas com dedos congelados enquanto os homens murmuravam as últimas preces, e o mau hálito dos corpos quentes criava vapor no frio.

Fazia um frio terrível quando Ware, Murphy e Daly acordaram no Dia D, 22 de janeiro de 1945. Ventos raivosos sopravam dos Vosges, congelando os rostos expostos dos soldados. Vários metros de neve cobriam a paisagem. O mercúrio nos termômetros mostrou -10°C. Menos de uma dúzia de homens em cada uma das companhias de Ware estavam com seu batalhão desde a malfadada invasão de Anzio, havia exato um ano.

Daly liderou seu pelotão da Companhia A até seu ponto de partida perto do rio Ill. Naquela noite, atravessou uma passarela e seguiu para o sul, encarregado de proteger a retaguarda da 3ª Divisão junto com o resto do 15º Regimento. Tudo estava correndo bem a princípio. Na tarde seguinte, homens do 30º Regimento de Infantaria estavam patrulhando os arredores dos vilarejos de Riedwihr e Holtzwihr, 3,2km a leste do Ill. Entretanto, faltava apoio blindado. Quando um Sherman pintado às pressas com tinta branca para camuflá-lo atravessou o Ill, perto de um vilarejo chamado Maison-Rouge, uma ponte de madeira desabou. "Com um súbito ranger e o silenciamento inesperado do ruído do motor", um oficial lembrou, o tanque caiu "como um elevador... Através das tábuas e das vigas irregulares, era possível vê-lo na correnteza."[11]

Nenhuma outra ponte aguentava tanques. Até que os engenheiros construíssem uma nova ponte flutuante, o 30º Regimento de Infantaria estaria bastante vulnerável, "exposto em ambos os flancos, já que se projetavam como dois dedos no território alemão", foi relatado.[12] Tragicamente, o inimigo contra-atacou no momento perfeito. Uma dúzia de Panzers invadiu as posições dos soldados encalhados. Caos e pânico reinaram. Os norte-americanos fugiram. Trezentos e cinquenta homens de um batalhão do 30º Regimento de Infantaria foram feitos prisioneiros, uma derrota surpreendente. A maioria das companhias perdeu um terço dos soldados, e duas foram destruídas. A imagem daqueles que conseguiram atravessar o Ill foi patética, segundo um sobrevivente. Um "grupo desorganizado... As jaquetas de combate encharcadas, e o tecido fino das capas brancas de camuflagem estava congelando em formatos esquisitos".[13]

Homens apavorados com dentes batendo, olhos vidrados, calças sujas, precisaram ser arrancados de trincheiras e de áreas arborizadas. Eles tinham o "olhar ferido, vazio e sem vida causados pelo trauma do combate", um soldado observou, e resmungavam sobre Panzers indestrutíveis estarem para todos os lados, explodindo homens em pedacinhos enquanto rangiam, avançando implacavelmente, deixando rastros de fumaça preta.[14] Muitos não tinham mais condições de lutar, precisando urgentemente de "condicionamento mental". Ainda assim, receberam mais armas, comida quente e ordens para estarem prontos para se vingar — para "acabar com os chucrutes de vez" — na manhã seguinte.[15]

No dia 24 de janeiro, o tenente Michael Daly avançou 550 metros floresta adentro, mas, como seu pelotão estava com pouca munição, ele pediu uma pausa. Os barulhos sinistros de Panzers se aproximando, seus trilhos rangendo, foram ouvidos, seguidos pelo estrondo de canhões 88mm. Projéteis explodiram nas copas das árvores, jogando lascas letais pelo ar. Daly ordenou que seus homens recuassem e, embora alguns estivessem feridos, todos chegaram às margens leste do Ill vivos e o atravessaram, tremendo de frio, o gelo formando crostas nos uniformes molhados.

Naquela noite, poucos homens dormiram enquanto se amontoavam em trincheiras cavadas às pressas. "Você ficava acordado, se conseguisse", um soldado lembrou, "e prestava atenção em qualquer movimento, um passo, um som raspando, o farfalhar das folhas".[16] Tanques atiravam uns contra os outros, e a luta continuou pelos vilarejos próximos. Só na Companhia A, oito soldados haviam sido mortos nas últimas 24h. Tiveram tantos feridos, que os homens de Daly e a Companhia C foram unificados naquela noite. Ainda assim, eram apenas setenta homens. A força total das duas companhias deveria ser de mais de quatrocentos soldados.

Cedo na manhã seguinte, os engenheiros, sob fogo inimigo, concluíram uma ponte ao norte do edifício de madeira desmoronado em Maison-Rouge. Shermans e caça-tanques a cruzaram, e o 15º Regimento atacou de novo. Naquela noite, Michael Daly se aproximou de uma posição alemã e matou um atirador com sua carabina. Então, foi na frente de seus homens, caçando o inimigo pelas profundezas de alguns bosques. Seus homens o acompanharam e fizeram várias dezenas de prisioneiros. Sua "liderança inspiradora e agressiva" garantiu sua segunda Estrela de Prata.[17] Tinha provado que conseguia "lutar impiedosamente sem perder a cabeça".[18] O novo tenente magricela tinha o que era necessário.

O batalhão do tenente-coronel Keith Ware atacou no dia seguinte, 26 de janeiro, na direção do vilarejo de Holtzwihr. Na mesma manhã, Murphy foi promovido a comandante da Companhia B.[19] "Começamos com seis oficiais [quatro dias antes]", ele recordou. "Fui o único que restou."[20]

Murphy liderou os trinta homens remanescentes na Companhia B em direção a Holtzwihr. Parou perto de uma área arborizada a poucos quilômetros do vilarejo. Seus homens se posicionaram enquanto esperavam que mais munição fosse trazida até eles.[21] Foi então que Murphy ouviu o ronco dos motores e os trilhos de seis tanques Tiger alemães, engrenagens rangendo. Eles destruíram as posições avançadas da Companhia B rapidamente. Outras companhias do 1º Batalhão do tenente-coronel Keith Ware foram atingidas com força.[22]

Por volta das 14h, Murphy ordenou que a Companhia B recuasse 450 metros. Ele ficou para trás, em um posto de comando com um observador de artilharia e um rádio. Avistou cerca de duzentos alemães vestindo camuflagem branca quando começaram a atravessar um terreno, vindo em sua direção. À medida que o inimigo se aproximava, o observador tentou entrar em contato com o quartel-general do batalhão e parecia apavorado. Murphy não confiava nele, não queria que o rádio caísse em mãos alemãs.

Murphy o mandou embora. Ele mesmo pediria o apoio de artilharia. Projéteis alemães explodiram nas proximidades, cortando o solo congelado, jogando fragmentos de rochas e estilhaços para todos os lados. Um projétil atingiu um caça-tanques, e ele explodiu em chamas. Vários homens escaparam de dentro e fugiram para a retaguarda.[23]

Murphy saiu do esconderijo, correu para o caça-tanques e escalou. O cadáver de um oficial norte-americano jazia perto da metralhadora montada. Ele puxou o morto da torre e o deitou na neve. Depois, voltou a subir. Uma nuvem de fumaça preta o escondia do inimigo. Abriu fogo com o calibre .50, disparando contra os alemães que se aproximavam.

Os ruídos da batalha abafaram o da metralhadora. Nenhum dos soldados que avançava parecia tê-lo visto. De qualquer jeito, quem em sã consciência pularia em um veículo em chamas, uma bomba-relógio fumegante cheia de munição? "Eu estava bem escondido pela torre", Murphy lembrou. "As chamas a esquentaram, mas foi bom depois de passar frio por tanto tempo. Eu tinha um bom suprimento de munição, então continuei atirando. Estava com medo, mas ocupado demais para me preocupar."

Um oficial jovem assistiu, admirado, enquanto Murphy estava "completamente exposto contra as árvores nuas e com um incêndio sob seus pés que ameaçava explodir o destróier caso o fogo alcançasse a gasolina e a munição... Suas roupas estavam rasgadas e furadas por fragmentos de projéteis e pedaços de rocha. As balas ricochetearam no caça-tanques enquanto o inimigo concentrava toda a fúria nessa fortificação de um homem só". Ele matou ou feriu dezenas. Alguns morreram a poucos metros de sua posição.

O ataque alemão deu uma pausa. Murphy recuperou o fôlego e examinou um mapa. Estava no tanque havia mais de trinta minutos. Porém, mais alemães avançaram ao vê-lo. Entre as rajadas de balas, Murphy gritou no rádio, relatando sua posição e direcionando o fogo de artilharia.

Mais tarde, Murphy recordou que um projétil alemão atingiu o caça-tanques, e, de alguma forma, ele manteve o equilíbrio, atordoado, mas capaz de continuar atirando.

"Você ainda está vivo?", um sargento perguntou pelo rádio no quartel-general.

Murphy olhou para baixo.

O fogo estava cada vez mais alto no caça-tanques em chamas.

O sargento ainda fazia perguntas pelo rádio.

Onde estavam os tanques?

Murphy estava na escuta?

Os tanques estavam mais próximos?

Murphy voltou a si.

"Fica na linha", Murphy disse, "e eu vou te deixar falar com um desses bastardos".

Avistou uma dúzia de alemães em uma trincheira e apontou a arma para eles. Ele conseguia ver tudo com clareza. Não havia neblina, confusão, nem borrão em meio à violência — tudo estava nítido. Era como se a metralhadora fizesse parte dele, causando a morte para onde quer que ele a apontasse.

Sentia uma dor lancinante na coxa. O sangue escorria pelo uniforme.

Murphy não tirou o dedo no gatilho até ficar sem munição:

"Eu fiquei na torre do tanque por uma hora", ele lembrou. "Aí escorreguei pelo lado e me sentei na neve."

Como é possível que eu não esteja morto?[24]

Murphy mancou até encontrar seus homens e, em seguida, levou vários deles de volta ao caça-tanques para derrotarem o que restava das forças inimigas juntos. Por fim, Murphy mancou até um posto médico para cuidar da perna.

Bom, mais um ramo de carvalho para o Coração Púrpura.

Murphy retornou para o campo de batalha e encontrou um grupo de sobreviventes da Companhia B agachados em volta de um fogão improvisado, comendo restos de comida, aquecendo café. Ao longe, o caça-tanques ainda fumegava. Soldados mortos, norte-americanos e alemães, estavam espalhados pelos bosques próximos. Um soldado disse que os malditos alemães espetaram prisioneiros com baionetas. Os homens que haviam fugido antes voltaram.[25] Mais tarde, Typhoons rugiram na direção de Holtzwihr. Pelo menos uma vez os deuses do tempo conspiraram a favor dos homens do Marne. Nuvens cobriram o céu o dia todo, mas ele clareou minutos antes de outro ataque alemão começar. Os Typhoons entraram em ação, seus foguetes rasgando o ar, fazendo os alemães recuarem. Então, as nuvens se fecharam de novo.

Ware, Daly e centenas de outros poderiam ter sido mortos, feridos ou capturados, se não fosse pela "maluquice de Audie Murphy", como um historiador da divisão chamaria.[26] No futuro, Ware recomendaria Murphy para a Medalha de Honra. Nenhum homem que ele já comandou merecia mais. Em alguns casos raros, como foi o de Murphy, as ações de um único soldado podem mudar o curso de uma batalha inteira. "O heroísmo de um homem, o segundo-tenente AUDIE L. MURPHY", Ware enfatizou, "foi a principal causa" da salvação de seu batalhão.[27]

A luz desapareceu conforme norte-americanos cavaram trincheiras ao longo da margem de um canal. Alguns dos homens de Murphy estavam com tanta sede que arriscaram o pescoço para buscar água. Cadáveres rígidos de soldados estavam amontoados no canal. Os homens tiveram que afastar os mortos gentilmente para que pudessem encher seus cantis.[28]

PARTE TRÊS

Alemanha

CAPÍTULO 13

"Murphy Quase Alcança Britt"

DE VOLTA AOS EUA naquele mesmo inverno, o capitão Maurice "Pé Grande" Britt estava cursando direito na Universidade do Arkansas. Havia recebido dispensa médica, ganhando o "status permanente de veterano", e recebido a Cruz de Serviço Distinto, graças aos testemunhos de homens da Companhia L que queriam vê-lo reconhecido por suas ações em Anzio quando perdeu o braço.[1] Ele próprio "não conseguia se lembrar" de nada que acontecera. Sua mente estivera entorpecida, muito focada em permanecer vivo, matando o inimigo antes que ele e seus homens fossem massacrados.[2]

"Quem atirasse mais rápido tinha a vantagem", Britt disse.[3]

Em uma cerimônia especial nos degraus da Biblioteca Pública de Nova York, na Quinta Avenida, durante o terceiro aniversário do ataque a Pearl Harbor, diante de uma multidão de 10 mil pessoas, o major-general Fred Walker prendeu a Cruz de Serviço Distinto no uniforme de Britt, ao lado da Estrela de Prata e da Medalha de Honra.[4] Assim, ele se tornou o primeiro norte-americano na história a ganhar todas as medalhas de bravura em uma única guerra, tornando-o "o herói mais condecorado da Segunda Guerra Mundial, de acordo com *The Arkansas Traveler*".

Britt só conseguia pegar o jornal com uma mão para ler as notícias sobre si, ainda sentia bastante dor. O jornal de seu estado natal concluiu: "Homens da 3ª Divisão, que viram doze companheiros ganharem a Medalha de Honra — mais do que qualquer outra unidade de combate no Exército dos EUA —, acham que os registros corroboram com a afirmação de que o capitão Britt é o herói nº1 desta guerra ou de qualquer outra."[5]

Nancy, a esposa de Britt, com covinhas e 21 anos, a "rainha do baile dos calouros" que conheceu Pé Grande em um baile da fraternidade, foi descrita em outra história como "atordoada por tudo isso — porque, além de se casar com uma estrela do futebol, ela conseguiu um herói — o herói militar nº1 da Segunda Guerra, para ser exato. Ela disse ter ficado surpresa com o histórico de guerra do marido. Ele nunca tinha contado o que realmente aconteceu na Itália".

"Eu não tinha a menor ideia", ela acrescentou. "Tudo o que recebi foi uma aula de geografia sobre como o interior da Itália era bonito. Ele me contou que recebeu o Coração Púrpura e mencionou, casualmente, que estava enviando "algo a mais" junto, que esperava que eu gostasse. Esse algo era a Estrela de Prata."[6]

Então, veio o pensamento comum entre os agraciados, a resposta-padrão de muitos sobreviventes condecorados, da maioria dos que receberam a Medalha de Honra ao longo dos anos: outros tinham feito muito mais. O heroísmo deles não havia sido testemunhado. Ele havia sido incrivelmente sortudo.

"Perdemos alguns bons homens que mereciam a Medalha de Honra mais do que eu", Britt salientou. "O exército faz o possível para conceder medalhas de maneira justa, mas é óbvio que, na confusão da batalha, é impossível pesar os méritos dos soldados individualmente. Como se deve medir a bravura?"

Britt reconheceu que seus anos no campo de futebol americano ajudaram e foi cuidadoso ao dar crédito aos oficiais subalternos e não comissionados que serviram sob seu comando: "No meu caso, eu sempre quis estar no front, talvez porque meu treinamento de futebol tenha me acostumado aos contatos corporais violentos."[7]

Britt vinha cumprindo obedientemente seu papel de herói de guerra regressante desde que voltara aos Estados Unidos na primavera anterior. Deu palestras para jovens oficiais, visitou bases, promoveu os títulos de guerra, tudo enquanto tentava se recuperar das terríveis feridas. Porém, naquele inverno em Nova York, houve um indício de que a fama e a bajulação pudessem ser um fardo embaraçoso, cada vez mais cansativo. Ele estava começando a se irritar, com certeza, de ser chamado de "exército de um homem só".[8]

"Não existe time de um homem só", ele corrigiu um jornalista. "Você aprende isso no futebol. Aceitei a Medalha de Honra em nome da minha companhia."[9]

O jornalista observou Britt bater as cinzas do cigarro.

"Não tenho conseguido aproveitar muito por aqui", acrescentou, "pensando nos garotos que ainda estão lá".[10]

Era seu dever interpretar o super-herói alegre. Vender títulos de guerra era importante. Lembrar os norte-americanos cansados do sacrifício de tantos soldados de infantaria era vital. Entretanto, Britt, que se formou em jornalismo antes de ser convocado, sabia que ele era uma boa história e como estava sendo usado. Não era tolo, obteve uma das maiores médias já registradas por um calouro na Universidade do Arkansas.

Os oficiais de relações públicas do exército e a imprensa estavam ansiosos para estampar o nome dele nas primeiras páginas. Ele tinha uma boa voz e soava ótimo no rádio. Como observado por um repórter em um memorando para um editor, Britt "meio que parece, age e está sendo construído como o sargento York da Grande Guerra".[11] York recebeu a Medalha de Honra e se tornou o herói norte-americano mais famoso da Primeira Guerra Mundial da noite para o dia, depois de um perfil no *Saturday Evening Post* no qual ele detalhava como havia matado 25 soldados e feito 132 prisioneiros, suas ações guiadas por Deus nos últimos dias de uma campanha sagrada para derrotar os boches.

As ações de Britt no Monte Rotondo em novembro de 1943 foram tão fantásticas quanto as de York durante a Ofensiva de Meuse–Argonne em 1918. York recebeu a Medalha de Honra, mas nenhum outro prêmio por bravura, tampouco tinha o carisma, a inteligência e a aparência de Britt. Britt tinha tudo, incluindo um histórico notável como atleta profissional. Dos muitos candidatos para se tornarem o equivalente a York na Segunda Guerra Mundial, ele, sem dúvidas, foi o destaque.

Outros que tiveram grandes estreias e conquistaram a glória fracassaram ou se queimaram, incluindo o sargento Charles "Commando" Kelly, o primeiro alistado a receber a Medalha de Honra no Teatro Europeu, que começou a viver de porre e "se estragou", como um repórter lamentou.[12] Kelly havia sido apelidado de "exército de um homem só", assim como Britt, mas ele e alguns outros não eram mais tão confiáveis ou úteis para o esforço de guerra quanto Britt, que ganhou todos os prêmios por bravura como oficial e era fotogênico, especialmente quando aparecia em público com sua adorável e jovem esposa.[13] Certamente, não haveria um soldado mais bonito e admiravelmente corajoso do que Pé Grande Britt na Segunda Guerra Mundial.

Britt teria que ser o Alvin York desta guerra, gostando ou não. Ele estava preso na narrativa do herói, incapaz de criar uma nova vida para si enquanto a guerra continuasse e nenhum outro norte-americano batesse seu recorde de medalhas. Como poderia ousar reclamar? Afinal de contas, estava vivo, era uma estrela. No entanto, nunca pediu para ser um herói ou receber essas medalhas. Ele simplesmente cumpriu seu dever, integrou uma ótima equipe e liderou a ofensiva para um bando de novatos, defendendo seus homens.

Naquele inverno, Britt lidou com outras feridas, menos visíveis do que o membro perdido. A morte do pai e a consequente pobreza da família haviam marcado sua juventude. Em uma comovente carta no Dia das Mães de 1940, antes de a guerra estourar, ele prometera à sua mãe que, mesmo sem um tostão, um dia aliviaria seu fardo para que ela pudesse fazer "outras coisas além de sempre se matar para ganhar [suas] moedinhas". Agora, com o salário de capitão, ele finalmente poderia compensar os "anos de infelicidade" que ela enfrentara desde a morte do pai.[14]

Por enquanto, Britt continuaria a jogar o jogo de garoto-propaganda, mas pelo menos estabeleceria algumas das regras. Afinal, ele havia "TROCADO SEU BRAÇO DIREITO POR DEZ MEDALHAS", como uma manchete bradava.[15]

Um repórter em Nova York notou, sagazmente, que Britt se recusava a "discutir o próprio heroísmo ou a deficiência".

"Um projétil de tanque me atingiu, só isso", contou.

Ele usaria os holofotes de "HERÓI Nº1 DO EXÉRCITO" para destacar outros — "americanos comuns, civis transformados em soldados".[16] Grande parte dos homens que receberam a Medalha de Honra na Segunda Guerra pertencia à infantaria, mas o público norte-americano estava obcecado pelos fuzileiros navais e pelos rapazes encantadores da força aérea com seus belos uniformes azuis.

"Os garotos que fazem o trabalho pesado são os da infantaria", Britt destacou.

Um oficial de relações públicas que o acompanhava em Nova York perguntou à qual ramo militar ele se juntaria se tivesse a chance de servir novamente.

"Relações públicas", respondeu.[17]

Outro oficial da divisão de Britt — outro guerreiro que sempre quis estar no front — estava, no dia 28 de janeiro, em frente ao general da 3ª Divisão John "Mike de Ferro" O'Daniel em um campo na França. O tenente Michael Daly não sabia que O'Daniel estava fazendo o possível para esconder um coração partido, como o general Patch, pois perdera o único filho no outono passado.

Daly conseguia ver a cicatriz de um ferimento de baioneta no rosto abatido de O'Daniel — "traços que poderiam ter sido esculpidos com um machado", como um general francês descreveu seu rosto mal-acabado.[18] O'Daniel, 1,67 de altura, havia lutado no norte da África e estava com a divisão desde novembro de 1943.

O'Daniel prendeu um ramo de carvalho no uniforme de Daly.

Era sua segunda Estrela de Prata.

Daly estava "pronto para voltar lá" e "acabar logo com isso"?

Daly não respondeu um "sim, senhor!".

Sua resposta quase não pôde ser ouvida.

"Acho que sim."[19]

Daly voltou para as linhas de frente. Um dia, inesperadamente, o tenente-coronel Keith Ware apareceu no posto de comando da Companhia A. Ware o liderou e o resto da Companhia A pela nevasca, infelizmente na direção errada. Ao perceber seu erro, Ware deu meia-volta, e Daly e os outros estavam cansados, refazendo os passos e se entrincheirando antes de passar outra noite em condições brutalmente frias no Colmar Pocket, agora referido por alguns homens do Marne como a "Crosta Congelada".[20]

Em noites assim, Daly tirava forças das preces e das lembranças. Seu pai lhe contara muitas histórias reais sobre coragem e resistência. Uma das favoritas era a de uma noite em que Paul Daly estava em patrulha na Terra de Ninguém, tentando passar pelo arame farpado. Não havia lua, nada além da escuridão total. Paul Daly tinha se perdido. Não conseguiu encontrar um buraco no arame. Então, começou a clarear. Os alemães logo o localizariam e um *sniper* o mataria. Rezou para Nossa Senhora, e ela o atendeu. De repente, bem acima, havia uma estrela brilhante. Ele rastejou em sua direção e encontrou um buraco no arame.

Muitas outras lembranças eram saboreadas por Michael Daly enquanto esperava pela luz pálida de mais um amanhecer. Pai e filho muitas vezes brincaram de guerra em um grande jardim com gramado suntuoso. "Todo 18 de junho era Waterloo", Daly lembrou. "Cavávamos trincheiras no solo, posicionávamos nossos soldados e nossa artilharia, e meu pai gritava: 'cavalaria francesa à direita!'."[21] Houve aquela noite antes da guerra, quando seu pai ouviu um intruso na casa. Pegou uma espada com cabo de marfim e golpeou o invasor na perna, arrancando sangue. Depois, ele fez curativos no ferimento e até alimentou o desconhecido.

As histórias inspiravam. Mas, provavelmente, foram as orações devotas que ajudaram mais do que tudo a salvar Daly de um colapso. Porém, nem mesmo um monte de Ave-Marias poderia aliviar a dor quando ele viu jovens morrerem na sua frente, adolescentes cujas vidas eram sua responsabilidade, cujos pais iriam querer entender os motivos de não voltarem para casa.

Uma noite, um jovem substituto, um soldado, foi atingido por um morteiro. Ele acabou com um terrível ferimento nas costas, mas era impossível levá-lo até um posto médico antes do amanhecer. A morte do soldado afetou Daly mais do que qualquer outra durante a guerra. O garoto tinha morrido, e não havia nada, porcaria nenhuma, que ele pudesse fazer.

A batalha pelo Colmar Pocket se intensificou. No dia 5 de fevereiro, o 15º Regimento de Infantaria recebeu ordens para tomar pontes ao longo do Reno, perto de Neuf-Brisach, uma cidade fortificada construída no início de 1700 para defender a fronteira entre a França e o Sacro Império Romano.[22] Quando as pontes estivessem em mãos norte-americanas, os alemães batendo em retirada às pressas do que restava do Colmar Pocket seriam encurralados.

O frio deu uma breve trégua. A neve e o gelo derreteram. Depois de rastejarem por um campo, Daly conduziu seus homens por uma estrada lamacenta e avistou uma casa de pedra cercada por arame farpado e ocupada por pelo menos 24 soldados alemães. Metralhadoras estalaram. Ele e seus homens caíram no chão, balas uivando acima de suas cabeças. Mandou seus homens recuarem ao longo de uma vala, fora da linha de fogo. Ele seria um chamariz, atraindo as balas em sua direção. Daly parou no meio da estrada, sacou sua pistola e disparou. Por trinta minutos, foi um alvo. Balas zuniram ao redor dele, açoitando a estrada aos seus pés enquanto seus homens corriam para a segurança.

Os alemães ainda tinham a casa, então Daly e cerca de sessenta homens da Companhia A foram enviados para tomá-la, desta vez, felizmente acompanhados por um tanque Sherman, que abriu um buraco em uma parede. O comandante da Companhia A foi atingido por uma granada enquanto tentava adentrar, deixando Daly para liderar o grupo no ataque final. Ao lutar com um alemão do lado de fora da casa, sacou sua Colt .45 primeiro e matou o inimigo à queima-roupa com a pistola. Por suas ações em 5 de fevereiro, receberia uma terceira Estrela de Prata. Se continuasse a ganhá-las nessa velocidade, poderia até alcançar seu companheiro do Marne, o capitão Maurice Britt. Uma coisa era certa — ele era tão capaz em combate quanto o pai. "Lá estava aquele cara desengonçado", lembrou o major Burton Barr, comandante-assistente do batalhão, "sempre visível, sem esconder sua altura, um alvo fácil, como se acreditasse que, onde quer que estivesse, ficaria protegido. Nunca falava sobre si mesmo, mas os homens queriam segui-lo."[23]

No dia seguinte, os norte-americanos tomaram a cidade fortificada de Neuf-Brisach e Colmar Pocket foi enfim desativado. Após 17 dias de combate, a 3ª Divisão obteve "uma das vitórias mais esmagadoras da guerra", como foi relatado, mas ao custo de mais de 4.500 baixas. O 19° Exército alemão, em contraste, foi praticamente destruído. Havia lutado bravamente desde 15 de agosto, mas não existia mais. Apenas uma fração escapou pelo leste do Reno para a Pátria.[24]

A Rocha do Marne teve um merecido descanso antes de voltar ao combate. O sol reapareceu, e os soldados se aqueceram com os raios fracos enquanto esperavam que os chuveiros aparecessem — veículos com aquecedores de água. Ao ar livre, eles se despiram pela primeira vez em semanas. Suas costelas apareciam. Embaixo do queixo de cada homem havia uma mancha escura, marcando onde deixaram o colarinho aberto. Seus dentes estavam soltos por conta da desnutrição, e suas gengivas sangravam. Veteranos como Murphy e Daly tinham várias cicatrizes, cortes vermelhos nos corpos fantasmagoricamente pálidos. Quando tiravam a barba, os soldados não conseguiam se reconhecer.

Não havia ninguém tentando matá-los. Poderiam desfrutar de uma quinzena de refeições quentes, hambúrgueres de verdade, gelatina de sobremesa e, com sorte, muita bebida e sexo — "Vuco-vuco" — na cidade mais próxima, Nancy, famosa por *"beaucoup femmes"*. Os boatos eram de que um soldado conseguia transar por quase nada: um cigarro Lucky Strike ou uma barra Hershey's. Era tudo o que precisava com as "garotas vagabundas".[25] A Rocha do Marne passou 188 dias "em contato ininterrupto com o inimigo", segundo o registro oficial, e estavam mais do que prontos para relaxar. Sabiam muito bem que a Alemanha ainda estava à frente, do outro lado do turbulento Reno. Muitos estavam convencidos de que seriam mortos antes que Hitler fosse derrotado. Não fazia sentido pensar diferente.

Não havia sinais de enfraquecimento no desejo dos alemães de defender sua pátria, apesar dos bombardeios e das duras derrotas em todos os fronts.[26] O comandante supremo Aliado Dwight Eisenhower achou necessário lembrar a seus soldados, em uma mensagem especialmente impressa, de que eles não estavam prestes a entrar na Alemanha como libertadores, mas como vitoriosos. Era hora de ser impiedoso, de mostrar aos chucrutes quem era o mestre. "Não continuem sorrindo. Nunca ofereçam um cigarro... nem os ofereçam a mão. Os alemães irão respeitá-lo desde que o vejam como um sucessor de Hitler, que nunca ofereceu a eles a *sua* mão."[27] Os alemães não eram confiáveis. Eles viam o "fair play" como "covardia". "A única maneira de se darem bem com eles é fazê-los respeitá-los, fazê-los sentir a mão do mestre."[28]

NAS FRONTEIRAS OCIDENTAIS do Terceiro Reich, a neve finalmente começou a derreter. No dia 5 de março de 1945, foi a vez do tenente Audie Murphy olhar diretamente para o rosto cheio de cicatrizes do general O'Daniel — tinham quase a mesma altura. O'Daniel presenteou Murphy com duas medalhas: a Estrela de Prata pelas ações na Pedreira Cleurie e a Cruz de Serviço Distinto pelo heroísmo em Ramatuelle no mês de agosto, quando ele perdeu seu melhor amigo, Lattie Tipton.

Murphy encontrou tempo naquele mesmo dia para escrever para uma irmã, contando que enviaria um troféu de volta aos Estados Unidos, um rifle que ele tirou de um *sniper* que matou. Estava se divertindo em Nancy, onde a moda demorava a mudar — as mulheres europeias estavam "usando os mesmos sutiãs" que ele abriu com dedos ágeis em 1943 e 1944. Ele contou à irmã sobre suas medalhas. Cada uma valia cinco pontos. Se ele conseguisse ganhar a "Medalha de Honra", seria enviado de volta ao Texas.

"Cara, se eu conseguir, logo estarei voltando para casa."

A única coisa que qualquer uma das medalhas significou para ele foi "cinco pontos mais perto de casa".[29]

Mas onde era essa tal casa? Com a irmã dele? Onde ele se estabeleceria? Será que conseguiria? Pela primeira vez em muito tempo, se atreveu a imaginar uma vida depois de lutar, e isso o fez se sentir apreensivo, vazio por dentro. "As medalhas... Cada uma somava cinco pontos para um total que o levaria para casa", ele diria mais tarde. "Eu tinha cem pontos a mais do que o necessário, mas nenhuma casa para onde ir."[30]

Para invadir a Alemanha, o 15º Regimento de Infantaria teria que cruzar o que os alemães chamavam de *Westwall* — conhecido pelos norte-americanos como Linha Siegfried. "O ataque será executado com vigor implacável", o comandante da 3ª Divisão, O'Daniel, ordenou. "Os espíritos ofensivos de todos os homens serão elevados ao máximo antes do início. As baionetas serão afiadas."[31] Depois de afiar sua lâmina, Audie Murphy lideraria a Companhia B, partindo de uma pequena cidade na França chamada Bining, ao sul da cidade alemã de Saarbrücken. A Companhia A de Michael Daly seria a verdadeira ponta de lança do avanço do 1º Batalhão.

A noite virou dia quando incontáveis luzes de holofotes norte-americanos refletiram nas nuvens acima, lançando um brilho sinistro sobre Daly e seus homens enquanto verificavam armas, pegavam bombas de fósforo branco e testavam rádios. À 1h da manhã do dia 15 de março, ele e a Companhia A partiram. Um pelotão avançado da Companhia A adentrou Hornbach, o primeiro vilarejo na Alemanha a ser tomado pelo 15º Regimento de Infantaria. Em seguida, Daly e seus homens se aproximaram da vangloriada Linha Siegfried, destacada pelos holofotes — o "conjunto de fortificações mais cuidadosamente planejado e enfeitado do mundo".[32]

Havia cinco fileiras de armadilhas de tanques. Mais além, colinas sem cobertura (os alemães haviam arrancado todas as árvores) se estendiam até outra linha de defesa: dezenas de casamatas. A Linha Siegfried era realmente assustadora, 640km de comprimento e mais de 16km de profundidade, repleta de milhares de fortificações, além de quilômetros e quilômetros de obstáculos de concreto, os famosos dentes de dragão.

Quem enfrentaria Daly e seu batalhão eram excelentes tropas alemãs, homens da 17ª Divisão Panzergrenadier da SS — cerca de quinhentos homens fortes e muito motivados. Isso era duplamente preocupante, já que até mesmo o soldado menos capaz, se estivesse atirando de uma casamata com paredes grossas, poderia derrubar um pelotão em segundos.[33]

A Companhia A de Daly avançou em direção às primeiras defesas da Linha Siegfried às 5h45 do dia 18 de março, usando a escuridão como cobertura. Receberam bastante reforço — nove batalhões de artilharia. Com sorte, o suficiente para atordoar os defensores alemães e destruir fortificações. Perto de uma aldeia chamada Heidelbingerhof, um respeitado sargento que lutava desde julho de 1943 com a Companhia A foi morto. O sargento deveria retornar aos EUA no dia seguinte. Alguns homens haviam pedido ao comandante da Companhia A para deixar o sargento ficar para trás. Agora ele jazia morto. Era enfurecedor.

O sargento foi esquecido depressa quando a Companhia A se viu imobilizada por fogo de metralhadora nos dentes de dragão. Mais cedo, o comandante da companhia de Daly e outro oficial se acovardaram e correram de volta pelo caminho de onde vieram. Daly assumiu e liderou um ataque a uma casamata. Porém, os alemães lutaram ferozmente, e, naquela tarde, Daly teve que ordenar que seus homens recuassem.

O fogo de artilharia caía ao redor com crescente fúria e precisão. Um observador alemão estava claramente direcionando o fogo, mirando na Companhia A. O soldado de 1ª classe Gordon D. Olson, um dos melhores da unidade, percebeu que a companhia poderia ser abatida e ofereceu fogo de cobertura com seu fuzil, chamando a atenção do inimigo, ganhando tempo para outros.

Um morteiro explodiu a 10 metros de distância, derrubando Olson.

Ele se levantou e mirou nas fendas das casamatas mais próximas, esvaziando vários pentes. Uma bala arrancou sua orelha. Sangue escorria pelo pescoço. Enfurecidos pela provocação de Olson, três fuzileiros alemães saíram de uma trincheira, montaram uma metralhadora e atiraram nele. Uma bala atingiu sua perna, mas ele se manteve de pé e matou os três com seu fuzil. Sua munição estava acabando, e cronometrou seus tiros para economizar balas. Por fim, desabou e morreu por perda de sangue. Enquanto isso, outros homens conseguiram encontrar cobertura. Olson havia se sacrificado para salvá-los. O último homem a recuar e se juntar ao grupo foi o tenente Michael Daly.[34]

Naquela mesma manhã, a Companhia B de Audie Murphy também teve sérios problemas e, assim como a A, foi encurralada. Murphy não estava com seus homens na linha de frente, uma vez que havia sido notificado no dia 10 de março de que estava sendo considerado para a Medalha de Honra. Uma notícia naquele dia havia anunciado de fato que Audie Murphy, a estrela indiscutível da 3ª Divisão, estava "SUANDO PELA APROVAÇÃO DE UMA MEDALHA DE HONRA" e fora dispensado do comando da Companhia B.[35]

Uma semana antes, em 11 de março, Murphy fora convocado para o quartel-general do batalhão do tenente-coronel Ware, designado a oficial de ligação. Foi lá que soube que a Companhia B estava presa e corria o risco de ser destruída. Ele largou tudo o que estava fazendo, pulou em um jipe e acelerou para o front, onde acabou encontrando um pelotão da Companhia B em estado de choque, congelados de medo, em uma trincheira que levava a um *bunker*.

Murphy os recompôs depressa e os preparou para seguir em frente. Depois, ordenou que um soldado buscasse uma bazuca e chegasse perto o suficiente para explodir a entrada do *bunker*.

"Vamos lá destruir essa Linha Siegfried", ordenou.

Dentes de dragão os cercavam. Não podiam dirigir tanques entre os obstáculos de concreto. Era um trabalho para a infantaria.

"Atire na porta com a bazuca", Murphy instruiu.

Houve um estouro alto. Fumaça subiu da porta. O soldado foi jogado para trás pela explosão.

Murphy ajudou o homem a levantar.

"Atire de novo", gritou. "Eles ainda estão lá."

O soldado disparou de novo e, desta vez, viu um "pontinho brilhante" na grossa porta de metal.

O barulho de batidas na porta foi ouvido.

E ela começou a se abrir.

"Camarada!", um alemão exclamou. "Camarada!"

Os alemães queriam se render.

Acontece que a bazuca causou tanta fumaça, que os alemães pensaram que os norte-americanos estavam usando gás venenoso.

Um grupo de alemães assustados logo se reuniu fora do *bunker*.

"Murphy, o que você quer fazer com esses prisioneiros?"

"Diabos, mande-os para o lugar de que viemos. Empurre-os para lá."

Fora da vista de Murphy, um dos alemães pegou um rifle por perto e estourou os miolos, preferindo acabar com a própria vida a ser morto por um norte-americano.

Murphy desceu com seus homens para o *bunker*. Eles tinham sido vistos, e não demorou para projéteis caírem por perto com uma fúria implacável, causando ondas de choque. Alguém fechou a porta do *bunker*, e eles desceram lances de escada para sobreviver ao bombardeio. Um soldado sacou algumas velas. Eles esperaram. O sistema de exaustão elétrico havia quebrado e estavam quatro andares abaixo do solo. O ar estava rarefeito e fétido. Em um canto do local havia um "velho soprador de ferreiro", e eles se revezavam operando o aparelho manualmente. Ele trouxe ar fresco e expeliu o rançoso por uma abertura.

Um soldado olhou para baixo e viu água ao redor dos pés. Talvez os alemães estivessem tentando inundá-los ali. Murphy e seus homens foram para o andar de cima, afastando-se da água. Logo a lama suja encheu o andar inferior e continuou subindo na direção deles.

Ninguém queria se afogar em um túmulo subterrâneo.

Eles foram para o andar de cima.

"Gás, gás, gás!", um soldado gritou.

Um homem farejou o ar.

"Deve ter um saco de carboneto lá em cima", disse.

A água havia invadido um depósito e umedecido um suprimento de carboneto usado para lamparinas, por isso o ar cheirava a gás. Os homens encontraram o carboneto, levaram-no para a entrada do *bunker* e jogaram fora. Em seguida, o bombardeio parou. Havia um silêncio estranho. Murphy e o soldado deixaram o esconderijo e olharam ao redor. O soldado viu um "campo de batalha desolado, vazio. Nada. Ninguém".[36]

No dia seguinte, Michael Daly seguiu adiante com seus homens. Tanques apoiaram a Companhia A e enfraqueceram as defesas, forçando muitos alemães a baterem em retirada, mas não todos — algumas das imponentes casamatas de concreto ainda estavam ocupadas. Tinham que ser checadas individualmente. Enquanto os homens se aproximavam de cada uma, gritavam o mais alto que podiam, exigindo rendição. Se não houvesse resposta, arrombavam as portas com bazucas e arremessavam bombas de fósforo branco escada abaixo, expulsando os últimos defensores, pedaços de fósforo queimando os membros deles em poucos segundos.

Foi um trabalho exaustivo, mas, graças aos ataques aéreos e ao pesado fogo de artilharia, a 3ª Divisão fez progresso constante e, no dia 20 de março, passou pela lendária Linha Siegfried, o último baluarte defensivo da Alemanha nazista. No processo, o 15º Regimento de Infantaria perdeu 45 homens e teve quase 200 feridos.[37] Michael Daly, da Companhia A, havia conquistado uma Estrela de Bronze. "Realmente conseguimos um bom líder no tenente Daly", um sargento lembrou. "Acredito que por meio de sua liderança muitas vidas foram salvas. Provavelmente fui uma delas."[38]

Após cruzar a Linha Siegfried, a Rocha do Marne pôde descansar por quinze dias. Houve tempo para ler a correspondência de casa e acompanhar as notícias do progresso Aliado. Uma manchete na primeira página do jornal da divisão, *Front Line*, declarava:

"MURPHY QUASE ALCANÇA O RECORDE DE BRITT."[39]

A matéria detalhava como Audie Murphy, caso sua recomendação para a Medalha de Honra fosse aprovada, estaria na "mesma classe" do capitão Maurice Britt, igualando o recorde de medalhas do "Pé Grande Levou Todas".[40] Seria possível que Murphy pudesse até mesmo superar Britt? Ou outro homem surgiria na última hora para roubar a glória de ambos?

A contagem de medalhas importava tanto para os redatores dessas manchetes quanto para os altos escalões. As condecorações em combate aumentavam o moral. Essa era a opinião do general George C. Marshall, chefe do Estado-maior do Exército, que se aborreceu com as acusações de que o exército estava distribuindo muitas medalhas. "Ninguém que entenda o efeito da entrega desses pedaços de fita jamais acharia que demos prêmios demais", Marshall havia declarado no mês de julho anterior, quando 95 homens, em todos os ramos de serviço, haviam sido premiados com a Medalha de Honra. Quase metade desses ganhadores foi morta.[41] Após três anos de guerra ao redor do mundo, o mesmo número de homens recebera a Medalha de Honra quanto entre 1917 e 1918. Poucos guerreiros estavam sendo reconhecidos, não muitos.

Os soldados de infantaria, tão perto do caos, de longe os mais propensos a morrer, precisavam de toda a inspiração possível. "Todos nós sabemos para que servem as medalhas", um soldado observou. "Elas encorajam um homem a arriscar o pescoço de novo, e isso faz os outros quererem também, então as guerras são vencidas por homens que arriscam o pescoço."[42]

Dois homens do Marne que estavam mais do que dispostos a "arriscar o pescoço" se encontraram, por acaso, no fim de março em um campo de treinamento. A Rocha do Marne estava de volta ao treinamento intensivo, refinando suas táticas de combate corpo-a-corpo.[43] Murphy topou com Michael Daly. O grande avanço através do Reno viria a seguir, e os recrutas novatos claramente precisavam de toda a ajuda possível. Ele viu um major covarde repreender Daly por não seguir as regras. Daly protestou, e Murphy interveio, dizendo ao major que era melhor ouvir Daly. Ao contrário do major, Daly tinha visto ação mais do que suficiente para saber o que diabos estava fazendo.

Antes de voltarem ao combate, os dois receberam passes de três dias para Paris: uma última chance de relaxar antes da corrida mortal até a linha de chegada. Murphy gostava bem mais de Paris do que de Roma e comprou um perfume chique para sua irmã Corinne quando não estava tentando apostar no *craps* ou no pôquer. Assim como Murphy, Daly foi para a Place Pigalle, famosa por seus bares e seus bordéis.

Daly passou sua última manhã em Paris na Igreja Madeleine, perto da Praça da Concórdia. Tempos depois, ele se lembrou de subir os degraus da frente do edifício impressionante. Então, olhou ao redor, passando pelos bancos. Havia lustres de ouro acima; a luz fluía de uma cúpula; aos fundos da igreja, o altar-mor; e acima dele havia uma estátua de mármore branco da Santa Maria Madalena sendo erguida aos céus por três anjos alados, os olhos dela fechados, as mãos estendidas no êxtase da súplica. Ela era magnífica de se ver, e Daly mais tarde contou que se identificava muito com ela. Já fora uma pecadora, mas mostrou grande remorso. Nesta guerra, ele também havia encontrado redenção. Também havia expiado seus pecados. Deus tinha respondido às orações de Daly até agora, desde que cruzara a Omaha Sangrenta. Foi por isso que ele superou as chances. Também havia deixado a si e a seu pai orgulhosos. Não muito longe de uma estátua da Joana d'Arc, sentou e rezou com devoção.[44] A santa padroeira da França não o olhou. Ela erguia a espada com as duas mãos, a cabeça com o capacete erguida, os olhos fixos no céu.

Daly caminhou de volta pela igreja, rumando para as maciças portas de bronze na entrada.

Era possível ver Os Dez Mandamentos magnificamente pintados no bronze.

NON OCCIDES...

NÃO MATARÁS...

Desceu os degraus, a Praça da Concórdia à sua frente. Em seguida, pegou um carro e seguiu para o leste a fim de encontrar seu destino, sem dúvida em alta velocidade, passando pelas cidades em direção ao Reno. Quando Daly voltou ao regimento, assumiu a maior responsabilidade de sua vida. O comandante anterior da Companhia A havia fugido na Linha Siegfried. Precisavam de um novo líder. Aos 20 anos, Daly se viu encarregado de duzentos homens e agora tinha que guiá-los ao coração do Terceiro Reich.

CAPÍTULO 14

O Coração das Trevas

Já PASSAVA DO crepúsculo do dia 25 de março quando engenheiros colocaram partes das pontes flutuantes na margem oeste do rio Reno, no meio do caminho entre as cidades de Worms e Mannheim. A última grande barreira natural para os Aliados havia sido atravessada duas semanas antes em Remagen, ao norte. Agora o 7º Exército de Patch se aproximava das águas do rio mais extenso da Alemanha.

No início da manhã seguinte, à 1h52, a artilharia de apoio da 3ª Divisão abriu fogo. Em 38 minutos, 10 mil tiros foram disparados, um estrondo constante. Então, homens do 30º e do 7º Regimentos de Infantaria começaram a remar, o céu vermelho lúgubre pelos incêndios provocados pelo fogo de barragem. Alguns barcos foram atingidos por morteiros inimigos e afundaram, os homens, forçados a nadar, pólvora queimando suas narinas e o luar brilhante os cumprimentando no lado leste do rio.

Quase 24 horas depois, após a meia-noite do dia 27 de março, o tenente Michael Daly liderou a Companhia A por uma floresta densa, mais de 3km a leste do Reno.[1] Seu regimento havia ficado na reserva na noite anterior, quando o resto da divisão cruzou, mas agora eram a ponta de lança. Quando Daly e seus homens deixaram a floresta, depararam-se com uma das famosas autoestradas (*Autobahn*) de Hitler, uma impressionante faixa de concreto que levava ao vilarejo de Hüttenfeld, 6,5km a leste do Reno.[2] Mais tarde naquela manhã, a companhia de Daly subiu em caminhões e tanques e desceu por uma das aclamadas autoestradas de Hitler.

Desde setembro anterior, os homens do Marne não se moviam tão rápido. Onde quer que os Aliados cruzassem o Reno, rumavam para a vitória. Os exércitos de Hitler estavam colapsando, no leste e no oeste. Enfim, as porteiras tinham sido abertas.[3] Celas de prisioneiros de guerra estavam se enchendo de dezenas de milhares de soldados esfarrapados da *Wehrmacht*. Alguns libertadores estavam tão ansiosos para perseguir o que restava do inimigo, que se comportaram como maníacos. "Não paramos nem para mijar", um condutor de tanques norte-americano lembrou. "Soldados se espremiam individualmente nas torres e urinavam pelas laterais dos tanques. Às vezes, dois homens ficavam de costas um para o outro, os pênis curvados sobre o metal. Um acontecimento estranho, como se os próprios tanques estivessem correndo e o suor fosse amarelo."[4]

Havia barricadas nas estradas, mas os tanques passaram por elas sem dificuldade. Em pouco tempo, os próprios alemães estavam chamando os patéticos obstáculos de "barricadas de 61 minutos... Os norte-americanos levarão 61 minutos para atravessá-las. Eles vão olhá-las e rir por 60 minutos, e então derrubá-las em 1".[5]

O fim estava próximo. No dia 2 de abril, Hitler ordenou que as cidades do que restava do Terceiro Reich fossem defendidas ferozmente. "Não havia dúvida de que ele acreditava completamente que todo alemão faria o sacrifício final", Kesselring, comandante das forças alemãs na Frente Ocidental lembrou.[6] No mesmo dia, Audie Murphy encontrou tempo para escrever para a irmã. Ele foi retirado das linhas e era um oficial de ligação, deparando-se com o tenente-coronel Ware e outros superiores no quartel-general. Estava esperando o fim da guerra, contou à irmã, e soube que receberia a Medalha de Honra. Não havia outra medalha que pudesse ganhar como infante. "Já que essas são todas as que eles oferecem", Murphy brincou, "vou ter que descansar um pouco, haha!".[7]

Nuremberg estava à frente, o coração do Terceiro Reich, onde Hitler realizou seus famosos comícios na década de 1930 e que atraiu "magneticamente" os norte-americanos, segundo Kesselring.[8] Três divisões de infantaria dos EUA estavam a uma curta distância, e cada um dos comandantes queria ser o primeiro.

Era impossível relaxar. Até os mais fortes estavam nervosos, sabendo que a guerra estava quase acabando. Nas palavras de um veterano: "Morrer neste estágio da batalha — com a luz no fim do túnel já à vista, esperando — seria horrível."[9] Depois de aguentar tanto, a sobrevivência era tudo que importava. "A esperança e o medo andam de mãos dadas", Audie Murphy observou. "Podemos ver o fim... Na mente dos homens, sempre estava aquela bala, aquele estilhaço de aço que poderia fazê-los perder a corrida com a linha de chegada já visível."[10]

Por fim, o batalhão do tenente-coronel Keith Ware chegou nos arredores de Nuremberg. Diante dele, escombros e ruínas sem fim, árvores arrancadas das raízes. No decorrer da guerra, a cidade atraiu bombardeiros Aliados como um imã. Em 2 de janeiro de 1945, ocorreu um ataque particularmente devastador. Sob a lua crescente, a Força Aérea Real britânica havia lançado um milhão de armas incendiárias, queimando completamente incontáveis edifícios de enxaimel. O famoso solo dos comícios nazistas foi atingido pela primeira vez no fim de 1940, um dos primeiros alvos para os britânicos que queriam vingança pela Blitz. Um dia antes de Ware e seu batalhão chegarem aos seus arredores, o próprio Kesselring passou por ali e presenciou um ataque aéreo. "Lutar nas ruas", ele lembrou, "por mais trágico e desnecessário que fosse, dificilmente causaria mais destruição".[11] Noventa e cinco por cento do "centro intelectual do nazismo" havia sido devastado.[12]

NUREMBERG FOI O último grande prêmio do Exército dos EUA na Alemanha. A cidade bávara também ocupava a mente dos nazistas. Afinal, era a metrópole favorita de Hitler, "a mais alemã" do Terceiro Reich, de acordo com o Führer, que agora estava escondido em seu *bunker* em Berlim, carcomido pelas drogas, furioso com a providência e a traição.

O comandante nazista de Nuremberg, o *Gauleiter* Karl Holz, de 49 anos, veterano da Primeira Guerra, desobedeceu Kesselring, que ordenara que a cidade fosse defendida para além dos arredores, não nas ruas centrais. A segunda opção seria muito sangrenta, mas Holz não dava a mínima. Estava determinado a defender cada quarteirão, cada metro quadrado da cidade, particularmente o coração antigo, e estava pronto para lutar sujo. Providenciou que 150 armas antiaéreas fossem apontadas para os norte-americanos que se aproximavam rapidamente pelo norte e pelo sudeste: a 3ª e a 45ª divisões, ambas sob o comando do general Alexander Patch. Cerca de oitenta das armas devastadoras estavam no setor designado da 3ª Divisão.

Holz também jurou levar 5 mil defensores até o amargo fim, prometendo a Hitler, em uma carta, que "preferiria ficar na mais alemã de todas as cidades sob qualquer circunstância, e morrer lutando, a abandoná-la".

Um delegado de Nuremberg viu a futilidade da situação. Implorou que Holz salvasse vidas e se rendesse.

"*Gauleiter*, defender Nuremberg é loucura", o delegado argumentou. "Essa ideia não pode ser levada para a frente."

Holz explodiu de raiva.

"Vou prendê-lo por não cumprir as ordens do Führer. Relatarei isso imediatamente."

Milhares de alemães no que restava do Terceiro Reich foram enforcados em cortes marciais emergenciais nas últimas semanas. Holz chegou a matar a tiros um oficial sênior da cidade por se recusar a cumprir sua ordem, desencadeada pelo código "Puma", de destruir todas as pontes, os sistemas de abastecimento de água e os serviços essenciais da cidade. Holz e os de seu tipo gostavam particularmente do termo "cão

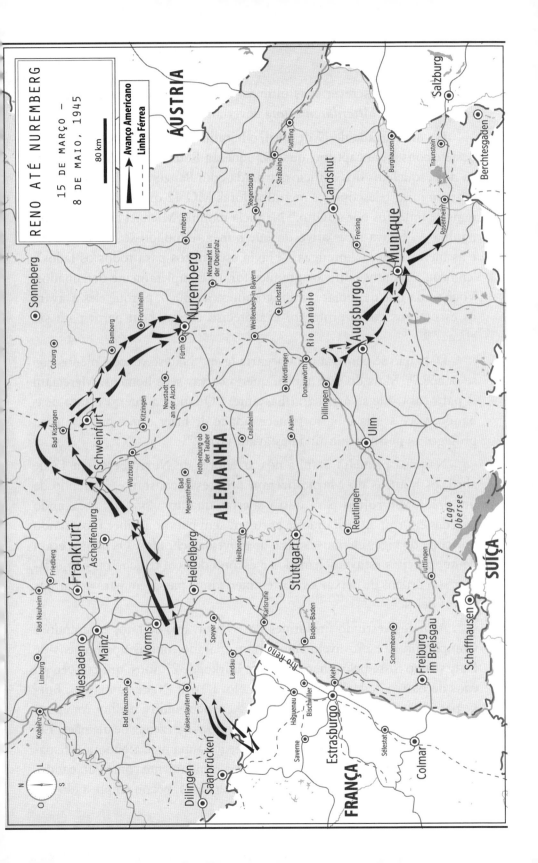

raivoso" para descrever suas últimas vítimas. É claro que aqueles que se opunham à *Götterdämmerung* deveriam ser mortos "de repente".[13]

Na madrugada de 17 de abril, o batalhão de Ware atacou pelo nordeste e conseguiu capturar quase cinquenta 88mm FlaK. A SS espreitava dos esqueletos dos edifícios, armada com Panzerfausts, rifles potentes com mira telescópica e metralhadoras MG 42 que podiam disparar mais de mil tiros por minuto.[14] Naquela manhã, Michael Daly, da Companhia A, estava mais ativo do que nunca, expondo-se aos morteiros e às metralhadoras inimigas. "Havia escombros para todos os lados", lembrou. "Muitos edifícios grandes foram completamente derrubados. Você tinha que desalojar o inimigo pouco a pouco, porque eles usavam os escombros como proteção. Era preciso chegar bem perto para ser eficaz."[15]

Daly não se conteria nem pegaria leve: "Não se vence a menos que se ocupe."[16] Mais do que nunca, queria salvar seus homens. Mereciam ir para casa. Ele se arriscaria bastante: "Quando a guerra estava acabando, você sentia uma forte necessidade de fazer o que pudesse para proteger as pessoas que ainda estavam vivas."[17]

Naquela primeira manhã nos arredores de Nuremberg, em 17 de abril, os homens do Marne fizeram progresso constante, correndo de um prédio em ruínas para outro, alertas quanto a *snipers*, abraçando paredes em ruínas, evitando se agrupar, sem baixar a cabeça, passando por cima de vigas chamuscadas e de móveis quebrados. Os boatos eram de que os civis estavam armados e escondidos em trincheiras camufladas, sob ordens de deixar os norte-americanos passarem para atirar nas costas deles.[18]

Alemães vestindo uniformes da SS estavam, de fato, esperando a Companhia A e provavelmente teriam matado muitos dos homens de Daly se não fosse pelo tenente Francis Burke, de 27 anos, que cresceu no caos do bairro de Hell's Kitchen, em Nova York. Naquela manhã, Burke patrulhava à frente da Companhia A, procurando a melhor rota para a frota motorizada do 1º Batalhão, quando viu dezenas de alemães. Ele avisou aos homens da Companhia A, pegou uma metralhadora e disparou, derrubando um esquadrão alemão e rapidamente contra-atacando. Ao avistar ainda mais inimigos em umas ruínas, pegou emprestado um rifle M1 de um dos homens de Daly e correu 100 metros enquanto as balas voavam. Encontrou abrigo atrás de um tanque abandonado e continuou sua matança, mas foi atingido por um *sniper* escondido em um porão a pouco menos de 20 metros de distância.

No calor da batalha, soldados realmente excepcionais são capazes de feitos aparentemente sobre-humanos. Foi o que aconteceu com Burke naquele dia. Mesmo ferido, ele conseguiu chegar em uma janela do porão, disparar um pente inteiro do M1 lá dentro, recarregar e descer pela janela, consumido pela vingança, determinado a atirar no *sniper*. O M1 emperrou, então ele foi atrás de outro, retornando com um rifle e mais granadas. Avistando o inimigo, puxou os pinos de duas granadas, segurou uma em cada mão, avançou e lançou ambas enquanto o alemão jogava uma contra ele.

As três granadas explodiram, matando o alemão e atordoando bastante Burke. Um alemão com uma metralhadora correu em sua direção. Ele o matou com três "tiros desferidos com calma", de acordo com um trecho da sua citação da Medalha de Honra. Por mais algumas horas, ele lutou com a Companhia A de Daly e acabou matando a tiros mais 8 inimigos, elevando sua contagem do dia para 32.[19] Em seguida, tratou o ferimento. O contra-ataque alemão havia sido interrompido, e o 1º Batalhão conseguiu avançar ainda mais em Nuremberg. "Sabíamos que a guerra acabaria em breve", Daly lembrou. "Os alemães na cidade estavam muito dedicados. Queriam derrubar o maior número possível de norte-americanos antes do fim da guerra. Entramos em um vespeiro. Dei o meu melhor para tentar proteger minha companhia."[20]

Daly não dormiu naquela noite. Talvez estivesse muito cheio de adrenalina ou talvez quisesse ficar acordado, sempre vigilante para o caso de infiltração do inimigo. Às 5h da manhã seguinte, ainda estava frio e escuro quando Daly deu ordens aos sargentos de pelotão e aos subalternos sonolentos para se moverem de novo. Deveriam seguir para o sul, ao longo da Bayreuther Strasse, uma estrada principal que levava ao coração antigo da cidade destruída.

À frente estavam voluntários franceses e muitos alemães da Romênia, integrantes da 17ª Divisão Panzergrenadier da SS. Eles não eram os estudantes e os velhos encontrados na *Volkssturm*, a milícia desorganizada que Hitler havia reunido para resistir à invasão. Eram assassinos profissionais, especialmente os que pertenciam ao 38º Regimento da SS que, nas 48 horas seguintes, seriam aniquilados — tamanha a selvageria da batalha que estava por vir. Os resistentes da SS com os dois relâmpagos gravados nos capacetes não pensavam no amanhã. Tudo o que importava era impedir os norte-americanos da Divisão "*Sturm*", como a Rocha do Marne era conhecida. Encaixaram os pentes nas metralhadoras, vestiram bandoleiras de metralhadoras e enfiaram granadas de vara nos bolsos. Outros se esconderam nas ruínas, ouvindo, esperando que Daly e seus homens entrassem em suas miras telescópicas.

Daly havia perdido muito peso desde que chegara na praia de Omaha dez meses antes. Magricela, moveu-se à frente da Companhia A em direção ao centro da "Cidade do Movimento", a última cidadela do Nacional-socialismo, os dedos longos e finos agarrando a carabina.

Enquanto isso, o *Gauleiter* Holz estava ocupado fortalecendo o moral e as defesas dentro dos muros do centro da cidade, enviando uma mensagem para o seu amado Führer em seu *bunker* em Berlim: "A luta final pela cidade dos comícios começou... Os soldados estão lutando com bravura, e a população é orgulhosa e forte... Nestas horas, meu coração bate mais do que nunca com amor e fé pelo maravilhoso Reich alemão e seu povo. A ideia Nacional-socialista vencerá e conquistará todos os planos diabólicos."[21]

O desfecho havia chegado. As últimas horas do regime nazista.

"Ninguém sai de Nuremberg", Holz ordenou, "e morrerão se necessário for".[22]

Com a mensagem enviada, Holz liderou um grupo de fanáticos, muitos deles simples adolescentes, na direção da principal estação de trem da cidade, rumo a Michael Daly e à Companhia A.

O rangido constante de um Sherman seguindo atrás da Companhia A era, ao mesmo tempo, tranquilizador e enervante, enviando um sinal para o inimigo conforme retinia atrás de Daly, pronto para atirar com tudo, se necessário. Um soldado da SS tinha um observador na mira, apontando para o centro de seu corpo. Então, ele apertou o gatilho, matou o jovem norte-americano, ajustou a mira e disparou de novo. Outro observador morreu. Fora da vista de Daly, o *sniper* surgiu em campo aberto, as mãos no ar. Um tenente agarrou o inimigo, puxou-o para um prédio próximo e o peneirou com uma submetralhadora.[23]

O tenente nunca diria uma palavra sobre essa execução para Daly. Perfurar um prisioneiro, mesmo que fosse um nazista, com balas .45... Destroçar um homem que se rendeu de maneira patética... Depois que ele já tinha desistido... Não era o estilo de guerra de Daly. Ele sempre deixou isso claro — nada de matar prisioneiros, não importa o quão malignos fossem.

Nesse meio-tempo, Daly decidiu se tornar o *point*, o homem que iria na frente, o mais exposto de seu pelotão principal.

Ninguém protestou.

Ele seria a ponta de toda a lança.

Começou a descer pela Bayreuther Strasse. Estava um dia nublado, frio. Explosões rasgaram o ar quando a artilharia dos EUA chegou no coração da cidade. Daly correu de abrigo em abrigo, de uma pilha de alvenaria quebrada para outra.

Uma metralhadora estalou. As balas vieram de um castelo d'água. Daly ergueu a carabina, mirou e puxou o gatilho. A metralhadora silenciou. A Companhia D seguiu e ele chegou aos destroços retorcidos do que restava da Estação Ferroviária de Nordost. Havia uma ponte ferroviária destruída que cruzava a Bayreuther Strasse. Daly começou a escalar um aterro baixo. Vagões. Ruínas. Uma praça à sua esquerda. Uma metralhadora alemã abriu fogo novamente, porém desta vez seus homens não estavam escondidos, e balas acertaram vários deles, matando ou ferindo. O fogo alemão foi impiedoso. Daly percebeu que sua companhia poderia ser massacrada. Com balas perfurando a terra aos seus pés, correu pelos trilhos em direção à metralhadora alemã. Os alemães conseguiram vê-lo se aproximar, um jovem norte-americano magricela com tendência suicida. De novo, balas ricochetearam aos seus pés. Encontrou cobertura, então pulou e atirou, acertando um alemão. Mais dois alemães apareceram. Dedo no gatilho. Daly tirou outras duas vidas. Havia mais alemães ao longe. Um grupo pequeno, talvez meia dúzia. Um estava armado com uma Panzerfaust. Eles queriam acabar com o Sherman que acompanhava a Companhia A.

Um sargento viu Daly sinalizar para que ele e o resto da Companhia A parassem. Daly seguiu sozinho para as ruínas de uma casa e viu três alemães se aproximando. Havia sido visto. Balas perfuraram a parede ao lado dele. Redemoinhos de pó de gesso branco se ergueram nos céus. Em seguida, um projétil da Panzerfaust explodiu em uma parede da casa. Depois outro.[24] Ele podia ver os alemães com clareza. Apontou sua carabina e matou cada um deles.[25]

Daly sabia que havia um grande parque mais ao sul, algumas centenas de metros adiante. Ele liderou de novo, a carabina recarregada, pronto para mais. Lá estava o parque. Árvores quebradas caídas no chão batido, um campo de detritos e lixo. Mais dois alemães a pouco mais de 10 metros de distância, um deles disparando uma metralhadora. Um sargento, um grande homem, caiu morto. Daly pegou seu rifle M1 e matou o atirador principal. Mais uma bala atingiu o outro alemão, que caiu, ferido, mas depois se levantou e atirou em Daly. Outra bala do M1. O alemão não respirou mais, o último dos quinze que ele matou naquele dia.

Daly havia liderado seus homens muito à frente das outras unidades da divisão.[26] Vários estavam maravilhados. Haviam testemunhado um milagre e sabiam disso. Se não fosse pelo "menino comprido", quantos ainda estariam vivos? "Não havia sinal de medo nele", um dos homens lembrou. Ele "abriu o caminho à força" para o núcleo do mal. "Seu heroísmo se elevava acima da coragem daqueles ao seu redor."[27] De acordo com um oficial sênior do batalhão de Daly: "Durante dois dias e noites de luta corpo a corpo, ele serviu como observador da companhia, assumindo os principais riscos e ignorando sem temor o mortal fogo inimigo."[28]

Por suas ações naquele 18 de abril de 1945, Daly receberia a Medalha de Honra. Foi uma das últimas dadas durante o Teatro Europeu.[29] A última iria para o piloto de caça texano Raymond Knight, pilotando um P-47 na Itália no dia 24 de abril.

Naquela tarde, enfrentando intenso fogo norte-americano, Holz e seus fanáticos recuaram para dentro das grossas muralhas de seis metros de altura ao redor do centro antigo da cidade. Quando os homens do Marne usaram um obuseiro 155mm, a maior peça de artilharia que tinham, para abrir um buraco na parede, o impacto foi pequeno. Seria com a infantaria mais uma vez — com Daly e seus homens da Companhia A. Teriam que terminar o trabalho no dia seguinte.

Naquela noite, Daly se agachou no parque que ajudou a limpar mais cedo, a algumas centenas de metros do muro alto ao redor do coração de Nuremberg. Novamente, não dormiu.[30] No início da manhã seguinte, liderou seus homens mais uma vez ao longo da destruída Bayreuther Strasse até o centro histórico da cidade, onde os últimos fanáticos da SS espreitavam.

Finalmente, ele se aproximou do muro em si.

Snipers alemães atiraram intensamente.

De seu novo quartel-general em uma delegacia de polícia dentro dos muros da cidade, Holz gritava furioso com os últimos homens da SS sob seu comando. Eles deveriam matar o maior número de norte-americanos que pudessem.

Daly foi até a base do muro que se erguia acima dele, com vários metros de espessura. Ao lado de Daly estava o major Burton Barr, de 28 anos, um arizonense de lábios finos bastante admirado por Audie Murphy, Keith Ware e pelo próprio Daly. "Tínhamos acabado de passar por um parque, preparando-nos para atacar a cidade velha", Barr lembrou. "Como de costume, a Companhia A lideraria o ataque. [Daly] encostava no meu ombro, falando comigo."[31]

O muro deveria ser rompido. Essa tinha sido a ordem de cima.

Daly estava em batalha por tempo suficiente para confiar nos próprios instintos. Escalar seria arriscado, mas não pediria a nenhum de seus homens para ir primeiro.

Burton Barr estava em uma pilha de escombros ao lado do muro.

Se Barr lhe desse uma mãozinha, Daly seria capaz de alcançar e até passar por cima do muro.

Quando começou a escalar, expondo-se, o som de um *sniper* foi ouvido.

Um dos homens de Holz o avistou.

Uma bala atingiu sua orelha e rasgou o rosto da direita para a esquerda, quebrando o maxilar e a mandíbula, passando pelo palato.

Daly girou, caiu para trás na pilha de escombros e começou a engasgar com o próprio sangue. Seus homens o localizaram. Sua vez finalmente havia chegado. Era uma pena perder o melhor oficial que já tiveram tão perto do fim da guerra. Mas Daly não estava morto, ainda não. E nem ferrando teria uma hemorragia entre os tijolos quebrados e a poeira da cidade favorita de Hitler.

Barr examinou Daly. "Ele tirou um lápis do bolso e o enfiou na garganta para manter a traqueia aberta", Barr lembrou, "e o fez com a maior calma do mundo".[32]

Funcionou. Era uma forma primitiva de traqueostomia, impedindo que sua língua tivesse espasmos, limpando parcialmente a traqueia para que ele pudesse respirar.[33] Mas não conseguiu parar de engasgar por muito tempo. Estava se afogando no próprio sangue. Um sargento correu até Daly, ajoelhou-se e enfiou os dedos depressa na garganta dele, limpando o sangue e o muco.

Os médicos chegaram e colocaram Daly no capô de um jipe, que então foi até o posto médico mais próximo, o 10º Hospital de Campanha. Daly colocou a língua para fora da boca o máximo que pôde, tentando respirar. "Achei que tudo estava acabado", ele se lembraria. "Eu já tinha visto muitas feridas no rosto. Lembrei-me de ficar parado, mas era como se um travesseiro estivesse no meu rosto. Eu sabia que estava sufocando."[34]

Foi levado do jipe para um posto médico. Outros homens em estado crítico estavam sendo tratados, alguns com ferimentos de bala infligidos por *snipers*. Um padre chegou e deu a extrema-unção a Daly, absolvendo-o de seus pecados mais recentes. Ele estava pronto para conhecer seu Criador. Enquanto isso, o que restava da Companhia A atravessou o muro. Eles encontraram um portão e o invadiram, optando por não escalar, como Daly.

Daly recebeu uma visita mais tarde naquele 19 de abril: o comandante do 7º Exército, Alexander Patch. O general ficou perturbado com o que viu. "Foi uma visão terrível", recordou. "Ele estava com um tubo na garganta, não conseguia falar e estava recebendo transfusão de sangue. Caminhei até sua cama, encarando-o. Através de um olho entreaberto, senti que ele me reconheceu, então estendi minha mão, e ele a segurou... Quando saí de lá naquela noite, o médico não soube me dizer se ele sobreviveria."[35]

Patch tinha perdido o próprio filho havia apenas seis meses. Ele quis que o jovem Michael visse a guerra como seu ajudante, longe do combate, mas permitiu que ele voltasse ao front, assim como permitiu que o filho fizesse o mesmo.

Na manhã seguinte, 20 de abril, o tenente Daly foi submetido a uma cirurgia. O procedimento correu bem, e ele voltou para sua cama no 10º Hospital de Campanha com o rosto todo enfaixado, mas finalmente capaz de respirar direito. Era o aniversário de 56 anos de Adolf Hitler. Em Berlim, um Führer esquelético emergiu do *bunker* 15 metros abaixo do solo para presentear alguns adolescentes da Juventude Hitlerista com medalhas e depois voltou ao covil subterrâneo. "Ele estava pálido", alguém de seu círculo íntimo lembrou, "o rosto inchado, o uniforme, que geralmente era cuidadosamente limpo, estava negligenciado e manchado pela comida que ele havia comido com a mão trêmula".[36]

A última grande batalha dos norte-americanos por uma cidade alemã estava quase terminando. Às 10h, um observador do 7º Regimento de Infantaria encontrou um norte-americano do 30º Regimento na Adolf Hitler Platz, no coração da cidade. Apenas o bando fanático da SS de Holz e cerca de cinquenta policiais ainda resistiam. Holz não durou muito. Naquela tarde, ele foi baleado na jugular enquanto tentava escapar da delegacia, sua última resistência. Holz não morreu de imediato. Foi deixado para sangrar até a morte em uma poça do próprio sangue enquanto seus homens se rendiam a um oficial norte-americano alto e corpulento que falava alemão fluentemente.

O oficial foi gentil a ponto de parabenizar os últimos defensores de Nuremberg pelo espírito de luta.

"Du hast tapfer gekämpft, Jungs."[37]

"Vocês lutaram bravamente, rapazes."

Nuremberg inteira estava finalmente em mãos norte-americanas. Às 18h30 daquela noite, na Adolf Hitler Platz, a Rocha do Marne entrou em formação para um momento histórico, sem dúvida o melhor de sua história, que seria celebrado ao longo dos tempos, assim como a defesa determinada do Marne em 1918, feito de seus antecessores e que lhes rendeu o apelido. Ali estava, no fim de uma épica odisseia de combate e libertação, sem dúvida a melhor divisão de infantaria dos EUA da Segunda Guerra Mundial.

Cada regimento da divisão forneceu um pelotão para o desfile da vitória. Tanques e outros veículos formaram filas. Um longo silêncio se estendeu. O fedor de carne podre era forte. Centenas de cadáveres alemães em decomposição jaziam embaixo dos montes de escombros que cercavam a praça. Alguns soldados subiram um mastro e hastearam a bandeira dos Estados Unidos no centro da praça, bem no coração do Terceiro Reich.

A banda da 3ª Divisão tocou o hino nacional.

O major-general "Mike de Ferro" O'Daniel deu um passo à frente.

"Mais uma vez a 3ª Divisão atingiu seu objetivo", O'Daniel disse.

Assim como Alexander Patch, ele perdera o único filho no outono anterior, morto perto de Arnhem enquanto lutava com o 505º Regimento de Infantaria Paraquedista. O'Daniel em si era agora um dos veteranos mais condecorados de sua divisão, faltando apenas a Medalha de Honra. "Estamos no reduto da resistência nazista na nossa área", O'Daniel disse. "Através das suas façanhas, vocês destruíram 50 armas antiaéreas, capturaram 4 mil prisioneiros e expulsaram os hunos de todas as casas, castelos e *bunkers* na nossa parte de Nuremberg. Eu os parabenizo pelo desempenho excepcional."[38]

Alguns civis alemães, impressionados com a pompa militar, olharam para a bandeira balançando a meio mastro para homenagear o presidente Roosevelt, que havia morrido em 12 de abril.

A banda da divisão começou a tocar *Dogface Soldier*.

> *I wouldn't give a bean*
> *To be a fancy-pants marine.*
> *I'd rather be a*
> *Dogface soldier like I am.*

[Eu não daria nem um centavo
Para ser um fuzileiro pomposo.
Prefiro ser um
Soldado de infantaria como sou.]

DOIS DIAS DEPOIS, em 22 de abril, cinco dos companheiros de Michael Daly da 3ª Divisão estavam em degraus de concreto com vista para o vasto Campo Zeppelin, local dos comícios de Nuremberg. Três deles pertenciam ao 30º Regimento de Infantaria de Maurice Britt. Dois outros eram do 15º Regimento de Infantaria (conhecidos como *Can Do*): o tenente John J. Tominac e ninguém menos que o tenente-coronel Keith L. Ware, de 29 anos. Seria a primeira vez na história dos Estados Unidos que cinco homens receberiam a Medalha de Honra em um campo de batalha.

Uma suástica gigantesca, pairando sobre o estádio, havia sido coberta por lençóis e munida de 90kg de explosivos TNT. O 10º Batalhão de Engenharia de Combate, que plantou as bombas, pretendia enviar uma mensagem que seria vista nos noticiários ao redor do mundo. Era um dia claro de sol. A primavera realmente chegou na Baviera. Ware estava de pé, usando óculos escuros, ao lado dos outros quatro homens nos degraus da arquibancada principal do Campo Zeppelin. Audie Murphy poderia muito bem estar assistindo, já que naquela época fazia parte do quartel-general do 15º Regimento de Infantaria, muitos dos quais estavam presentes.

Ware era o primeiro na fila. Ele era uma raridade. Apenas outro oficial que se juntou ao 15º Regimento de Infantaria antes de embarcar para a Europa permaneceu em ação — um capitão chamado Henry Auld, superior imediato do tenente Audie Murphy.

O general Patch se aproximou dos homens.

Ware permaneceu olhando para a frente, os olhos escondidos pelos óculos escuros, os braços esticados ao lado do corpo. Lençóis foram retirados da suástica a 30 metros. Patch colocou a Medalha de Honra no pescoço de Ware — a deixa para explodir a enorme suástica. Câmeras filmaram enquanto pedaços de concreto voavam pelos ares. Um pedaço quase arrancou o braço de um capelão que observava a 100 metros de distância.[39] "Cristo, havia pedras por todo o estádio", um oficial lembrou. "Noventa quilos — isso é TNT pra caramba!"[40]

Patch continuou pela fila, pendurando uma medalha no pescoço de cada homem. Não houve sorrisos, apenas um orgulho severo. Muitos dos amigos deles não chegaram até aquele momento, mortos tão perto do fim. O próprio Patch era sortudo por estar ali. Quatro dias antes, ele estava voando na direção de Nuremberg quando um caça alemão interceptou seu pequeno avião de reconhecimento. Felizmente, seu piloto escapou do inimigo. Patch morreria de pneumonia em questão de meses, perto do aniversário de 56 anos, tendo sacrificado tudo, inclusive a saúde, pela vitória contra o mal.

No dia seguinte, o tenente Michael Daly foi levado de avião para Paris e, em seguida, enviado para a Inglaterra. Durante a cirurgia, foi feita uma passagem do ouvido para o palato, e, para divertir outros soldados, ele às vezes esticava a bochecha e cuspia pelo ouvido.[41]

Em 30 de abril, faltando poucos dias para a guerra acabar, o 15º Regimento de Infantaria se organizou em forças-tarefa que passaram por Munique e enxugaram a resistência mais ao sul. Uma delas foi chamada de Força-tarefa Ware.[42] Unidades inteiras de alemães estavam se rendendo, não era mais aos poucos. Em rápida sucessão, Ware tomou várias cidades antes de voltar, quando uma neve de fim de primavera caiu, a sudeste, em direção a Salzburgo. Os Alpes se assomavam, em toda a sua magnificência branca e irregular, no horizonte.

Embora o refúgio alpino de Hitler perto de Berchtesgaden estivesse além da zona da 3ª Divisão, tropas do 7º Regimento de Infantaria de fato a libertaram, enviadas por O'Daniel para reivindicar uma honra final. Afinal de contas, a Rocha do Marne havia lutado por mais tempo, com mais força e perdera mais homens, até chegarem ao famoso covil alpino de Hitler. Eles encontraram uma ruína em chamas e içaram a bandeira dos Estados Unidos. Estavam finalmente no fim de uma jornada extraordinária que havia começado em Fedala, no Marrocos francês — 22 meses de matança e morte com 35 mil baixas em batalha, mais do que qualquer outra divisão norte-americana na Europa.[43]

Cedo no dia 7 de maio de 1945, um sargento norte-americano chamado Louis Graziano viu o general Alfred Jodl, de 54 anos, adentrar uma sala de aula lotada em um prédio de tijolos vermelhos de três andares na cidade de Reims, capital da região de Champagne, na França.[44] Eram 2h41 da manhã quando Jodl, com cara de poucos amigos, assinou os documentos formais de rendição com uma caneta Parker. Após isso, Graziano e outros norte-americanos escoltaram Jodl por um corredor até onde o comandante supremo Aliado Dwight Eisenhower esperava. Graziano observou Jodl entrar em uma sala de aula, juntar os calcanhares e prestar continência a Eisenhower, que sempre se recusou a apertar a mão de um nazista e não pretendia começar agora.[45]

Jodl foi dispensado.

Mais tarde naquela manhã, Eisenhower enviou a seguinte mensagem para Washington:

"A MISSÃO DESTA FORÇA ALIADA FOI CUMPRIDA."[46]

A guerra na Europa, após a perda de 19 milhões de civis, havia acabado.

A 3ª Divisão esteve envolvida em cinco operações anfíbias — mais do que qualquer unidade no Teatro Europeu. Registraram 635 dias em combate.

"É maravilhoso pensar que acabou", um homem disse. "Estou um pouco desapontado."

O marechal Kesselring — ex-comandante das forças alemãs na Frente Ocidental — rendeu-se no dia 9 de maio aos norte-americanos. Um repórter do *Chicago Tribune* fez uma pergunta a ele.

"Qual foi a melhor divisão norte-americana enfrentada pelas suas tropas na Frente Italiana ou na Ocidental?"

Ele respondeu sem hesitar: a Rocha do Marne.[47]

PARTE QUATRO

Paz

CAPÍTULO 15

Sem Paz Interior

Michael Daly não estava em Salzburgo, na Áustria, com o 15º Regimento de Infantaria quando a notícia da rendição formal alemã chegou, no dia 7 de maio de 1945. Ele estava em um hospital na Inglaterra com um nervo da garganta danificado, o rosto envolto em curativos, quando ouviu um relatório pelo rádio. Não se sentiu eufórico. Estava "apenas contente" por tudo ter acabado.[1] O companheiro de Daly, Audie Murphy, também não estava em Salzburgo. No Dia da Vitória na Europa, 8 de maio de 1945, ele estava em um quarto de hotel em Cannes, na Riviera Francesa, brincando com uma arma, admirando "o brilho frio e azulado do aço", quando ouviu sinos soando, sinalizando que a luta havia acabado. "Lá fora, é o Dia da Vitória", observou, "mas não há paz interior".[2]

Murphy sobreviveu, mas não tinha ânimo para comemorar. Seu melhor amigo, Lattie Tipton, deveria ter visto este dia. Muitos ansiavam pelo fim. Pouquíssimos o alcançaram. Seus músculos estavam rígidos com o estresse, então tomou um banho quente. Por fim, com a luz brilhante da Riviera entrando pela janela, Murphy começou a relaxar, contando mais tarde que sua pressão arterial caiu e nunca mais subiu. Nada — nem mesmo uma bela atriz ou um cavalo campeão de corridas — jamais o excitaria tanto quanto a guerra. Ele tinha 21 anos, mas se sentia como um velho.

Murphy nunca havia se sentido tão cansado. Adormeceu enquanto multidões enchiam as ruas abaixo de seu quarto de hotel. Quando acordou, foi como se tivesse sido absolvido de uma sentença de morte. Alguém tocava a música *Lili Marleen*. O matar e morrer finalmente havia acabado, pelo menos na Europa, e só por isso foi o melhor dia da guerra para Audie Murphy. "Vou achar o tipo de garota com quem sonhei", ele prometeu. "Aprenderei a ver a vida com olhos não cínicos, a ter fé, a conhecer o amor. Aprenderei a trabalhar na paz como fiz na guerra. E finalmente, como muitos outros, vou aprender a viver de novo."[3]

Murphy já sabia que receberia a Medalha de Honra em Salzburgo e retornou, no dia 20 de maio, ao quartel-general do tenente-coronel Ware. Ele e alguns outros recomendaram Murphy para recebê-la. O reconhecimento de seu heroísmo excepcional era apropriado — era, na verdade, um imperativo categórico. Ele personificou o heroísmo de muitos homens do Marne. Muitos daqueles guerreiros morreram, seus atos nunca registrados.[4] Eles podem não ter tido tanta resiliência, mas, por vezes, foram tão corajosos quanto Murphy.[5]

No Memorial Day, no dia 30 de maio, o homem que liderou a 3ª Divisão durante boa parte da guerra estava em um cemitério em Anzio Nettuno. Seu rosto ossudo estava marcado pela emoção. Ele deu as costas para os dignitários e a imprensa reunidos por perto. Em vez de falar com eles, falou com os mais de 7 mil norte-americanos que jaziam em paz no solo que morreram tentando libertar.

O cartunista Bill Mauldin, famoso criador de *Willie and Joe*, personagens baseados em homens sob o comando de Lucian Truscott, testemunhou muitas vezes a liderança decisiva de Truscott. Ele tinha, de fato, mantido um dos desenhos de Mauldin ao lado de sua mesa durante a Batalha de Anzio, admirando sua honestidade. Dois dos seus amados homens do Marne foram desenhados em uma trincheira em Anzio, um dizendo ao outro: "O caramba que esse não é o buraco mais importante do mundo!"[6] Agora Mauldin observava Truscott, de 50 anos — como tantos de seus homens, um "caipira vindo de lugar nenhum", segundo o próprio —, dirigir-se às muitas lápides.[7]

Mauldin pensou que o gesto, virar e encarar seus mortos, foi o "mais comovente" que já tinha visto ou veria: "Ele pediu desculpas aos mortos por estarem ali. Contou que todo mundo diz aos líderes que não é culpa deles que seus homens sejam mortos na guerra, mas que todo líder sabe, no próprio coração, que isso não é totalmente verdade. Disse que esperava que qualquer um que estivesse ali por um erro seu o perdoasse, mas percebeu que era pedir demais, dadas as circunstâncias... Prometeu que, se no futuro encontrasse alguém, principalmente velhos, que considerassem a morte em batalha algo glorioso, ele os corrigiria."[8]

A guerra marcou Truscott permanentemente. Sua saúde havia sido prejudicada pelo estresse interminável, os incontáveis goles de bebida para acalmar os nervos, a tristeza diária, todos os cigarros fumados ininterruptamente. Pressentiu, corretamente, que seus melhores momentos já haviam passado. Seus melhores ajudantes já estavam partindo. Ele tinha entes queridos em casa, uma esposa amorosa e bonita, mas a família com a qual passara os últimos três anos estava se desfazendo, desmoronando.

No fim, não resistiu. Truscott pecou. Dolorosamente consciente dos poderes enfraquecendo, físicos e militares, ele se desviou. Cometeu um breve deslize naquela primavera, algumas semanas de paixão com Clare Boothe Luce, de 42 anos, a famosa congressista e esposa do fundador da revista *Life*. Ela tinha um olhar fascinante, raciocínio rápido e considerável energia sexual. Seu caso com ela desgastou os anos, fez com que ele se sentisse o cavaleiro viril que foi na juventude. Ele se apaixonou pelos "lábios vermelhos quentes... Olhos azuis divinos... Uma companhia perfeita para apagar as preocupações, a dor, o tempo e a realidade..."[9]

O caso não poderia durar e, algumas semanas depois de sua visita a Anzio Nettuno, Truscott voltou para os EUA, para a esposa Sarah, para quem escreveu tantas vezes nos três anos em que esteve na guerra. Seu lugar na história estava garantido. Sem dúvida, ele foi o maior general de combate dos EUA da Segunda Guerra, bastante admirado por seus homens e por seus companheiros.

Na Áustria, o tenente-coronel Keith Ware optou por permanecer na Europa e realizar tarefas do ofício. Ele não tinha esposa ou filhos para quem voltar logo. Em algum momento no fim daquela primavera, senão antes, decidiu dedicar o resto da vida ao Exército dos EUA. Seria sua salvação, seu alento. A ambição ardia dentro dele. Sua vocação era liderar homens na batalha. Já havia provado ser muito bom nisso. Um conscrito comum três anos antes, tornou-se um dos oficiais mais respeitados e condecorados a usar as cores azul e branco no ombro. Não havia como o tenente-coronel Ware, identificação número 0-1388333, voltar ao antigo emprego em uma loja de departamentos da Califórnia, preenchendo papelada obedientemente em horário comercial.[10] Tomar decisões de vida ou morte foi uma grande responsabilidade, mas que ele carregava com cada vez mais orgulho.

No fim da primavera, o melhor soldado de Ware, Audie Murphy, era frequentemente encontrado em um quartel-general em Salzburgo — a elegante Villa Trapp, uma mansão de 22 cômodos, notável pelo estuque amarelo claro e muitos rolos de arame farpado em seu perímetro. Já foi a casa da família von Trapp, que se tornaria o tema do grande sucesso de 1965 da Broadway e do filme *A Noviça Rebelde*. Ware e Murphy eram os dois únicos sobreviventes que serviram na Companhia B desde o primeiro dia em que os Aliados começaram a libertação da Europa.

Outro que recebeu a Medalha de Honra e podia regularmente ser visto no quartel-general era o tenente John Tominac, de 23 anos. Foi convocado um dia naquela primavera e chegou na "propriedade de Himmler", como ele chamava, na hora certa. A mansão Von Trapp parecia vazia. Entediado, Tominac decidiu dar uma olhada no lugar. No segundo andar, onde a SS planejou a morte de milhões, ele procurou por um banheiro.

Tominac pendurou sua submetralhadora em uma maçaneta e se sentou para evacuar.

Antes que pudesse se aliviar, ouviu um tiro alto. Ele agarrou sua arma.

Suas calças estavam abaixadas até os tornozelos.

A SS de Himmler retornou?

Será que tinham armadilhas no banheiro?

Depois de perseguir nazistas por toda a Europa, Tominac não estava pronto para morrer de cueca arriada. Subiu as calças em um piscar de olhos, deu a descarga e saiu do banheiro, empunhando a submetralhadora.

Ouviu mais alguns tiros.

Ele se manteve perto de uma parede e caminhou com cuidado na direção de uma escada.

Tominac se deparou com uma grande sala onde Himmler uma vez reuniu os homens em quem mais confiava. No centro, uma mesa de mogno de nove metros de comprimento. A sala estava vazia, exceto por um oficial "jovem, com aparência de garoto" que estava com as botas em cima da mesa. "Segurava uma pistola calibre .45 na mão direita", lembrou, "e atirava contra um grande retrato de Adolph Hitler que estava pendurado na parede oposta. Nem preciso dizer que suspirei aliviado e fiquei feliz em conhecer pela primeira vez o segundo-tenente Audie Murphy da Companhia B, 15ª Infantaria. Essa parecia o jeito único de Audie comemorar [o fim da guerra]".[11]

Outro oficial, o coronel Henry Bodson, chegou à antiga residência de verão de Himmler em maio e ficou contente ao encontrar um "clima festivo".

Bodson conhecia Murphy e o coronel Keith Ware havia mais de um ano. Certa noite, Murphy e os outros pegaram garrafas de bebida que haviam sido guardadas para uma ocasião especial. Os homens logo estavam ficando bêbados na sala onde Himmler havia planejado o assassinato em massa dos judeus. Não demorou até que o schnapps e o vinho branco começassem a acabar. Bodson estava preocupado que pudessem ficar sem álcool. Foi aí que, segundo ele, "Audie Murphy e alguns outros oficiais resolveram a situação do jeito que só o regimento '*Can Do*' conseguia. Apareceram com várias caixas de champanhe, champanhe de verdade".

"Aqui está, bebam tudo!", eles gritaram. "Isso veio diretamente do Ninho da Águia, em Berchtesgaden, com os cumprimentos do anfitrião: Adolph Hitler."

Bodson lembrou que "aplausos ressoaram pelo QG. A comemoração teve seus ânimos renovados e continuou".[12]

Enquanto Murphy enchia a cara de champanhe, o Escritório de Relações Públicas do Departamento de Guerra trabalhava sem parar. Ali estava um herói saído direto dos membros principais da batalha, a cara perfeita para a vitória na Europa. Ao contrário de Maurice Britt, Murphy tinha todos os membros e nenhuma cicatriz externa. E era bonito como um astro de cinema. No dia 24 de maio, um comunicado de duas páginas sobre Murphy, cheio de exageros, foi enviado para as agências de notícias, repórteres e correspondentes de rádio de toda a Europa. Ali estava, finalmente, o Alvin York da Segunda Guerra Mundial, aparentemente enviado dos céus.

A mídia estava mais do que ansiosa para morder a isca.

O pessoal nos EUA não se cansava desse papo de glórias. Era hora de celebrar os heróis norte-americanos como nunca.

No dia 27 de maio, uma história apareceu no jornal *Stars and Stripes*, a principal fonte de informações para soldados em toda a Europa libertada:

"MURPHY EMPATA O RECORDE DE BRITT."

O repórter Vic Dallaire contou com bastante empolgação como, enquanto Murphy "relaxava nas praias da Riviera que ajudou a conquistar no verão passado", uma mensagem chegou ao quartel-general da 3ª Divisão na Áustria, informando que o texano finalmente havia sido aprovado para a Medalha de Honra. Isso significava que ele "automaticamente tinha empatado com o lendário capitão Maurice 'Pé Grande' Britt, da 3ª, como o soldado mais condecorado desta ou de qualquer outra guerra".[13]

O jornal da 3ª Divisão, *Front Line*, mostrou uma fotografia do general "Mike de Ferro" O'Daniel, arma presa no coldre na cintura, apertando a mão de Murphy.

Uma manchete declarava:

"SEGUNDO HOMEM COM TANTAS HONRAS NO EXÉRCITO DOS ESTADOS UNIDOS."

Em seguida, uma notícia detalhada:

> Um texano de 21 anos, que foi de soldado a comandante de companhia em 30 meses de combate junto com a experiente 3ª Divisão, recebeu a Medalha de Honra e, assim, tornou-se o segundo homem da divisão e do exército dos EUA a ganhar todas as medalhas individuais existentes por bravura.

> Ele é o primeiro-tenente Audie L. Murphy, de Farmersville (Texas), que acrescentou a Medalha de Honra às suas Estrela de Bronze, Estrela de Prata e Cruz de Serviço Distinto, juntando-se ao lendário Capitão Maurice L. Britt como os homens mais condecorados do exército. Murphy é o 29º membro da 3ª Divisão a conquistá-la, o que dá à famosa Divisão "do Marne" mais de um quarto de todas as Medalhas de Honra conquistadas pelas forças terrestres.[14]

QUANDO AS MEDALHAS foram de fato computadas, Murphy foi considerado o mais condecorado, com duas Estrelas de Prata e três Estrelas de Bronze, enquanto Britt podia se gabar de uma de cada, embora tivesse ganhado quatro Corações Púrpura contra os três de Murphy. Como foi noticiado, Britt havia estrelado em seu "jogo mais importante" e recebido "o prêmio mais importante" — a Medalha de Honra —, mas não havia conquistado o título de guerreiro mais condecorado.[15]

O tenente Michael Daly havia recebido a quantia extraordinária de três Estrelas de Prata, a mesma quantidade de Murphy e de Britt somadas, mas não tinha a Cruz de Serviço Distinto. O tenente-coronel Keith Ware também recebera todos os prêmios por bravura, exceto a Cruz de Serviço Distinto. Essa medalha difícil de se conquistar viria mais de duas décadas depois. Britt, Ware, Murphy e Daly haviam ultrapassado em muito os 85 pontos — o número mágico exigido para que os soldados pudessem voltar para casa.

Audie Murphy foi informado de que poderia escolher entre receber sua Medalha de Honra em Washington, na Casa Branca, com o presidente Harry Truman, ou no próprio Teatro Europeu. Optou por recebê-lo na Europa, na frente de alguns dos companheiros do Marne.

Na tarde de 2 de junho de 1945, Murphy chegou em um aeródromo perto de Salzburg e não demorou para ir até um palco de madeira elevado.

Diante dele estava o tenente-general Alexander Patch, comandante do 7º Exército dos EUA, amigo próximo do pai de Michael Daly. Era um dia ensolarado. Generais e senadores dos Estados Unidos estavam reunidos na plataforma.

Patch colocou a fita azul da medalha no pescoço de Murphy.

"Você está tão nervoso quanto eu?", Patch perguntou.

"Receio que eu esteja mais, senhor", Murphy respondeu. Era o 29º homem da 3ª Divisão a receber a medalha até o momento.

Patch sorriu para o garoto diante dele, rindo em seguida. Foi um dos poucos momentos realmente felizes para o comandante do 7º Exército durante toda a guerra.

Virou-se para uma mesa próxima e pegou outra medalha. Então, prendeu a Legião do Mérito acima do bolso esquerdo da farda de Murphy. Foi por sua "conduta excepcionalmente digna" e por seus "serviços esplêndidos" na França e na Itália, de 22 de janeiro de 1944 a 18 de fevereiro de 1945.[16]

Murphy não demostrou nenhum sinal do trauma que guardava em si. Ele tinha uma barra branca na frente do capacete, o emblema da divisão no ombro, e um sorriso atrevido no rosto.

"A bravura do tenente Murphy", Patch disse, "sua habilidade ao transmitir o próprio conhecimento de táticas inimigas para seus homens e sua aceitação voluntária de patrulhas e missões perigosas beneficiaram sua unidade num nível imensurável".[17]

Murphy trocou apertos de mão com ao menos nove senadores nor-te-americanos que haviam chegado a Salzburg naquela manhã.

Quem também assistiu à cerimônia foi o general "Mike de Ferro" O'Daniel.

O'Daniel falou com seus soldados, elogiando-os por conquistarem mais território do que qualquer outra divisão dos EUA, lembrando-os de que até Kesselring disse que a Rocha do Marne era a melhor.

Nunca haviam dado descanso aos alemães.

Em seguida, a banda da divisão tocou *Dogface Soldier*.

I'm just a Dogface Soldier,
With a rifle on my shoulder,
And I eat raw meat for breakfast every day.
So feed me ammunition,
Keep me in Third Division,
Your Dogface Soldier's A-okay.[18]

[Sou apenas um soldado americano,
Com um rifle no ombro,
E como carne crua no café da manhã todos os dias.
Então, me dê munição,
Me deixe na 3ª Divisão,
Seus soldados estão bem.]

APÓS A CERIMÔNIA, um repórter perguntou a Murphy o que o tornou tão corajoso.

"A vontade de voltar para o Texas", Murphy disse, "a falta de sono, a raiva, o nojo, o desconforto e o ódio — essas coisas renderam as minhas medalhas e várias outras para um bocado de outros caras".[19]

Seu destino estava selado para sempre. Ele carregaria o fardo de ser oficialmente o norte-americano mais corajoso da Segunda Guerra Mundial — o mais condecorado dos 16 milhões que usaram um uniforme durante o maior conflito dos tempos modernos. Na verdade, ele havia se tornado o soldado norte-americano mais condecorado de toda a história.

Um dos repórteres em Salzburgo enviaria uma reportagem para a revista *Life*, e, em poucas semanas, Audie Murphy apareceria na capa, fazendo dele uma estrela nacional.[20] Em mais de 2 anos de combate, ele havia lutado em 7 campanhas, em todos os teatros de guerra na Europa e matado cerca de 240 soldados inimigos, uma média de mais de 20 por mês.[21]

Murphy poderia retornar aos Estados Unidos ou permanecer na Europa para cumprir tarefas do ofício — como capitão, um salto na patente. O Texas chamou mais alto. Ele queria voltar para casa. Em 10 de junho de 1945, voou para Paris e, no dia seguinte, cruzou o Atlântico. Chegou no Texas três dias depois, junto com dezenas de outros veteranos e vários generais. O ferimento no quadril ainda o incomodava enquanto ele descia os degraus de um avião C-54 no aeródromo de San Antonio. Foi o último a sair do avião, tão tímido que nem disse seu nome para o comitê de boas-vindas.

Uma multidão de 250 mil se aglomerava na rota para o centro de San Antonio. Garotas jogavam flores. Pétalas flutuaram nos céus. Todo mundo parecia sorrir. Enquanto o grupo de soldados de elite e altamente condecorados de Murphy passava pelo Álamo, vários dos veteranos avistaram "cowboys de verdade se divertindo". "As boas-vindas tiveram todas as cores de um Mardi Gras de Nova Orleans e o glamour de um desfile de *ticker tape* de Nova York", foi relatado. "As janelas e os telhados dos prédios do centro, assim como as ruas, estavam lotados de espectadores."[22]

Entre os dignitários reunidos em San Antonio estavam treze generais, incluindo o verdadeiro alto escalão como Lucian Truscott e Alexander Patch, e outras estrelas, como Jim Gavin, comandante da 82ª Aerotransportada, e o tenente-coronel de 25 anos James Minor, o mais jovem comandante de um regimento na guerra, com uma Cruz de Serviço Distinto e uma Estrela de Prata no currículo.

Uma multidão de repórteres cercou Murphy às 16h30 em uma coletiva de imprensa. Um jornalista notou que ele era "um grande sucesso.

Sua juventude, sua personalidade agradável e sua modéstia atraíam as pessoas ao seu redor por onde quer que fosse".[23]

Repórteres anotaram cuidadosamente os prêmios de Murphy: a Medalha de Honra, a Cruz de Serviço Distinto, a Legião do Mérito, duas Estrelas de Prata, a Estrela de Bronze, a *Croix de Guerre* com folhas de palmeira e a *Croix de Guerre* com estrela de prata.

"Você tem dois ramos no seu Coração Púrpura?"

"Sim", Murphy explicou que tinha levado um tiro de um *sniper* no quadril e também havia sido ferido por estilhaços.

"Gostaria de saber todos os detalhes sobre como você ganhou a Medalha de Honra", uma repórter pediu.

"Não tem muito o que dizer."[24]

Os jornalistas olharam para as medalhas em seu peito.

"Eu não me separaria de nenhuma delas por nada", ele disse. "Apesar disso, elas não valeram tudo o que passei. Minha certidão de nascimento diz que tenho 21 anos, mas, na verdade, sou muito mais velho. Você entenderá quando souber mais sobre esses últimos anos da minha vida."

O que ele planejava fazer?

"Tudo o que quero fazer é vadiar, pescar, dormir e ver meus amigos... Tenho 146 pontos para conseguir uma dispensa, mas se o exército precisar da minha ajuda, é a minha prioridade. Não serei enviado para o combate novamente, a menos que eu solicite. E não vou. Não sou um lutador. De agora em diante, eu quero gostar de todo mundo."[25]

Às 21h30 daquela noite, aconteceu um jantar no salão de banquetes. Truscott, Patch e outros do alto escalão comeram com vontade.

Havia um lugar especial para Murphy.

No final do banquete — "pombo recheado, frango numa cúpula de vidro" —, um cerimonialista ficou de pé.[26]

Murphy foi descrito como alguém que conquistou "todas as medalhas disponíveis".[27]

As cabeças se viraram. As pessoas se levantaram de seus assentos, prontas para aplaudi-lo de pé.

Não havia sinal do texano.

De acordo com um relato, Murphy saiu cedo do banquete, voltou para o Hotel St. Anthony, passou mancando pelos tapetes orientais no saguão espaçoso, pelo mármore italiano, pelas colunas coríntias e pelos lustres de ouro, e entrou em um elevador. Uma bela jovem operava o elevador. Fazendo valer o tempo até chegar em seu andar, Murphy a convidou para se juntar a ele no quarto com ar-condicionado e molduras de mogno. Aparentemente, convenceu a moça a ir para a cama com ele. Quando terminou de fazer amor, diz-se que Murphy terminou sua primeira noite nos Estados Unidos jantando um bife. Em seguida, caiu num sono profundo.[28]

No dia seguinte, um repórter da *Associated Press* dirigiu com Murphy de San Antonio para o norte do Texas. Murphy parecia feliz por voltar para casa enquanto contemplava o gado bem-alimentado e os campos de milho e de algodão.

"Você não consegue perceber o quão bom isso aqui é até ficar longe", Murphy disse. "Lá tinha uma aura infernal. Você ficava bravo, cansado e enojado e não se importava com o que acontecia contigo. A bravura é a determinação de fazer algo que você sabe que precisa ser feito. E se você adicionar o desconforto, a falta de sono e a raiva, fica mais fácil ser corajoso. Frio, umidade e desgosto renderam medalhas para muitos soldados."

Murphy apontou para um campo próximo.

"Isto é o suficiente para mim."[29]

CAPÍTULO 16

Voltando para Casa

WASHINGTON ESTAVA INSUPORTAVELMENTE úmida. Oito dias antes, os japoneses haviam se rendido depois do lançamento das bombas atômicas sobre Hiroshima e Nagasaki. O tenente Michael Daly ainda estava se recuperando dos graves ferimentos no rosto, mas conseguiu viajar para a Casa Branca, onde, em 23 de agosto de 1945, esperou com outros soldados para receber a Medalha de Honra.

Daly olhou ao redor do Salão Leste da Casa Branca, cheia de soldados, generais e a imprensa. George C. Marshall, chefe do Estado-maior do Exército, entrou na sala e começou a apertar a mão de cada um dos homens. Música tocou às 10h. Os soldados se levantaram.

Todos saudaram o comandante-chefe.

Lá vinha o presidente Truman, todo profissional, vestido com um terno claro, o homem mais poderoso do planeta.

Um general organizou medalhas em uma mesa.

O nome de Daly foi chamado, e ele se levantou, caminhando até o centro da sala — alto, magro e pálido, o corpo coberto de cicatrizes debaixo do uniforme. Então, Truman se inclinou e pendurou a medalha em seu pescoço. Lá estava, pendendo de uma fita azul-claro... O prêmio máximo, pelo qual o general Patton uma vez disse que trocaria sua alma.

O 33º presidente dos Estados Unidos ajustou a fita azul-claro da medalha. Câmeras clicaram. Daly estava entre os mais jovens desse grupo de ganhadores da Medalha de Honra — um recorde de 28 homens.[1] Dois perderam as pernas. Vinte e quatro lutaram no Teatro Europeu.[2] Vinham de dezenove estados. O grupo era composto por três capitães, cinco tenentes, quatro soldados e dezesseis sargentos.

Truman contou a Daly que ele preferia ter ganhado a medalha a ter se tornado presidente.

O flash de uma câmera. A foto saiu com Daly de olhos fechados, como se estivesse sendo abençoado, como se um padre, não um político do Missouri, estivesse lhe dando uma bênção.

Da fita pendurada no pescoço pendia a medalha de ouro.

A medalha tinha cinco pontas.

Uma palavra em destaque.

VALOR. BRAVURA.

Em seguida, Truman cometeu um erro. Ele prestou continência para Daly. Deveria ter esperado Daly prestar primeiro. Daly retornou ao seu lugar e observou Truman se aproximar do microfone para dizer algumas palavras. Os homens reunidos aqui, o presidente disse, amavam a paz, porém se adaptaram à rigidez e às exigências da guerra.

O noticiário amplamente assistido e as fotos do evento mostraram o jovem oficial sentado em uma fileira no fundo, quieto e sem sorrir, enquanto Truman continuava a falar com os heróis reunidos. Dois homens estavam em cadeiras de rodas. O soldado de 1ª classe de 28 anos Silvestre S. Herrera, do Arizona, havia conquistado uma posição alemã arrastando-se com as mãos depois de perder os pés em um campo minado. O outro soldado, sentado alguns metros à frente, era o sargento

Ralph G. Neppel, 21 anos, de Glidden, Iowa. Depois de perder uma perna, ele ainda havia parado um tanque e matado vinte alemães.

As cerimônias duraram uma hora e quinze minutos.

Repórteres se aproximaram.

Daly foi questionado sobre a medalha.

"Às vezes", ele respondeu, "coisas assim são mais difíceis do que batalhas".

Disse aos repórteres que ele simplesmente tinha sido "sortudo". Assim como o tenente Audie Murphy, o tenente-coronel Keith Ware e tantos outros de seu regimento, se sentiu claramente desconfortável ao falar das próprias conquistas. Em vez de escrever sobre eles, a imprensa deveria falar dos "caras que não conseguiram vir". Eram eles "que mereciam essas medalhas".[3]

Na noite seguinte, ele voltou para Connecticut, sentado em um carro conversível ao lado do pai, Paul, parte de uma carreata.[4] Os dois foram gravemente feridos na Europa. Ambos conheciam o preço da vitória. Pai e filho olhavam para a multidão aplaudindo enquanto a chuva caía. Só um deles tinha a Medalha de Honra em volta do pescoço. Michael Daly desejou que seu pai, que fora duas vezes recomendado para ela na Primeira Guerra, tivesse recebido o prêmio máximo.[5] A medalha já pesava bastante e o diferenciava dos demais, criando uma separação ainda maior daqueles que não haviam vivenciado o combate. Ao que parecia, ele havia sido endeusado, ordenado como diferente dos outros jovens que voltaram para casa. Talvez já sentisse medo de deixar de corresponder às expectativas de ser um herói público. A missão energizante acabou, assim como o compromisso total com o próximo que ele descobriu durante o combate nos destroços ensanguentados da Alemanha nazista, liderando jovens norte-americanos assustados.

Em Fairfield, Daly entrou em uma escola lotada, a Roger Ludlowe High School, e subiu em um palco. Ele, magro que dói e tímido, ficou diante de mil pessoas, que o aplaudiram e o ovacionaram de pé por três minutos. Vários dignitários o elogiaram. Um disse que ele era um exemplo do que há de melhor na masculinidade norte-americana. Outro o comparou com seu pai — ele era tão corajoso quanto, afinal, "a maçã não cai longe da árvore".[6]

Um padre pediu a Deus que o abençoasse.

Por conta do ferimento na garganta, Daly teve dificuldade em levantar a voz, mas conseguiu ser agradável.

"Não consigo falar muito bem", Daly disse, "mas queria dizer que isso é a coisa mais incrível que já me aconteceu. Muito mais engrandecedor do que ganhar a medalha do presidente".[7]

No Dia V-J, 2 de setembro de 1945, Daly falou em uma festa realizada em sua homenagem e, de novo, desviou a atenção de si mesmo, colocando-a em outros soldados, afirmando mais uma vez que ele fora sortudo pra caramba. Uma quinzena depois, no dia 15 de setembro, ele alcançou um marco importante: seu 21º aniversário. O pai mandou o irmão de 12 anos de Daly, Gilroy, levar ele e o mais velho aos bares populares na cidade. O Sr. Daly deixou um punhado de dólares em cada bar e pagou uma rodada para cada parceiro.

"Esta é por conta do Michael!"[8]

Michael não teve vergonha de tomar uma bebida ou duas quando outros começaram a brindá-lo, o veterano mais famoso da Segunda Guerra de Fairfield. Ele entornava o caneco. Nos meses seguintes, como muitos veteranos que retornavam, ele bebeu em demasia. Gostava de arranjar confusão depois de muitas cervejas, enfrentando qualquer um que procurasse briga. Não queria voltar para West Point, ainda guardava ressentimento do lugar. Entretanto, sentia-se velho demais, mesmo tendo só 21 anos, para frequentar outra faculdade.[9] Daly conseguiu voltar para casa, mas estava à deriva, sem rumo, sem o senso de responsabilidade que vinha com o peso da vida de outros homens em suas mãos.

O SOL BRILHAVA quando Audie Murphy desceu os degraus de um avião em Los Angeles no dia 27 de setembro de 1945. Naquela data, ele foi formalmente dispensado do Exército dos EUA com o posto de primeiro-tenente. Esperando para cumprimentá-lo estava ninguém menos que o lendário ator Jimmy Cagney, que havia lido sobre o jovem soldado na edição de julho da revista *Life*.

Cagney quis ajudar o belo rapaz da capa o levando para Hollywood, então enviara um convite por telegrama com a promessa de que todas as suas despesas seriam pagas. "Eu conhecia Murphy apenas pelas fotos", Cagney, então com 45 anos, lembrou. "Pessoalmente, ele era terrivelmente magro e tinha uma cor cinza-azulado. Reservei um quarto de hotel para ele, mas parecia tão doente que temi deixá-lo sozinho. Eu o levei para casa e lhe emprestei minha cama. Isso foi depois de um descanso de três meses do combate. A guerra teve um efeito horrível nele."[10]

Cagney permitiu que ele ficasse em sua casa de hóspedes, e, como pagamento, Murphy trabalhou no quintal. Começou a se exercitar, lutando boxe em uma academia local, lentamente ganhando peso e recuperando a cor graças ao sol da Califórnia. Cagney se provou extraordinariamente generoso, oferecendo a Murphy um contrato de cinema de US$150 por semana — uma fortuna para o primeiro-tenente — se ele concordasse em frequentar uma escola de atuação e perdesse o sotaque texano. Não demorou para aprender a sorrir novamente. Afinal, ele estava em Hollywood, onde todos, cedo ou tarde, aprendiam a fingir para ter sucesso.

O MAJOR-GENERAL Keith Ware, o novo comandante do distrito militar de Washington, estava insatisfeito. Uma bela moça de 19 anos chamada Joyce havia lhe enviado um aviso de despejo, então ali estava ele, no escritório dela, em 1946, agitando o aviso no ar.

"Quem me mandou isto?", Ware, de 31 anos, perguntou.

Ele havia passado muito tempo no alojamento atual. Joyce informou que havia uma longa lista de homens precisando de abrigo. Regras eram regras. Nesse caso, Ware perguntou educadamente se ela poderia ajudá-lo a encontrar um novo lugar. Ele lhe era familiar. Ela tinha certeza de já ter visto o seu rosto antes. Por sorte, ela soube que um major estava querendo dividir um apartamento de dois quartos e providenciou para que ele se mudasse o mais rápido possível. Para mostrar gratidão, ele convidou Joyce para um encontro. Não demorou para estarem se vendo com frequência e acabaram se apaixonando perdidamente.

Joyce e Ware se casaram no dia 3 de maio de 1947. Cerca de um ano depois, Joyce relembrou, ela viu algumas fotos que a mãe de Ware havia enviado. Uma, de abril de 1945, mostrava-o ao lado de outros quatro ganhadores da Medalha de Honra em Nuremberg. Percebeu o porquê de o rosto de Ware lhe parecer familiar quando o conheceu. Ela de fato o tinha visto em um cinejornal sobre a libertação da cidade: "Eu tinha ido ao cinema com uma amiga. O cinejornal mostrava Keith e os quatro homens. Ele estava de óculos escuros, os outros não. Falei para a minha amiga: 'Olha o primeiro cara ali, o de óculos escuros, ele é fofo. Queria que não estivesse com aqueles óculos.' Então, quando vi a foto que minha sogra havia enviado dele em Nuremberg... Bom, meu coração parou."

Meu Deus, o destino.[11]

Ware foi profundamente afetado pela guerra. Ela notou que ele, assim como muitos dos colegas veteranos, gostava de bebidas mais fortes. "Ele tinha pesadelos, e eu sabia que eram sobre a guerra", lembrou. "Ele dizia 'atire nisso', 'vá para tal lugar' e coisas assim. Seus braços se moviam. Engravidei cinco meses depois do casamento. Uma noite, ele teve um pesadelo e seu braço teve um espasmo que quase acertou minha barriga."

Ela estava deitada de costas.

Ele quase havia batido no filho que ainda nem era nascido...

Meu Deus, se ele tivesse acertado minha barriga... Que efeitos isso teria em mim...?

Joyce contou a Ware o que aconteceu enquanto ele dormia. Ele começou a se abrir sobre a guerra, a perda, a violência, toda a dor. Não suportaria a ideia de ferir as duas pessoas que mais amava.

EVENTUALMENTE, OS PESADELOS foram embora. Mas não para o bom amigo de Ware, Audie Murphy. Em 1947, enquanto Ware se estabelecia na vida de casado, Murphy lutava para achar emprego. O contrato que ele havia assinado com James Cagney havia expirado, e Murphy se viu sem dinheiro, sem renda ou, ao que parecia, qualquer perspectiva.

Foram dias difíceis vivendo desempregado, dormindo em um quarto sujo em cima de uma academia de boxe de Hollywood.

Para matar o tempo, Murphy colocava as luvas e enfrentava todos, querendo extravasar a agressividade e o tédio. O diretor de cinema Budd Boetticher, um ótimo pugilista, lembrava-se claramente de Murphy nesse período: "Esse jovem com cara de bebê, que pesava cerca de 65kg, era o único que queria boxear comigo e tentava me derrotar todos os dias, então às vezes eu tinha que acertá-lo com força para mantê-lo na linha."

Mais ou menos na mesma época em que Murphy conheceu Boetticher, começou a namorar uma jovem atriz chamada Wanda Hendrix, e ela o incentivou a continuar em Hollywood tentando a sorte. Ele não deveria desistir e voltar para o Texas. Dito e feito: a sorte sorriu de novo para ele. Murphy conheceu um jornalista que mantinha a notória colunista Hedda Hopper por dentro das fofocas. Seu nome era David "Spec" McClure, também um veterano da Segunda Guerra Mundial, e os dois se aproximaram. Por meio de McClure e de conexões como Hopper, Murphy conseguiu uma pequena participação em uma comédia romântica chamada *Texas, Brooklyn and Heaven* e apareceu em outro filme de 1948, *Beyond Glory*, ambientado em West Point, estrelado por Donna Reed e Alan Ladd. Sua fala tinha oito palavras, Murphy lembrou, "sete a mais do que eu dava conta".[12] Depois, foi escalado para o papel principal de *Bad Boy,* um filme B, e impressionou os produtores executivos o suficiente para ser contratado pela Universal International para estrelar o filme *The Kid from Texas.*

Murphy encontrou tempo entre as filmagens em 1948 para retornar à Europa pela primeira vez desde a guerra, convidado do governo francês. Seu amigo "Spec" McClure foi com ele. A caminho de uma recepção no vilarejo de Ramatuelle, perto de Saint-Tropez, Murphy pediu ao motorista para encostar. Correu através de um vinhedo até uma vala de drenagem, depois subiu a Pill Box Hill na direção de um sobreiro. Estava de volta ao lugar em que ganhara a Cruz de Serviço Distinto, onde seu melhor amigo Lattie Tipton foi morto sem motivo. Achou o local onde Tipton deu seu último suspiro.

Ali perto havia um montinho de terra e, em uma extremidade, uma cruz. "Spec" McClure viu Murphy "tirar o boné do exército, colocá-lo sobre o coração e olhar em silêncio para o túmulo. Nunca vi [Audie] ser modesto, exceto na presença dos mortos. Acho que ele lamentou a vida toda pelos amigos que perdeu em combate".[13]

As pessoas que ele ajudou a libertar eram tão pobres quanto Murphy se lembrava, suas dores e suas memórias ainda frescas. Na Alsácia, explorou o Colmar Pocket. Nunca tinha visto a paisagem sem a crosta espessa de neve e de gelo. Em Holtzwihr, perto de onde Murphy ganhou a Medalha de Honra, foi recebido por uma grande multidão e pelo prefeito da cidade, que usava um casaco preto, velho e surrado. Murphy jamais esqueceria o olhar alegre no rosto das crianças cantando canções folclóricas alsacianas em sua homenagem. Aquilo era demais e as lágrimas vieram.[14]

Murphy voltou para os Estados Unidos e para sua carreira de principiante em Hollywood. Ele se casou com Wanda Hendrix no dia 8 de fevereiro de 1949. A união foi difícil desde o começo. De acordo com ela, Murphy ainda tinha pesadelos com a guerra e dormia com uma pistola debaixo do travesseiro — não era exatamente um afrodisíaco. Havia um nome que não parava de chamar.

Lattie.

Uma noite, ao acordar dos pesadelos, pegou sua pistola e explodiu um interruptor em pedacinhos. Havia muito trauma reprimido. Um espelho e um relógio na parede tinham furos perfeitos. Ele sempre teve uma ótima mira. A mulher que dividia a cama com ele era corajosa. "A coisa mais importante na vida dele eram suas armas", Wanda Hendrix afirmou. "Ele as limpava todos os dias e as acariciava por horas... Às vezes me mantinha sob a mira de uma arma sem nenhum motivo. Então, virava e colocava a arma na própria boca. Uma noite, eu finalmente disse a ele para ir em frente e atirar. Ele deixou a arma de lado e empalideceu."[15]

Murphy e Wanda Hendrix se divorciaram em 1951. Ela alegou que Murphy a traumatizara tanto durante o casamento que adoeceu mental e fisicamente. "Eu não estava em condições de me casar", ele próprio admitiu mais tarde. "Tinha pesadelos com a guerra: homens correndo, atirando e berrando, e então minha arma se desmontava quando eu tentava puxar o gatilho."[16]

Murphy não conseguia ficar sem uma mulher e se casou de novo, desta vez pedindo Pamela Archer, uma jovem aeromoça de Dallas, em noivado — apenas quatro dias após seu divórcio com Wanda ser finalizado. A sorte sorriu. O influente diretor John Huston escolheu Murphy, para desgosto dos donos dos estúdios, para protagonizar uma adaptação do clássico *The Red Badge of Courage*, de Stephen Crane. Quando Huston se encontrou com Murphy no primeiro dia no set, perguntou se ele estava animado. Um silêncio constrangedor se estendeu antes de Murphy responder honestamente: "Bem, depois da guerra e tudo o mais, não existe muita coisa que realmente me empolgue."[17]

Huston achou a resposta perturbadora. Ele conseguiu, no entanto, extrair um bom desempenho do homem que ele mais tarde descreveria como um "pequeno assassino de olhos gentis". Durante as filmagens, Murphy fez amizade com outro veterano da Segunda Guerra que teve um papel no filme, o cartunista e escritor Bill Mauldin. O personagem de Mauldin provocou o jovem soldado de Stephen Crane, Henry Fleming, interpretado por Murphy, várias vezes no roteiro. "Havia algo muito incongruente em dizer: 'O que foi, medroso?' para um personagem desconexo", Mauldin lembrou, "que na vida real derrotou uma boa parte do exército alemão. O roteiro foi ainda mais difícil para o pobre Murph. Toda vez que eu o provocava ou zombava dele, a parte de trás de seu pescoço ficava vermelha e seus punhos começavam a se fechar. Depois de várias refilmagens sem sucesso, ele se virou para mim e disse: 'Escuta aqui, seu escritorzinho inútil de quinta categoria, sei que estamos apenas atuando, mas você não precisa dizer as coisas como se fossem verdade!'."[18]

Em 1955, Murphy estrelou em *To Hell and Back*, uma adaptação de uma autobiografia de sucesso escrita (como *ghost writer*) por seu amigo "Spec" McClure. Inicialmente, Murphy se recusou a aparecer como ele mesmo, não querendo que outros veteranos pensassem que estava lucrando com suas experiências de guerra, argumentando que o ator Tony Curtis faria um trabalho melhor. Por fim, foi persuadido a assumir o papel, e uma experiência surreal se iniciou: reviveu os momentos mais intensos de sua vida, representando-os de verdade, como quando sua mãe faleceu e seu melhor amigo, Lattie Tipton, foi assassinado.

O diretor do filme, Jesse Hibbs, lembrou que Murphy "não parecia pensar em atuar. Havia um instinto primitivo nele. Ele reagia instintivamente a cada explosão e som de metralhadora".[19] Quando precisou reencenar a morte de Tipton, Murphy teve que se esforçar muito, e as filmagens foram adiadas até que ele reunisse coragem para reviver o trauma. O filme terminou com uma cena de Murphy recebendo a Medalha de Honra, um final que ele desprezava e queria cortar. Hibbs quase não o convenceu a mantê-lo.

O filme reconectou Murphy com o homem que ele, sem dúvida, respeitava mais do que qualquer outro na vida — o tenente-coronel Keith Ware, seu ex-comandante. Ele entrou em contato com Ware, que então lecionava em West Point, e pediu para se tornar o consultor técnico do filme, apreciando a ideia de ir à guerra mais uma vez com o cavalheiro de fala mansa cuja vida ele de muito bom grado salvara em outubro de 1944. Infelizmente, Ware teve de recusar a oferta porque não podia deixar suas obrigações em West Point, onde era um instrutor muito valorizado em psicologia e liderança. O mais importante para ambos os homens foi reanimar a relação entre eles.

Embora Ware não tenha encontrado tempo para ajudá-lo com o filme, manteve-se a par dos desenvolvimentos. Em certo ponto, Murphy disse a ele que precisou mudar a maneira como andava. Sempre teve o andar de um perseguidor, mesmo antes de aprender a caçar quando criança, mas agora mancava, graças a uma lesão no quadril durante a guerra. Para agradar os diretores executivos, teve que endireitar a coluna e andar ereto, cabeça erguida.[20]

O filme acabou sendo um grande sucesso, rendendo a Murphy mais de US$400 mil, uma baita quantia na década de 1950. Embora Murphy apostasse e gastasse sem muita preocupação, conseguiu economizar o suficiente para comprar um rancho nos arredores de Los Angeles e dedicou cada vez mais tempo a ele. Comprou um avião e se tornou um excelente piloto. Seu momento mais feliz, talvez, era voar de Hollywood para o rancho a fim de estar com seus cavalos. No auge do sucesso, ele enfatizou em uma entrevista que não estrelou como ele mesmo por vaidade ou para glamourizar a violência. Odiava o que a guerra havia feito com a sua geração, tanto que quis doar todas as medalhas quando voltou aos EUA em 1945. "A guerra é um negócio sujo", ele acreditava, "a ser evitado se possível e a ser resolvido o quanto antes. Não é o tipo de trabalho que merece medalhas".[21]

NA COSTA LESTE, o companheiro de regimento de Murphy, Michael Daly, lutava desde a guerra para encontrar um rumo. Depois de uma noite particularmente maluca na cidade, foi preso por brigar e forçado a se acalmar atrás das grades. Tudo mudou em um domingo de 1957 quando a família Smith veio visitar os Daly. Os Smith trouxeram com eles uma mulher incrivelmente atraente de 36 anos chamada Margaret Miller. Estava divorciada há seis anos, tinha dois filhos pequenos e um passado glamoroso, tendo atuado como atriz na Broadway.[22]

O divórcio de Miller havia sido difícil para ela. Não estava procurando outro marido. Mesmo assim, Daly e ela se aproximaram depressa. Porém, precisaram esperar até que o casamento de Miller fosse dissolvido antes de poderem se casar na Igreja Católica Romana, um jeito que Daly achou de agradar aos pais. Finalmente, o fizeram em 31 de janeiro de 1959, então passaram um ano na Irlanda, vivendo de maneira simples em uma cabana espartana no vilarejo de Glen of the Downs, no condado de Wicklow.[23] Uma filha chamada Deirdre nasceu durante o ano de lua de mel, em que passaram boa parte vagando por colinas próximas e ao longo das margens do rio Three Trouts, que desaguava no Mar da Irlanda alguns quilômetros a leste.

A guerra nunca deveria ser discutida, e as memórias de Daly estavam trancadas como as muitas medalhas que ele havia guardado em um estojo de veludo. Foi só no início dos anos 1960, quando se voluntariou e arrecadou fundos no hospital local St. Vincent's, que encontrou, como ele descreveu, uma "causa maior do que si", um verdadeiro propósito para sua vida. Ao se dedicar aos pacientes e aos funcionários do hospital — administrado por uma ordem de freiras católicas romanas em Bridgeport —, redescobriu o espírito de serviço. Ele acabaria servindo no conselho do hospital por mais de trinta anos, tornando-se sua "consciência". Acima de tudo, se preocupava com os pacientes mais pobres e doentes terminais, confortando-os, muitas vezes participando de seus funerais.[24] Em combate, raramente havia tempo para passar pelo luto, para demonstrar amor, a não ser arriscando a própria vida para salvar seus homens. Por fim, ele podia se despedir.

KEITH WARE, EX-COMANDANTE do batalhão de Daly, foi promovido à patente de uma estrela e enviado para o Pentágono em 1964. O *New York Times* noticiou: "O General de Brigada Keith L. Ware, que conquistou a Medalha de Honra, foi escolhido como chefe-adjunto de informações do exército."[25] Ele concedeu uma rara entrevista durante a nomeação, dizendo ao *Army Times* que a estrela de cinema Audie Murphy havia sido um de seus homens durante a Segunda Guerra e, enfatizou, o "melhor soldado [que ele] já viu... Graças à sua excelente capacidade de liderança, até mesmo os veteranos mais antigos seguiam suas ordens".[26]

Ware havia subido de patente pacientemente, um "viciado em trabalho" sempre obediente, segundo a esposa Joyce. Ele havia se formado pela Universidade George Washington, e sua posição como professor em West Point só aumentou seu status. O exército se tornou sua essência. Quando o presidente Eisenhower pediu que se tornasse seu conselheiro militar sênior na década de 1950, Ware recusou, argumentando que odiava política, mas a verdadeira razão era que ele queria subir ainda mais de patente.[27] Por fim, depois de dois anos no Pentágono, ele fez história. Em 1966, tornou-se major-general — o primeiro e até hoje único conscrito a passar de soldado a oficial-general.[28]

MAURICE BRITT, ASSIM como Keith Ware, desfrutou considerável sucesso após a guerra. Ele também havia encontrado um propósito. Voltou para o Arkansas, para a cidade de Fort Smith, e trabalhou na empresa de fabricação de móveis Mitchell Company, do sogro. Tornou-se o pai coruja de cinco filhos.[29] No início dos anos 1960, cada vez mais envolvido na política democrata, Britt começou a própria empresa, fabricando produtos de alumínio. Infelizmente, seu primeiro casamento não sobreviveu, e, após o divórcio, se casou de novo, em 1966. Nesse mesmo ano, ele se juntou ao Partido Republicano, consternado pelas visões segregacionistas de muitos democratas do Arkansas, e foi eleito vice-governador do Arkansas, atraindo os novos eleitores negros.[30]

Ao assumir o cargo, Britt recebeu uma mensagem de felicitações do único homem que superou sua contagem de medalhas na Segunda Guerra Mundial.

"Há algo que você não pode fazer?", Audie Murphy perguntou.

"Ainda não sou uma estrela de cinema", Britt respondeu.[31]

Graças a Murphy, Britt escapou da maldição de ser uma celebridade. Por causa de Murphy, a maior parte da mídia deixou-o em paz. Embora ainda sofresse com os ferimentos, havia aceitado a perda do braço e não se sentia amargurado.

AUDIE MURPHY NUNCA escaparia de seus demônios. Em 1967, um ano depois que Britt foi eleito pela primeira vez, Murphy contou a um repórter da *Esquire*: "Tornar-se um assassino, alguém frio e analítico, ser treinado para matar, depois voltar à vida civil e ficar sozinho na multidão... Leva um tempão para superar isso. O medo e a depressão tomam conta de você. Já faz mais de vinte anos, e os médicos dizem que o efeito disso na minha geração não atingirá o pico até 1970. Então, acho que tenho três anos pela frente."

Naquela época, Murphy morava na Toluca Road, em Hollywood, em uma grande casa de tijolos. Em seu jardim, não muito longe de um mastro, havia arbustos de rosas que foram, de fato, nomeadas em sua homenagem — rosas Audie Murphy.

O repórter da *Esquire* Thomas Morgan foi enviado a Los Angeles para escrever um perfil de Murphy e passou vários dias com ele. Como era esperado, perguntou sobre as medalhas. Murphy disse que não tinha todas — deu algumas para crianças da vizinhança. Além disso, não gostava mais de usá-las em público, não queria que ninguém fizesse alarde sobre seu recorde. Havia sido convidado para a posse do presidente Kennedy em 1960, como os outros ganhadores da Medalha de Honra, mas recusou.

Murphy tinha uma pancinha, olhos azuis assombrados, cabelos castanho-avermelhados começando a ficar grisalhos. Adorava jogar sinuca na garagem, apostando alguns dólares.

"Com certeza nós não nos divertimos com frequência por aqui", Murphy disse. "Para ser sincero, nunca me dei bem com o pessoal de Hollywood, nem eles comigo."

Ele parecia não dar a mínima para o estrelato.

Ganhou muito dinheiro... E daí?

"Se eu não atuasse nos filmes, poderia ter sido um fazendeiro."

Riu e acrescentou: "Um fazendeiro feliz!"

Por que Murphy não ficou no exército?

"Não foi minha decisão", afirmou. "West Point me recusou porque boa parte do meu quadril direito não está mais aqui. Não consigo nadar por causa disso. E ainda tenho outras doenças. Cinquenta por cento de incapacidade: estilhaços nas pernas, gastrite, dores de cabeça frequentes. Olha, eu não queria ser um ator, só foi a melhor oferta que apareceu."

Os pesadelos nunca haviam ido embora. Ele estava viciado em comprimidos, mas decidiu cortar o uso se trancando em um quarto de hotel para se livrar do vício: "Fiquei lá por cinco dias, sofrendo de abstinência como um drogado. Tive convulsões. Mas larguei. Larguei os comprimidos e as apostas. Nesse ano desde que parei, sinto como se estivesse começando minha vida de novo. Tenho dormido ultimamente, na maioria das noites pelo menos. Mas não vou tomar mais comprimidos. Nenhum."

Como um soldado vivendo no inferno, Murphy estava em sua melhor forma.

"Isso é algo sobre o combate", enfatizou. "Ele traz o melhor dos homens. É sangrento e lamentável, mas a maioria das pessoas em combate dá seu máximo e um pouco mais."

Ele tinha adorado fazer parte da Companhia B, 15º Regimento de Infantaria, 3ª Divisão: "Você confia sua vida aos homens ao seu lado nas linhas, enquanto, como civil, talvez você não confie nem um pingo neles."[32]

Morgan concluiu que Murphy era "mais do que o herói de guerra daquela época. Ele havia sido também uma vítima — muito de seu espírito, na verdade, foi morto em ação."[33]

O início de uma nova década, a 6ª de Murphy, não predizia nada de bom. Em um incidente bizarro em maio de 1970, ele se envolveu em uma briga violenta com um adestrador de cães que gerou sérias acusações de agressão. Como sempre, ele portava uma arma.

Uma nova manchete lia:

"AUDIE MURPHY DETIDO POR AGRESSÃO; O HERÓI DE GUERRA: EU NÃO TINHA UMA ARMA."[34]

Murphy foi absolvido de todas as acusações.

"Audie, você atirou naquele cara?", um repórter perguntou.

"Se eu tivesse", respondeu, devagar, "você acha que eu teria errado?".[35]

Dos homens do Marne que estiveram entre os mais condecorados da Segunda Guerra Mundial — Murphy, Britt, Ware e Daly —, um continuou vestindo a farda, e em 1967, ele ansiava liderar os homens novamente em combate. Era parte de quem o major-general Keith Ware era. Escalado para ir à Alemanha e assumir o comando de uma divisão, ele fez uma visita ao grisalho chefe do Estado-Maior do Exército dos Estados Unidos, o general Harold K. Johnson, no Pentágono.[36] Johnson era um estrategista sagaz e grande admirador de Ware. Também havia comandado um batalhão da 3ª Divisão, porém na Guerra da Coreia, e estava cada vez mais frustrado porque o governo pedia aos militares dos EUA para travarem uma guerra no Vietnã sem mobilização total de recursos.

Pouco depois do encontro entre eles, Joyce, a esposa de Ware, recebeu um telefonema de Johnson, um sobrevivente da infame Marcha da Morte de Bataan na Segunda Guerra Mundial.

"Joyce, Keith e eu tivemos uma conversa", Johnson disse. "Ele quer ir para o Vietnã, e não para a Alemanha."

A Alemanha era, naturalmente, uma opção muito mais segura.

Joyce só tinha que pedir, e Johnson enviaria Ware para a Europa.

O Vietnã era um lugar ruim, que era melhor evitar. Os comunistas, acreditava Johnson, tinham uma clara vantagem: eles decidiam quando enfrentar as tropas norte-americanas, escolhendo o terreno e as táticas, evitando batalhas campais. Uma nova abordagem se fazia necessária: apoio massivo à contrainsurgência para pacificar o país. Mas o presidente Lyndon Johnson tomou uma decisão importante e decidiu não mobilizar as reservas do exército dos EUA. Esse não seria um conflito valendo tudo ou nada, como a Segunda Guerra. Ficou claro para o general Johnson que a Casa Branca não estava comprometida com a vitória no Sudeste Asiático.

Joyce Ware sabia a que lugar o marido pertencia. Ele chegou ao Vietnã no início de janeiro de 1968, pouco antes do novo inimigo lançar um ataque surpresa às forças dos EUA e do Vietnã do Sul, a Ofensiva do Tet. Trinta e cinco batalhões de vietcongues atacaram Saigon e, por vários dias, parecia que a capital do Vietnã do Sul poderia cair.

Como vice-comandante da II Força de Campo, Ware recebeu ordens de voar de helicóptero com um grupo de oficiais superiores para assumir o comando das forças norte-americanas que lutavam na cidade. Se os militares dos EUA perdessem o controle de Saigon, os reflexos seriam catastróficos. O apoio do povo norte-americano ao conflito, já em declínio, se desgastaria ainda mais rápido. Se a *Green Machine* ("Máquina Verde"), como os militares dos EUA no Vietnã foram apelidados, não tinham conseguido defender a capital do Vietnã do Sul contra um bando de camponeses comunistas porcamente equipados, então que chance teriam de vencer a guerra?

O tenente-coronel William Schroeder, oficial de operações de Ware, partiu para Saigon com ele na manhã de 1º de fevereiro de 1968.

"O general Ware era um cara bem impressionante", lembrou. "Ele nunca se empolgava, nunca levantava a voz ou se gabava da patente, como muitos outros. Era um bom soldado, de fala mansa, e o comportamento calmo inspirava muita confiança."

Eles estavam indo para um complexo militar no centro de Saigon, perto de uma rua chamada Le Van Duyet. "Durante a aproximação, vimos grupos de vietcongues correndo direto para a Le Van Duyet", Schroeder lembrou. O helicóptero Huey levando os dois pousou perto do complexo. Ware estava com um rádio portátil nas costas, pulou do Huey e entrou em um jipe. "Ao volante, havia um sargento-mor da Força Aérea dos EUA acima do peso", Schroeder lembrou. "Ele estava muito nervoso e gritando: 'Vamos dar o fora daqui!' Foi um pouco inquietante. Recebíamos tiros de armas de pequeno porte vindos dos telhados dos prédios ao redor do complexo. Apressamo-nos em torno de barricadas que protegiam a entrada de um ataque suicida... Durante isso tudo, o general permaneceu relaxado, tranquilo."[37]

Às 11h daquela manhã, a Força-tarefa Ware já estava funcionando. Seus homens tomaram a pista de corrida de Phu Tho no fim da tarde, após um combate feroz. Era um objetivo vital, afinal era o único lugar em Saigon onde vários helicópteros podiam pousar de uma vez. Ware reforçou suas tropas e, no dia 3 de fevereiro, enviou homens de várias unidades, incluindo a 101ª Divisão Aerotransportada e a 1ª Divisão, para proteger a cidade. Com o trabalho pesado feito, no dia 5 de fevereiro, ordenou que sua força-tarefa saísse de Saigon para abrir caminho para as forças sul-vietnamitas, que pediram a honra de limpar a capital até o último vietcongue. Isso gerou publicidade positiva tanto no Vietnã quanto nos EUA e salvou vidas norte-americanas.

Em 7 de março de 1968, Saigon estava sob controle de novo. A esplêndida liderança de Ware sob extrema pressão foi notada pelos de cima, e ele foi recompensado com o comando da 1ª Divisão de Infantaria. Foi uma grande honra para ele assumir o controle de uma força de combate tão famosa. A *Big Red One* havia recebido dezesseis Medalhas de Honra na Segunda Guerra, em comparação com as quarenta da Rocha do Marne, mas havia sido e ainda era uma divisão orgulhosa.

Ware estava em seu habitat de novo. Usava óculos escuros semelhantes aos daquele dia ensolarado de abril de 1945 em Nuremberg, quando a fita azul foi colocada em seu pescoço. Ele estava novamente no olho do furacão, visitando as linhas de frente para encorajar seus homens e ver o que precisava ser feito. No dia 20 de março de 1968, pouco após Saigon ter sido conquistada, Ware chegou a um posto avançado perto de Thu Duc, próximo ao rio Saigon, e prendeu medalhas no peito de quatro homens do 18º Regimento de Infantaria. "Ele era uma verdadeira inspiração para todos os soldados", um dos condecorados lembrou. "Na volta, seu Huey apagou no ar, e o piloto o trouxe de volta em rotação automática. Ele tinha uma história militar incrível e a viveu ao máximo."[38] Outro soldado lembrou que Ware carregava "uma caixa de potes de conserva, cada um com uma granada com o pino puxado, e [ele] voava sobre nós durante os combates e arremessava esses frascos de vidro com perfeição nas posições inimigas."[39]

Os superiores de Ware providenciaram para que ele fosse promovido a tenente-general, enviando bandeiras de três estrelas para seu quartel-general.[40] Era difícil dizer o quão longe subiria depois que foi promovido. Muitos acreditavam que ele tinha a experiência e a conduta para se tornar chefe do Estado-maior do Exército.

No início da sexta-feira de 13 de setembro de 1968, durante a Batalha de Loc Ninh, Ware embarcou de novo em um Huey, com a intenção de visitar as linhas de frente. Levou consigo o cachorro de estimação, King, um pastor alemão branco, presente de homens que lutaram com a patrulha de reconhecimento de longo alcance de sua divisão.[41] Mais tarde naquela manhã, desembarcou perto de Loc Ninh, dentro do Camboja, e conversou com seus comandantes em ação, dando ordens precisas.

Havia "combate intenso" na área. Às 12h52, pouco depois de decolar com mau tempo e cobertura de nuvens a 200 metros, seu helicóptero foi atingido por metralhadoras inimigas.[42]

Ted Englemann era um jovem operador de rádio que trabalhava em um acampamento-base nas proximidades. Ouviu as mensagens que vinham pelo rádio com atenção.

"Danger 6 caiu."[43]

Danger 6 era o *call sign* de Ware, do general comandante da *Big Red One.*

O helicóptero de Ware havia caído na selva densa.

Será que alguém sobreviveu?

Mais mensagens e ligações. No fim, ninguém havia sobrevivido — Ware, de 52 anos, três oficiais superiores, quatro tripulantes e o pastor alemão branco King estavam todos mortos.

Engelmann nunca esqueceria o dia 13 de setembro de 1968: "Eu me senti responsável pela morte de Ware. Ninguém morre no meu turno. Não é? Isso era o que eu pensava. E, principalmente, não um general — até parece. Especialmente não o major-general Keith Ware. Já teria sido ruim o suficiente se fosse algum soldado, mas, sabe, o major-general da divisão. Putz grila! Esse tipo de coisa não acontecia."[44] Mas aconteceu. E carregaria a culpa por quase vinte anos, as memórias especialmente dolorosas todo dia 13 de setembro.[45]

Ware foi enterrado no Cemitério Nacional de Arlington, o general do exército de mais alta patente morto no Vietnã, o único soldado a receber a Medalha de Honra, desde a Primeira Guerra, que foi morto em uma guerra posterior.[46] O presidente Johnson compareceu ao funeral. Ware foi postumamente premiado com a Cruz de Serviço Distinto em outubro de 1968, o que significa que ele finalmente se igualara aos companheiros do Marne Maurice Britt e Audie Murphy com a Estrela de Bronze, a Estrela de Prata, a Cruz de Serviço Distinto e a Medalha de Honra.[47]

ENTRE OS MAIS abalados com a notícia da morte de Ware estavam seus ex-companheiros da Segunda Guerra, particularmente Audie Murphy que, de acordo com relatos, foi "muito afetado pela notícia da morte".[48] Para Murphy, Ware talvez fosse o último elo com um tempo mais animado e, ironicamente, inocente. Ainda era capaz de se sentir calmo às vezes — quando tinha que interpretar seu antigo eu, o soldado obediente, sempre ligado pela honra aos seus irmãos de guerra. Ele se recusava a aparecer em comerciais de cigarro e álcool, ciente de que, como o soldado mais condecorado da história dos EUA, deveria tentar dar um bom exemplo. "A guerra invadia minha mente como um tsunami", disse Murphy a um repórter. "Não é nada demais, mas, quando a guerra começou, alguém teve que lutar. Hitler não estava de brincadeira. As pessoas parecem se esquecer disso hoje em dia."[49]

Em 1970, enquanto os protestos contra a Guerra do Vietnã separavam os Estados Unidos, Murphy temia que os dois filhos adolescentes fossem convocados e enviados para uma guerra que ele não podia mais apoiar. "Não é certo pedir que jovens arrisquem a vida em guerras que não podem vencer", comentou com um entrevistador. "Vou te dizer o que me incomoda. E se meus filhos tentarem fazer jus à minha imagem? E se as pessoas esperarem isso deles? Já conversei com eles sobre isso. Quero que sejam quem são, não que tentem ser o que eu era. Não quero que meus filhos sejam heróis mortos em combate."[50]

No dia 28 de maio de 1971, um avião bimotor azul e branco, pintado com as cores da 3ª Divisão, decolou de Atlanta e voou para Martinsville, na Virgínia. Murphy estava no avião. Amigos achavam que ele estava prestes a dar a volta por cima. Voou para a Virgínia na esperança de começar um novo empreendimento comercial. Um sócio disse que ele seria mais rico que Creso.

Algo deu errado. O piloto ligou para o controle terrestre em Roanoke e informou que pousaria em vinte minutos devido ao mau tempo. Ele nunca o fez, colidindo contra uma montanha perto de Roanoke.[51] Não houve sobreviventes. O cadáver mutilado de Murphy foi identificado devido a uma cicatriz de 22 centímetros — causada pela bala daquele maldito *sniper* alemão na Alsácia 25 anos antes.

Um memorial ocorreu no dia 4 de junho em Los Angeles. Seis ganhadores da Medalha de Honra compareceram. Os grandes nomes de Hollywood nem se deram ao trabalho. Eles não eram o tipo dele, de qualquer modo. Wanda Hendrix, sua primeira esposa, estava lá para se despedir. Nunca deixou de amá-lo. Aos prantos, ela contou à imprensa: "Ele era um grande soldado. Ninguém jamais poderá tirar isso dele. Que descanse em paz."[52]

O funeral de Murphy foi realizado no dia 7 de junho no Cemitério Nacional de Arlington. O general O'Daniel, que liderou a 3ª Divisão à vitória na Segunda Guerra Mundial, estava lá para lamentar a morte de seu melhor soldado, para vê-lo ser enterrado não muito longe do monumento do Túmulo do Soldado Desconhecido. Outros quarenta homens do Marne compareceram, todos ali para prestar suas homenagens. O general William Westmoreland, que comandou as forças norte-americanas no Vietnã de 1964 até o ano em que Keith Ware foi morto, foi se despedir. O veterano da Segunda Guerra George H. W. Bush, na época embaixador nas Nações Unidas, estava no cemitério, assim como a segunda esposa de Audie e seus dois filhos.

Vários soldados tocaram o hino da 3ª Divisão, *Dogface Soldier*:

I wouldn't trade my old OD's

For all the navy's dungarees
For I'm the walking pride
Of Uncle Sam.

On army posters that I read

It says "Be All That You Can"
So they're tearing me down
To build me over again.[53]

[Eu não trocaria minha farda surrada

Por todos os macacões da marinha
Porque sou o orgulho ambulante
Do Tio Sam.

Em pôsteres do exército que li

Dizem "Seja Tudo o Que Puder"
Então estão me derrubando
Para me reconstruir.]

O SOLDADO MAIS condecorado da Segunda Guerra Mundial, que desafiou todas as chances no campo de batalha, finalmente foi sepultado. Houve pouca memoração na televisão. A América estava cansada da guerra. As pessoas pareciam ter se esquecido do que ele derrotou, que ele arriscou a vida tantas vezes para destruir o nazismo e todos os males que o acompanhavam. O amigo de Murphy, Bill Mauldin, talvez tenha resumido bem a situação na revista *Life*: "Nele todos reconhecíamos o ferro bruto e ardente como no instante em que é tirado da forja. Ninguém queria estar no lugar dele, mas ninguém queria ser diferente dele também."[54]

ASSIM COMO MURPHY, Michael Daly continuou próximo dos antigos companheiros. Uma década após a guerra, Daly foi convidado a voltar à França pela Comissão Americana de Monumentos de Batalha e se juntou a outros ganhadores da Medalha de Honra no recém-concluído Cemitério e Memorial Americano de Rhône, em Provença. A revista *National Geographic* informou que havia 861 lápides no menor dos seis "santuários militares no exterior" dedicados aos norte-americanos caídos durante a Segunda Guerra Mundial, consagrados em 1956.

Draguignan era um lugar triste. No inverno anterior, fez tanto frio, que duzentas oliveiras morreram. "O memorial talvez tenha sido o cenário natural mais belo ali", um repórter observou. "A retirada das árvores, cortadas ao nível do solo, deixou um vazio patético."[55]

O sol brilhava quando Daly encontrou o companheiro do Marne, Robert Maxwell, que recebera a Medalha de Honra pelas ações perto de Besançon em setembro de 1944. Os dois foram fotografados entre perfeitas fileiras de cruzes brancas. Ambos entendiam as pressões que acompanhavam o recebimento da Medalha de Honra. Eram colocados acima de outros veteranos. Mas eles não haviam escolhido ganhar o prêmio máximo. Não queriam ser colocados em um pedestal, nem ser idolatrados ou tratados como especiais de jeito nenhum. "Qualquer um teria feito o mesmo que eu", Daly mais tarde insistiu.[56]

Sentia grande "responsabilidade" por causa das honras que recebera. Ele usou toda a sorte que tinha durante o combate, passando muito tempo "no front". Sabia o quão abençoado havia sido por sobreviver, por voltar para casa: "Há um monte de coisas feitas na guerra que as pessoas não veem, e eu sempre achei que os verdadeiros heróis foram mortos em ação na infantaria, os que mais se arriscaram. Sem esse tipo de soldado, você nunca ganha uma batalha. Alguém tem que atacar. Minha medalha é em memória a esses homens."[57]

Os efeitos da guerra perduraram. A primeira filha de Daly, Deirdre, percebeu o quanto o pai parecia preocupado às vezes.[58] "Eu costumava me perguntar o porquê do meu pai olhar tanto para trás, principalmente conforme envelhecia", ela recordou. Então, certo verão, quando tinha a mesma idade do pai no Dia D, ela pegou carona de Paris para a praia de Omaha. Encharcada até os ossos pela forte chuva, dormiu em uma estufa em um jardim não muito longe da quebra das ondas e, na manhã seguinte, caminhou pela Omaha Sangrenta, pensando no pai andando no setor *Easy Red*. Havia ido em uma peregrinação para tentar entender o motivo do tempo em combate dele ter sido tão importante. "Agora entendo", ela explicou mais tarde. "É provavelmente a única vez na vida em que você está disposto a sacrificar tudo pelo cara do seu lado. Você nunca tem isso de novo. Esquece a carnificina e a tristeza e se lembra de uma coisa: você tinha uma causa maior do que si."[59]

O pai de Michael Daly com certeza entendia o caráter sagrado da causa, tendo servido com honra e bravura em duas guerras mundiais. Paul Daly faleceu em 10 de junho de 1974, com 82 anos. De acordo com um relato: "Houve um velório irlandês de três dias para o coronel, que foi colocado em sua sala de estar, uniformizado e com uma bandeira no caixão. O grupo de enlutados que choravam, riam, comiam e bebiam era diversificado — cavaleiros, democratas e veteranos. Amigos disseram que o coronel finalmente conseguiria questionar Napoleão sobre o erro cometido em Waterloo."[60]

Aos 58 anos, Michael Daly retornou à Europa pela última vez em 1982, a fim de visitar os que serviam em sua antiga unidade — a Companhia A do lendário 15º Regimento de Infantaria da 3ª Divisão. A base não ficava muito longe de Nuremberg, onde fora gravemente ferido no dia 19 de abril de 1945. Ele notou que a suíte em que foi alocado na base havia recebido o nome do bom e velho Audie Murphy, comandante da

Companhia B na Batalha do Colmar Pocket. Naquela primeira noite de volta à Alemanha, seu sono foi inquieto quando guerreiros falecidos do 15º Regimento de Infantaria apareceram, aqueles que não tiveram tanta sorte. Mais de 1.600 homens do regimento deram a vida na Segunda Guerra Mundial. No entanto, ele estava feliz que "os rostos voltaram", pois começou a temer que, quando as "memórias começassem a desaparecer, ele se tornaria um estranho para si mesmo".[61]

Madrugada. Esse havia sido o pior momento tantas vezes na guerra, esperando no frio e na escuridão para começar uma batalha, orando, imaginando se viveria para ver o dia seguinte. Antes do amanhecer, Daly levantou e se vestiu. Atravessou um campo e parou ao lado de alguns memoriais. O sol começou a nascer. Ele se lembrava dos longos dias de combate no Colmar Pocket, na Normandia, em Nuremberg.

Na noite seguinte, usando sua Medalha de Honra, contou ao público de jovens homens do Marne que seu coração sempre pertenceria aos *"dogface soldiers"*, como eram conhecidos os soldados da 3ª Divisão. Ele não costumava usar a medalha no pescoço, mas aquela noite foi especial. Estava conversando com os soldados de infantaria com a melhor sucessão nas forças armadas dos EUA.

"Não havia divisão melhor na Europa do que a 3ª Divisão da minha época", Daly disse. "Tive a sorte de servir na 1ª e na 3ª Divisões, ambas excelentes, mas meu coração sempre estará com a Rocha do Marne. Tinham algumas das tarefas mais difíceis — sofreram muitas baixas, mas no fim sempre prevaleceram. Perdemos alguns dos nossos melhores. Sabemos que muitas vezes eram os homens que mais se arriscavam, e, sem eles, você nunca conseguiria vencer uma batalha. Como líder de pelotão e comandante de companhia, eles me sustentaram na época, assim como as memórias deles me sustentam agora.

"Agora, de pé aqui comigo estão todos os grandes soldados da 3ª Divisão do passado, alguns de seus rostos passando pela minha memória, uns ainda vivos e muitos já falecidos. Esses que se foram devem estar com os anjos… Lembrem-se desta frase maravilhosa: 'Coragem é o que importa. Tudo se vai, caso a coragem se vá.' Sem coragem não há proteção para as outras virtudes. Todo homem perde a coragem às vezes. Todos devemos orar todas as manhãs para que Deus nos dê coragem para fazer o que é certo."

Ele nunca fez um discurso que significasse tanto.

Os civis nunca haviam entendido a irmandade dos soldados.[62]

Todo homem, Daly acrescentou, "merece uma causa maior do que si".

Seus homens na Segunda Guerra foram sua causa maior.

Sua plateia levantou e o aplaudiu por bastante tempo.

"Lembrem-se de nós pelo máximo de tempo que conseguirem", Daly pediu aos jovens homens do Marne.[63]

MAURICE BRITT TAMBÉM se aproximou dos ex-companheiros com o passar das décadas, participando regularmente de reuniões e de encontros anuais da Sociedade da Medalha de Honra. Suas feridas ainda doíam, mas ele nunca reclamou — nem uma vez nos cinquenta anos desde que teve o braço mutilado. Um neto, Chris Britt, lembrou-se de ter perguntado ao avô: "'Por que você não é uma estrela de cinema como Audie Murphy?'... Ele [estava] feliz por estar em segundo lugar e poder ficar quieto, calmo, focado na família, em vez de ser exibido país afora."[64]

Maurice Britt aproveitou o máximo que conseguiu da vida, fazendo o melhor que pôde com um pulmão e um braço. As cicatrizes da guerra ainda cobriam seu corpo envelhecido, mas não sua alma. Sempre que se levantava, sentia as consequências do passado — um pedaço de estilhaço ainda estava alojado no pé esquerdo. Além de todas as medalhas por bravura, Maurice Britt recebeu quatro Corações Púrpura, um a mais que Audie Murphy.

O pedaço de metal alemão no pé finalmente foi removido em outubro de 1995. Teve complicações durante o procedimento e precisou de mais cirurgias para combater a infecção na antiga ferida. Porém, isso tudo se provou demais para seu coração não tão forte quanto antes, e ele faleceu em Little Rock, Arkansas, no dia 26 de novembro de 1995, aos 76 anos.[65] Britt teve um velório público, o caixão aberto, a jaqueta de combate da Segunda Guerra Mundial foi pendurada nas costas da sua cadeira de balanço favorita, disposta perto dele. Cada uma das medalhas havia sido exposta.

O *New York Times* noticiou seu extraordinário histórico de guerra e observou que ele havia sido "o primeiro vice-governador republicano eleito no Arkansas desde a Reconstrução... E abriu o caminho para uma nova geração de políticos do Arkansas, incluindo democratas num novo molde, como Bill Clinton".[66] Em outro obituário, ele foi descrito não como o mais corajoso da Geração Grandiosa, mas como o "Primeiro dos Mais Corajosos", o primeiro norte-americano na história a ganhar todas as medalhas por bravura em uma única guerra.[67]

TODO MEMORIAL DAY, enquanto suas pernas conseguiram carregá-lo, Michael Daly prestou homenagens aos companheiros caídos em Fairfield, Connecticut.[68] Depois, entrava no carro e dirigia pelas cidades e pelos vilarejos ao longo da costa do Estuário de Long Island, às vezes parando para uma longa caminhada na praia, sozinho com as lembranças. Por fim, iria para casa, retornando à esposa Maggie depois do anoitecer. "Ele realmente está sofrendo", ela contou a um repórter. "Todo mundo está fazendo piqueniques, e ele sozinho, enlutado."[69]

Apesar de várias décadas terem se passado, os sentimentos de Daly sobre West Point continuavam complicados.[70] Convidado a visitar a academia em 2002, junto com outros ganhadores da Medalha de Honra, pediu que os cadetes que estivessem sendo punidos, como ele foi, recebessem uma anistia durante sua visita. Para sua consternação, foi informado de que as anistias só eram concedidas quando os chefes de Estado e a realeza visitavam. "Fui para West Point e fui um fracasso lá", Daly contou para uma plateia de alunos do ensino médio na Fairfield High School em 2004. Havia sido "um aluno medíocre com sérios problemas disciplinares, em confinamento especial, frequentemente escapando das punições. No fim do meu primeiro ano, saí e fiquei feliz por isso. Mas tem alguma coisa naquele lugar que gruda na sua alma."

Os alunos ouviram com bastante atenção.

"Todos nós perdemos nossa coragem de vez em quando. É por isso que oramos de manhã, para Deus nos dar força e coragem de fazer o que é certo."[71]

Quatro anos depois, em 2008, Michael Daly soube que estava com câncer no pâncreas. Sua última batalha não durou muito.[72] Enfrentou o fim com a mesma bravura que convocou no combate, ressaltando que, por direito, deveria ter morrido em Nuremberg. Conforme o fim se aproximava, sua filha Deirdre o confortava ao lado da cama. A medicação para a dor às vezes o fazia alucinar, levando-o para "outro lugar". Um dia, sua filha perguntou o que ele tinha visto no além. Ele descreveu um túnel, e no fim estava um jovem.

"Como esse jovem era?"

"Parecia desamparado."

Talvez estivesse se lembrando do jovem soldado da mesma idade dele que morreu na sua frente em Colmar Pocket, no último e amargo inverno da guerra.

A vida após a morte, de acordo com sua filha, um lugar "onde ele cuidaria das pessoas", finalmente acenou.[73]

Um padre deu a extrema-unção a Michael Daly em julho de 2008, enquanto ele estava deitado no leito de morte em casa. Antes de cumprimentar o padre, Daly disse que "o mundo precisa de pacificadores. Qualquer um pode disparar uma arma".[74]

AGRADECIMENTOS

MUITO OBRIGADO A Bob Maxwell, o último ganhador vivo da Medalha de Honra antes de falecer em 2019. Bob me hospedou no Oregon por dois dias maravilhosos. Ele foi tanto uma inspiração quanto uma fonte vital, fornecendo uma imagem vívida da vida nas linhas de frente com a 3ª Divisão na Segunda Guerra Mundial. Enquanto eu estava no Oregon, Dick Tobiason também foi muito atencioso. Agradeço a Anse Speairs e a Louis Graziano por recontarem sobre seu tempo em combate. Estou em dívida com a Sociedade da 3ª Divisão, particularmente com Henry Bodden e Toby Knight. Melissa Van Drew forneceu ótimas informações sobre Audie Murphy e indicou maravilhosos materiais complementares mantidos no Instituto de Pesquisa Audie Murphy. O historiador do 15º Regimento de Infantaria, Tim Stoy, forneceu ajuda e apoio incríveis, incluindo várias centenas de documentos essenciais, avaliações pós-ação e relatos não publicados reunidos durante seus muitos anos de pesquisa, além de fotos dos Arquivos Nacionais. Sua sabedoria e sua paixão foram inestimáveis. Tim Frank, historiador do Cemitério Nacional de Arlington, levou-me aos túmulos de Audie Murphy e de Keith Ware e desenterrou uma entrevista muito importante que realizou com Michael Daly nos anos 1990.

As seguintes instituições forneceram materiais importantíssimos: os Arquivos Nacionais, West Point, a Instituição Smithsonian, a Biblioteca do Congresso, Geoffrey Stark, da Universidade do Arkansas, o Museu da 1ª Divisão de Infantaria, o Museu da 3ª Divisão de Infantaria e a Fundação George C. Marshall. Melissa Smith enviou imagens maravilhosas. Ryan Smith desenterrou ótimos materiais no Arkansas. Andrew Woods, historiador no Instituto de Pesquisa Coronel Robert R. McCormick, Museu da 1ª Divisão no parque Cantigny, forneceu detalhes sobre Keith Ware e seu tempo no Vietnã. Chris Britt foi muito generoso ao explicar sobre a família e a história pós-guerra do avô. Deirdre Daly falou bastante sobre o pai e me enviou um belo discurso, o qual citei extensivamente. Joyce Ware falou com muita lucidez e detalhes sobre o marido, Keith Ware. Lottie Landra fez uma ótima pesquisa fotográfica. Amy Squiers transcreveu longas horas de entrevistas. Minha esposa, Robin, fez um trabalho de design fantástico. John Snowdon foi de grande ajuda enquanto eu caminhava pelos campos de batalha na Europa. Na Alsácia, Patrick Baumann me mostrou onde Audie Murphy conquistou a Medalha de Honra. Meu agente, Jim Hornfischer, foi incrível. E, mais uma vez, trabalhar com a equipe da Dutton foi fantástico, em particular com meu editor, Brent Howard.

BIBLIOGRAFIA SELECIONADA

ADLEMAN, Robert H.; WALTON, Coronel George. *The Devil's Brigade.* Nova York: Chilton Books, 1966.

_____; _____. *The Champagne Campaign.* Nova York: Little, Brown, 1969.

ALLEN, William L. *Anzio: Edge of Disaster.* Nova York: Dutton, 1978.

ARNOLD-FOSTER, Mark. *The World at War.* Nova York: Stein & Day, 1973.

ATKINSON, Rick. *The Day of Battle.* Nova York: Henry Holt, 2007.

_____. *The Guns at Last Light.* Nova York: Henry Holt, 2013.

BESSEL, Richard. *Germany 1945.* Nova York: HarperCollins, 2009.

BIDDLE, George. *Artist at War.* Nova York: Viking Press, 1944.

BISHOP, Leo V.; FISHER, George A.; GLASGOW, Frank J. *The Fighting Forty-Fifth: The Combat Report of an Infantry Division.* Baton Rouge, LA: Army & Navy Publishing, 1946.

BLUMENSON, Martin. *Bloody River.* Boston: Houghton Mifflin, 1970.

_____. *The Patton Papers.* Boston: Houghton Mifflin, 1974.

_____. *Patton.* Nova York: William Morrow, 1985.

_____. *U.S. Army in World War II: Mediterranean Theater of Operations, Salerno to Cassino.* Washington, D.C.: United States Army Center of Military History, 1993.

252 ★ Contra Todas as Probabilidades

BONN, Keith E. *When the Odds Were Even: The Vosges Mountains Campaign, October 1944–January 1945*. Novato, CA: Presidio Press, 1994.

BOWDITCH, John, III. *Anzio Beachhead*. Washington, D.C.: Department of the Army Historical Division, 1947. (Série American Forces in Action, n. 14).

BRADLEY, Omar N. *A Soldier's Story*. Chicago: Rand McNally, 1951.

_____; BLAIR, Clay. *A General's Life*. Nova York: Simon & Schuster, 1983.

BRIGHTON, Terry. *Patton, Montgomery, Rommel*. Nova York: Three Rivers Press, 2008.

BULL, Stephen. *World War II Infantry Tactics: Company and Battalion*. Oxford: Osprey, 2005.

BULLOCK, Alan. *Hitler*. Nova York: Konecky and Konecky, 1962.

CAPA, Robert. *Slightly Out of Focus*. Nova York: Henry Holt, 1947.

BROWN, Anthony Cave. *The Last Hero*. Nova York: Times Books, 1982.

CHAMPAGNE, Daniel R. *Dogface Soldiers*. Bennington, VT: Merriam Press, 2011.

CHANDLER, Alfred. *The Papers of Dwight David Eisenhower*. Baltimore: Johns Hopkins University, 1970. v. 3.

CHURCHILL, Winston S. *The Second World War: Closing the Ring*. Boston: Houghton Mifflin, 1951.

CLARK, Lloyd. *Anzio: Italy and the Battle for Rome — 1944*. Nova York: Grove Press, 2006.

CLARK, Mark W. *Calculated Risk*. Nova York: Harper & Bros., 1950.

CLODFELTER, Michael. *Warfare and Armed Conflicts: A Statistical Reference to Casualty and Other Figures, 1500–2000*. Jefferson, NC: McFarland, 2002.

COLLIER, Peter. *Medal of Honor: Portraits of Valor Beyond the Call of Duty*. Nova York: Artisan, 2006.

COX, Troy D. *An Infantryman's Memories of World War II*. Booneville, MS: BrownLine Printing, 2003.

DARBY, William O.; BAUMER, William H. *Darby's Rangers: We Led the Way*. Novato, CA: Presidio Press, 1980.

DEPASTINO, Todd. *Bill Mauldin: A Life Up Front*. Nova York: W. W. Norton, 2008.

D'ESTE, Carlo. *Bitter Victory: The Battle for Sicily, 1943*. Nova York: Dutton, 1988.

_____. *Fatal Decision: Anzio and the Battle for Rome*. Nova York: Harper-Collins, 1991.

_____. *Patton: A Genius for War*. Nova York: HarperCollins, 1995.

DUFFY, Christopher. *Red Storm on the Reich*. Nova York: Da Capo Press, 1993.

EISENHOWER, Dwight D. *Crusade in Europe*. Nova York: Doubleday, 1948.

_____. *Letters to Mamie*. Nova York: Doubleday 1978.

EISENHOWER, John S. D. *The Bitter Woods*. Nova York: G. P. Putnam's Sons, 1969.

_____. *They Fought at Anzio*. Columbia: University of Missouri Press, 2007.

ELLIS, John. *The Sharp End: The Fighting Man in World War II*. Londres: Aurum Press, 1990.

EVANS, Richard J. *The Third Reich at War*. Nova York: Penguin Press, 2009.

FERGUSON, Harvey. *The Last Cavalryman: The Life of General Lucian K. Truscott, Jr*. Norman: University of Oklahoma Press, 2015.

FEST, Joachim. *Speer: The Final Verdict*. Tradução de Ewald Osars e Alexandra Dring. Nova York: Harcourt, 2001.

Center of Military History. *The Fifth Army at the Winter Line*. Washington, D.C.: United States Army Center of Military History, 1990.

FRANKLIN, Robert. *Medic!* Lincoln: University of Nebraska Press, 2006.

FRITZ, Stephen G. *Endkampf*. Lexington: University Press of Kentucky, 2004.

FUSSELL, Paul. *Wartime*. Nova York: Oxford University Press, 1989.

_____. *Doing Battle*. Nova York: Little, Brown, 1996.

GERVASI, Frank. *The Violent Decade*. Nova York: W. W. Norton, 1989.

GILBERT, Martin. *Winston S. Churchill: Road to Victory, 1941–1945*. Boston: Houghton Mifflin, 1986. v. 7.

_____. *The Second World War* (ed. rev.). Nova York: Henry Holt, 1989.

_____. *Churchill: A Life*. Nova York: Henry Holt, 1991.

254 ★ CONTRA TODAS AS PROBABILIDADES

_____. *Winston Churchill's War Leadership*. Nova York: Vintage, 2004.

GRAHAM, Don. *No Name on the Bullet*. Nova York: Viking, 1989.

GROSSMAN, Dave. *On Killing* (ed. rev.). Nova York: Little, Brown, 2009.

HASTINGS, Max. *Armageddon*. Nova York: Knopf, 2004.

_____. *Winston's War*. Nova York: Vintage, 2011.

HICKEY, Des; SMITH, Gus. *Operation Avalanche: The Salerno Landings, 1943*. Nova York: McGraw-Hill, 1984.

HITCHCOCK, William I. *The Bitter Road to Freedom*. Nova York: Free Press, 2008.

JONES, James. *WWII: A Chronicle of Soldiering*. Nova York: Ballantine, 1975.

KEEGAN, John. *The Second World War*. Nova York: Penguin, 1989.

KEMP, Ted. *A Commemorative History: First Special Service Force*. Dallas: Taylor Publishing, 1995.

KERSHAW, Alex. *The Liberator*. Nova York: Crown, 2012.

_____. *The First Wave*. Nova York: Dutton Caliber, 2019.

KERSHAW, Ian. *Hitler 1936–1945: Nemesis*. Nova York: W. W. Norton, 2000.

KESSELRING, Albert. *The Memoirs of Field-Marshal Kesselring*. Novato, CA: Presidio Press, 1989.

LANGWORTH, Richard (ed.). *Churchill by Himself*. Nova York: Public Affairs, 2008.

LEWIS, Norman. *Naples '44*. Nova York: Carroll & Graf, 2005.

LUCAS, James. *Experiences of War: The Third Reich*. London: Arms and Armour Press, 1990.

MACDONALD, Charles, B. *The Last Offensive*. Washington, D.C.: United States Army Center of Military History, 1973.

_____. *The Mighty Endeavor*. Nova York: Da Capo Press, 1992.

MARSHALL, S. L. A. *Men Against Fire*. Norman: University of Oklahoma Press, 2000.

MAULDIN, Bill. *Up Front*. Nova York: W. W. Norton, 1991.

MCFARLAND, Robert C. (ed.). *The History of the 15th Regiment in World War II*. La Grande, OR: Society of the Third Infantry Division, 1990.

MIDDLETON, Drew. The Seventh Army. *Combat Forces Journal*, ago. 1952.

MILITARY INTELLIGENCE DIVISION. *Salerno: American Operations from the Beachhead to the Volturno.* Washington, D.C.: Military Intelligence Division, War Department, 1944.

MOLONY, C. J. C. *The Mediterranean and Middle East*: Part II: Victory in the Mediterranean. Uckfield, East Sussex: Naval & Military Press, 2004. v. 6.

MOOREHEAD, Alan. *Eclipse.* Nova York: Harper & Row, 1968.

MORISON, Samuel Eliot. *History of United States Naval Operations in World War II: Sicily-Salerno-Anzio.* Boston: Little, Brown, 1954. v. 9.

_____. *The Invasion of France and Germany, 1944–1945.* Edison, NJ: Castle Books, 1957.

MORRIS, Eric. *Salerno: A Military Fiasco.* Nova York: Stein & Day, 1983.

_____. *Circles of Hell: The War in Italy 1943–1945.* Nova York: Crown, 1993.

MOSSACK, Erhard. *Die Letzen Tage von Nürnberg.* Nuremberg: Noris--Verlag, 1952.

MURPHY, Audie. *To Hell and Back.* Londres: Corgi, 1950.

NICHOLS, David (ed.). *Ernie's War: The Best of Ernie Pyle's World War II Dispatches.* Nova York: Random House, 1986.

NOLAN, Keith William. *The Battle for Saigon: Tet 1968.* Nova York: Pocket Books, 1996.

OCHS, Stephen J. *A Cause Greater Than Self.* College Station: Texas A&M University Press, 2012.

OLECK, Major Howard (ed.). *Eye-Witness World War II Battles.* Nova York: Belmont Books, 1963.

OVERY, Richard. *Why the Allies Won.* Nova York: W. W. Norton, 1995.

PATCH, Alexander. The Seventh Army: From the Vosges to the Alps. *Army and Navy Journal*, dez. 1945.

PATTON, George S., Jr. *War As I Knew It.* Boston: Houghton Mifflin, 1947.

PREFER, Nathan N. *Eisenhower's Thorn on the Rhine.* Havertown, PA: Casemate Publishers, 2015.

PROHME, Rupert. *History of 30th Infantry Regiment, World War II.* Washington, D.C.: Infantry Journal Press, 1947.

256 ★ Contra Todas as Probabilidades

PYLE, Ernie. *Brave Men*. Nova York: Henry Holt, 1944.

RAWSON, Andrew. *In Pursuit of Hitler*. Barnsley, GB: Pen & Sword, 2008.

REYNOLDS, Quentin. *The Curtain Rises*. Nova York: Random House, 1944.

ROBERTS, Mary Louise. *What Soldiers Do*. Chicago: University of Chicago Press, 2013.

ROPER, Hugh Trevor. *The Last Days of Hitler*. Nova York: Macmillan, 1965

SEVAREID, Eric. *Not So Wild a Dream*. Nova York: Knopf, 1946.

SHAPIRO, L. S. B. *They Left the Back Door Open*. Toronto: Ryerson Press, 1944.

SHEEHAN, Fred. *Anzio: Epic of Bravery*. Norman: University of Oklahoma Press, 1964 (Reimpressão, 1994).

SHEPARD, Ben. *A War of Nerves*. Londres: Jonathan Cape, 2000.

SILVESTRI, Ennio. *The Long Road to Rome*. Latina, Itália: Etic Grafica, 1994.

SIMPSON, Harold B. *Audie Murphy, American Soldier*. Dallas: Alcor Publishing, 1982.

SMITH, David A. *The Price of Valor: The Life of Audie Murphy, America's Most Decorated Hero of World War II*. Washington, D.C.: Regnery History, 2015.

SPEER, Albert. *Inside the Third Reich*. Nova York: Macmillan, 1970.

STANTON, Shelby L. *World War II Order of Battle*. Nova York: Galahad Books, 1984.

STARR, Chester G. (ed.). *From Salerno to the Alps — A History of the Fifth Army, 1943–1945*. Washington, D.C.: Infantry Journal Press, 1948.

TAGGART, Donald G. (ed.). *History of the Third Infantry Division in World War II*. Washington, D.C.: Infantry Journal Press, 1947.

TERKEL, Studs. *The Good War*. Londres: Hamish Hamilton, 1985.

TOBIN, James. *Ernie Pyle's War*. Nova York: Free Press, 1997.

TOLAND, John. *The Last 100 Days*. Nova York: Random House, 1966.

TREGASKIS, Richard. *Invasion Diary*. Nova York: Random House, 1944.

TREVELYAN, Raleigh. *The Fortress: A Diary of Anzio and After*. Londres: Collins, 1956.

TRUSCOTT, Lucian K. *Command Missions*. Nova York: Dutton, 1954.

VAUGHAN-THOMAS, Wynford. *Anzio.* Londres: Longmans, Green, 1961.

VERNEY, Peter. *Anzio 1944: An Unexpected Fury.* Londres: B. T. Batsford, 1978.

WALLACE, Robert. *The Italian Campaign.* Nova York: Time-Life Books, 1981.

WALTERS, Vernon A. *Silent Missions.* Nova York: Doubleday, 1978.

WARLIMONT, Walter. *Inside Hitler's Headquarters, 1939–45.* Novato, CA: Presidio Press, 1964.

WESTPHAL, Siegfried. *The German Army in the West.* Londres: Cassel, 1951.

WHICKER, Alan. *Whicker's War.* Londres: HarperCollins, 2006.

WHITING, Charles. *Siegfried: The Nazis' Last Stand.* Nova York: Stein & Day, 1982.

_____. *American Hero.* York, Inglaterra: Kerslake, 2000.

_____. *America's Forgotten Army.* Nova York: St. Martin's Press, 2001.

_____. *Paths of Death & Glory: The Last Days of the Third Reich.* Havertown, PA: Casemate Publishers, 2003.

WHITLOCK, Flint. *Rock of Anzio.* Nova York: Basic Books, 1998.

WHITMAN, Bill. *Scouts Out!* Los Angeles: Authors Unlimited, 1990.

WILSON, George. *If You Survive.* Nova York: Ivy Books, 1987.

WYANT, William K. *Sandy Patch: A Biography of Lt. Gen. Alexander M. Patch.* Nova York: Praeger, 1991.

NOTAS

Capítulo 1: Batismo de Fogo

1. Maurice Britt, "*Captain Maurice Britt, Most Decorated Infantryman, Begins His Story of War Experiences*", documentos de Maurice Britt, Universidade do Arkansas, caixa 6.

2. Tenente-coronel Jack C. Mason, "*My Favorite Lion*", *Army*, maio de 2008.

3. "*The History of the 15th Infantry Regiment in WWII*" (manuscrito inédito, cortesia de Tim Stoy), 1.

4. Prohme, *History of 30th Infantry Regiment, World War II*, 24.

5. Britt, "*Captain Maurice Britt, Most Decorated Infantryman*", 6.

6. Britt, "*Captain Maurice Britt, Most Decorated Infantryman*", 6.

7. "*Former University Athlete Aboard Sunken Transport*", mural de recortes de imprensa sem data, coleção Maurice Britt, Universidade do Arkansas, caixa 2.

8. Britt, "*Captain Maurice Britt, Most Decorated Infantryman*", 6.

9. "*Journalism Major Awarded Congressional Medal*", *The Arkansas Publisher*, abril de 1944.

10. "*The History of the 15th Infantry Regiment in WWII*", 4.

11. *The Commercial Appeal*, Memphis, 8 de dezembro de 1944.

12. *Army*, maio de 2008.

13. "*The History of the 15th Infantry Regiment in WWII*", 4.

14. "*The History of the 15th Infantry Regiment in WWII*", 5.

15. Nas margens do Marne em 1918, a 3ª Divisão resistiu quando duas divisões alemãs atacaram. Por fim, os alemães recuaram e Paris foi salva. A 3ª Divisão

260 ★ Contra Todas as Probabilidades

também participou de outras batalhas importantes no Somme, em Château-Thierry e Saint-Mihiel, além das ofensivas de Champagne–Marne, Meuse–Argonne e Aisne–Marne. A divisão tem uma longa e célebre história, lutando contra os britânicos em 1812 e na Guerra Hispano-Americana, nas Guerras Indígenas, na Guerra Mexicano-Americana e na Guerra Civil. Um dos três regimentos da divisão, o 15º, passou 26 anos na China, partindo em 1938.

16. Britt, *"Captain Maurice Britt, Most Decorated Infantryman"*, 6.

17. *"Journalism Major Awarded Congressional Medal."*

18. *"Were 'Soft Underbelly' and 'Fortress Europe' Churchill Phrases?"*, *The Churchill Project*, 1º de abril de 2016, disponível em: <https://winstonchurchill.hillsdale.edu/soft-underbelly-fortress-europe/>.

19. Britt, *"Captain Maurice Britt, Most Decorated Infantryman"*, 7.

20. Britt, *"Captain Maurice Britt, Most Decorated Infantryman"*, 7.

21. Ferguson, *The Last Cavalryman*, 150.

22. Taggart, *History of the Third Infantry Division in World War II*, 47–48.

Capítulo 2: Sicília

1. Lucian Truscott para Sarah Truscott, 7 de julho de 1943, documentos de Lucian K. Truscott, Fundação George C. Marshall.

2. Truscott, *Command Missions*, 220.

3. *"Audie Murphy: Great American Hero"*, *Biography*, 1º de julho de 1996.

4. *Audie Murphy Research Foundation Newsletter*, v. 1, inverno de 1997, 7.

5. Murphy, *To Hell and Back*, 4–5.

6. Murphy, *To Hell and Back*, 4.

7. Prohme, *History of 30th Infantry Regiment, World War II*, 47.

8. Prohme, *History of 30th Infantry Regiment, World War II*, 92.

9. *"The History of the 15th Infantry Regiment in WWII"* (manuscrito inédito, cortesia de Tim Stoy), 22.

10. *"The History of the 15th Infantry Regiment in WWII"*, 22.

11. *"Audie Murphy: Great American Hero."*

12. Murphy, *To Hell and Back*, 7.

13. *"Audie Murphy: Great American Hero."*

14. Murphy, *To Hell and Back*, 7.

15. *Audie Murphy Research Foundation Newsletter*, v. 4, primavera de 1998, 2.

16. Documentos do regimento, 15º Regimento de Infantaria, Grupo de Registro 407, Arquivos Nacionais.

17. *"The History of the 15th Infantry Regiment in WWII"*, 4.

18. Ferguson, *The Last Cavalryman*, 163.

NOTAS ★ **261**

19. *Army Times*, julho de 1964.

20. *Time*, 20 de setembro de 1968.

21. *"The History of the 15th Infantry Regiment in WWII"* 11.

22. *"Keith Lincoln Ware"* Projeto *Hall of Valor*, disponível em: <https://valor.militarytimes.com/hero/2162#241446>.

23. Murphy, *To Hell and Back*, 10–11.

24. Cinco outros soldados inimigos foram mortos a tiros naquele dia por um dos camaradas de Murphy do 15° Regimento de Infantaria — o segundo-tenente Robert Craig, que, sozinho, enfrentou cerca de cem homens. Craig, nascido na Escócia (morava em Toledo, Ohio, antes da guerra), ficou sob intenso fogo que encurralou sua companhia. Três outros subalternos tentaram avançar, mas foram feridos, então Craig abriu caminho serpenteando por um campo de trigo na altura da cintura até chegar a uns 35 metros do inimigo. Em seguida, os alemães o viram e abriram fogo, suas balas rasgando o trigo, derrubando as plantas ao redor dos pés dele. Craig pulou e atacou uma metralhadora, atirando com sua carabina e matando os inimigos. Fez sinal para seus homens o seguirem e estavam avançando novamente, ao ar livre, descendo uma encosta empoeirada. Outra saraivada de balas inimigas veio na direção deles. Gritou para os homens que o seguiam recuarem. Iria em frente sozinho. Nos arredores do vilarejo de Favoratta, a 25 metros dos alemães, Craig ajoelhou e mirou. Mais uma vez, foi extraordinariamente preciso, matando cinco e ferindo três. Enquanto isso, seu pelotão conseguiu se esconder. Craig foi morto a tiros e seria postumamente premiado com a Medalha de Honra, o primeiro do 15° Regimento de Infantaria a conquistá-la enquanto libertavam a Europa. Fonte: Taggart, *History of the Third Infantry Division in World War II*, 57.

25. Assim como Audie Murphy, Truscott ficou desapontado com o interior da Sicília, lar do Ciclope, uma ilha lendária nos caminhos da história por mais de dois milênios. Ele esperava muito mais dali. "Sério", escreveu ele para a esposa, "quando eu estiver de novo em casa, nunca mais terei qualquer desejo de deixar a sensação e o cheiro do bom ar puro americano". Fonte: Truscott, *Command Missions*, 236.

26. Ferguson, *The Last Cavalryman*, 169.

27. Taggart, *History of the Third Infantry Division in World War II*, 58.

28. Maurice Britt, *"Captain Maurice Britt, Most Decorated Infantryman, Begins His Story of War Experiences"*, documentos de Maurice Britt, Universidade do Arkansas, caixa 6, pasta 1, 7.

29. Britt, *"Captain Maurice Britt, Most Decorated Infantryman"*, 6.

30. Morison, *History of United States Naval Operations in World War II*, v. 9: *Sicily-Salerno-Anzio*, 183.

31. Champagne, *Dogface Soldiers*, 47.

32. Ferguson, *The Last Cavalryman*, 174.

33. Patton, *War As I Knew It*, 61–62.

34. Biddle, *Artist at War*, 66.

35. Capa, *Slightly Out of Focus*, 71.

36. Ferguson, *The Last Cavalryman*, 174.

37. Vert Enis, diário, 23 de julho de 1943 (cortesia de Tim Stoy), 9.

38. Biddle, *Artist at War*, 68.

39. Morison, *History of United States Naval Operations in World War II*, v. 9: *Sicily-Salerno-Anzio*, 187.

40. Atkinson, *The Day of Battle*, 143.

41. Murphy, *To Hell and Back*, 10–11.

42. Major-general Eugene Salet, livro de memórias não publicado (cortesia de Tim Stoy), 220.

43. Salet, livro de memórias não publicado, 221.

44. Documentos do regimento, 15º Regimento de Infantaria.

45. Pyle, *Brave Men*, 92.

46. Michael Gallagher, e-mail para o autor, 11 de dezembro de 2020.

47. Champagne, *Dogface Soldiers*, 53.

48. Vert Enis, diário, 9 de agosto de 1943, 22.

49. "*The History of the 15th Infantry Regiment in WWII*", 49–50.

50. "*The History of the 15th Infantry Regiment in WWII*", 56.

51. Murphy, *To Hell and Back*, 15.

52. Blumenson, *The Patton Papers*, 319.

53. Truscott, *Command Missions*, 182–83.

54. Atkinson, *The Day of Battle*, 163.

55. Blumenson, *The Patton Papers*, 319.

56. Salet, livro de memórias não publicado, 222.

57. Vert Enis, diário, 14 de agosto de 1943, 24.

58. Documentos do regimento, 15º Regimento de Infantaria.

59. Morison, *History of United States Naval Operations in World War II*, v. 9: *Sicily-Salerno-Anzio*, 216.

60. MacDonald, *The Mighty Endeavor*, 186.

61. Biddle, *Artist at War*, 113.

62. Anse Speairs, entrevista com o autor.

63. Ferguson, *The Last Cavalryman*, 182.

64. MacDonald, *The Mighty Endeavor*, 14–15.

65. Vert Enis, diário, 15 de setembro de 1943, 30–31.

66. Vert Enis, diário, 15 de setembro de 1943, 30–31.

67. Britt mais tarde lembrou de Miller com grande carinho e respeito: "Meu oficial executivo era o tenente Jack Miller, de Vincennes, Indiana. 'Acho que não conseguiria passar por isso sem ele', contei à minha esposa numa carta. E falei sério. Em batalha, o tenente Miller era tão calmo quanto qualquer homem da companhia, mas, depois que a luta terminava, ele começava a suar frio e tremer, falando sem parar sobre como tinha escapado por um triz — das situações reais e das imaginadas. Foi ferido três vezes: na Sicília, em Acerno e em Anzio. Em Acerno, ganhou a Estrela de Prata por levar dois homens gravemente feridos para a segurança, mesmo de uma posição exposta. Enquanto o fazia, um projétil caiu tão perto que ele foi derrubado pelo abalo." Fonte: Britt, "*Captain Maurice Britt, Most Decorated Infantryman*", 13.

68. Britt, "*Captain Maurice Britt, Most Decorated Infantryman*", 3–5.

CAPÍTULO 3: LAMA, MULAS E MONTANHAS

1. Harold Lundquist, "*Random Thoughts of Days Gone By*", livro de memórias não publicado (cortesia de Tim Stoy), 1.

2. Taggart, *History of the Third Infantry Division in World War II*, 79.

3. "*Tribute to Captain Britt by Coach Who Recalls He Was Fine Player*", mural de recortes de imprensa sem data, coleção Maurice Britt, Universidade do Arkansas, caixa 2.

4. Major General Eugene Salet, livro de memórias não publicado (cortesia de Tim Stoy), 233.

5. Maurice Britt, "*Captain Maurice Britt, Most Decorated Infantryman, Begins His Story of War Experiences*", documentos de Maurice Britt, Universidade do Arkansas, caixa 6.

6. Prohme, *History of 30th Infantry Regiment, World War II*, 87.

7. Prohme, *History of 30th Infantry Regiment, World War II*, 87.

8. Pyle, *Brave Men*, 68.

9. Salet, livro de memórias não publicado, 236.

10. Murphy, *To Hell and Back*, 15.

11. Eisenhower, *Crusade in Europe*, 203.

12. "*Journalism Major Awarded Congressional Medal*", *The Arkansas Publisher*, abril de 1944, documentos de Maurice Britt, Universidade do Arkansas, caixa 2.

13. Smith, *The Price of Valor*, 32–33.

14. Champagne, *Dogface Soldiers*, 63.

15. Smith, *The Price of Valor*, 32–33.

16. Tregaskis, *Invasion Diary*, 168–69.

17. Atkinson, *The Day of Battle*, 249.

18. Taggart, *History of the Third Infantry Division in World War II*, 385.

19. *Life*, 2 de outubro de 1944.

20. Blumenson, *U.S. Army in World War II: Salerno to Cassino*, 200.

21. Kesselring, *The Memoirs of Field-Marshal Kesselring*, 188.

22. Britt, "*Captain Maurice Britt, Most Decorated Infantryman*", 13.

23. Britt, "*Captain Maurice Britt, Most Decorated Infantryman*", 8–9.

24. Ferguson, *The Last Cavalryman*, 201.

25. Taggart, *History of the Third Infantry Division in World War II*, 385.

26. Britt, "*Captain Maurice Britt, Most Decorated Infantryman*", 12.

27. Prohme, *History of 30th Infantry Regiment, World War II*, 92.

28. "*Lieutenant Maurice Britt of Fort Smith Now Is One of the Battle Toughened Veterans of the Italian Front*", mural de recortes de imprensa sem data, coleção Maurice Britt, Universidade do Arkansas, caixa 2.

29. Britt, "*Captain Maurice Britt, Most Decorated Infantryman*", 10.

30. Murphy, *To Hell and Back*, 34.

31. Truscott, *Command Missions*, 284.

32. Taggart, *History of the Third Infantry Division in World War II*, 97.

33. *The Fifth Army at the Winter Line*, 1.

34. Britt, "*Captain Maurice Britt, Most Decorated Infantryman*", 11.

CAPÍTULO 4: CUME SANGRENTO

1. "*Audie Murphy: Great American Hero*", biografia, 1º de julho de 1996.

2. "Nosso comandante, o tenente-coronel Edgar C. Doleman, de Mount Holly, NJ, avaliou a situação por um dia inteiro", Britt lembrou, "percorrendo cada centímetro da montanha com binóculos. Então, chamou todos os comandantes da companhia e pediu a opinião deles. Sua decisão foi que novos ataques frontais custariam muito: seria melhor ir pelos flancos, pelas montanhas, e tentar tomar as posições alemãs pela retaguarda. Nas 6 semanas anteriores, as fileiras da Companhia L haviam sido reduzidas de 198 para 140 homens, por baixas, ferimentos, doenças e exaustão. Também tivemos que ceder um pelotão para vigiar as mulas do regimento que estavam trazendo suprimentos, então entramos na batalha com apenas cerca de 100 homens." Fonte: Maurice Britt, "*Captain Maurice Britt, Most Decorated Infantryman, Begins His Story of War Experiences*", documentos de Maurice Britt, Universidade do Arkansas, caixa 6.

3. Prohme, *History of 30th Infantry Regiment, World War II*, 96.

4. Shepard, *A War of Nerves*, 252.

5. William Weinberg, livro de memórias não publicado (cortesia de Tim Stoy), 33.

6. Britt, "*Captain Maurice Britt, Most Decorated Infantryman*", 11.

NOTAS ★ 265

7. Taggart, *History of the Third Infantry Division in World War II*, 100.

8. Em uma carta da Itália para W. M. Pratt, um pastor da sua cidade natal, Lonoke, onde frequentou a igreja pela primeira vez aos 9 anos, Britt escreveu: "O homem que disse 'não existem ateus nas trincheiras' acertou em cheio. Se cada soldado se lembrasse das próprias reações quando as balas assobiavam sobre suas cabeças e carregassem essa memória com eles por toda a vida, tenho certeza de que 99 de 100 viveriam uma verdadeira vida cristã. Muitas vezes senti que estava muito perto da morte. Sem perceber o que estava fazendo, orei não uma, mas várias vezes. Lembro que, em uma ocasião em particular, grandes projéteis quase me pegaram a céu aberto, à vista de todos, sem qualquer cobertura. No susto, orei. De repente, no auge do intenso bombardeio, uma calma maravilhosa tomou conta de mim, e fiquei muito feliz. Desde então, venho tentando analisar a situação. Se fiquei com medo de morrer ou se sabia em meu coração que não morreria, não sei. Havia uma paz na mente e no espírito." Fonte: *"Home and Church Made This Hero"*, mural de recortes de imprensa sem data, coleção Maurice Britt, Universidade do Arkansas, caixa 2.

9. Britt, *"Captain Maurice Britt, Most Decorated Infantryman"*, 12.

10. Britt, *"Captain Maurice Britt, Most Decorated Infantryman"*, 12.

11. *"The Watch on the Rhine"*, v. 100, n. 2, outubro de 2018, 4–5.

12. Prohme, *History of 30th Infantry Regiment, World War II*, 98.

13. Britt, *"Captain Maurice Britt, Most Decorated Infantryman"*, 12.

14. Mural de recortes de imprensa sem data, coleção Maurice Britt, Universidade do Arkansas, caixa 2.

15. Britt, *"Captain Maurice Britt, Most Decorated Infantryman"*, 11–14.

16. Mural de recortes de imprensa sem data, coleção Maurice Britt, Universidade do Arkansas, caixa 2.

17. *The Arkansas Traveler*, Fayetteville, 1 de dezembro de 1944.

18. Taggart, *History of the Third Infantry Division in World War II*, 101.

19. Britt e seu batalhão receberiam a Citação Presidencial de Unidade por suas ações entre 7 e 12 de novembro. "Com o fogo varrendo suas fileiras pela retaguarda e por um flanco exposto, o batalhão atacou pela encosta dianteira da montanha [Rotondo] e avançou com determinação para o cume diante da resistência inimiga teimosa", dizia a citação. "Apesar de bastante esgotados em força e sem comida nem água por dois dias, os intrépidos infantes do 3º Batalhão enfrentaram o ataque do inimigo durante seis dias e repeliram cada ataque com pesadas perdas." Fonte: Taggart, *History of the Third Infantry Division in World War II*, 101.

20. Britt, *"Captain Maurice Britt, Most Decorated Infantryman"*, 11–14.

21. Kesselring, *The Memoirs of Field-Marshal Kesselring*, 188.

22. Lucian Truscott para Sarah Truscott, 10 de novembro de 1943, documentos de Lucian K. Truscott, Fundação George C. Marshall.

266 ★ CONTRA TODAS AS PROBABILIDADES

23. Departamento do Tesouro dos Estados Unidos, *Treasury Salute! "Captain Maurice Britt"*, 28 de agosto de 1944.

CAPÍTULO 5: NÁPOLES

1. Tregaskis, *Invasion Diary*, 193.
2. Kesselring, *The Memoirs of Field-Marshal Kesselring*, 187.
3. Tregaskis, *Invasion Diary*, 195.
4. Blumenson, *U.S. Army in World War II: Salerno to Cassino*, 234.
5. Champagne, *Dogface Soldiers*, 73.
6. Maurice Britt, *"Captain Maurice Britt, Most Decorated Infantryman, Begins His Story of War Experiences"*, documentos de Maurice Britt, Universidade do Arkansas, caixa 6, pasta 1, 14.
7. Prohme, *History of 30th Infantry Regiment, World War II*, 102.
8. Moorehead, *Eclipse*, 67.
9. Moorehead, *Eclipse*, 69.
10. Mark Clark, diário, 2 de janeiro de 1944, documentos de Mark Clark, the Citadel.
11. Britt, *"Captain Maurice Britt, Most Decorated Infantryman"*, 14.
12. Prohme, *History of 30th Infantry Regiment, World War II*, 102.
13. Britt, *"Captain Maurice Britt, Most Decorated Infantryman"*, 15.
14. Ferguson, *The Last Cavalryman*, 212.
15. John P. Lucas, *"From Algiers to Anzio"* (manuscrito inédito), US Army Military History Institute, 353.

CAPÍTULO 6: A AGONIA EM ANZIO

1. *"The History of the 15th Infantry Regiment in WWII"* (manuscrito inédito, cortesia de Tim Stoy), 203.
2. Truscott, *Command Missions*, 309.
3. *"The History of the 15th Infantry Regiment in WWII"*, 224.
4. *"The History of the 15th Infantry Regiment in WWII"*, 226.
5. Prohme, *History of 30th Infantry Regiment, World War II*, 130.
6. Tenente-coronel Jack C. Mason, *"My Favorite Lion"*, *Army*, maio de 2008.
7. Taggart, *History of the Third Infantry Division in World War II*, 111.
8. Um veterano descreveu a ação de Britt como "pular para cima e para baixo com as pernas estendidas". Fonte: Major-general Eugene Salet, livro de memórias não publicado (cortesia de Tim Stoy), 283.
9. Prohme, *History of 30th Infantry Regiment, World War II*, 111.

10. Maurice Britt, "*Captain Maurice Britt, Most Decorated Infantryman, Begins His Story of War Experiences*", documentos de Maurice Britt, Universidade do Arkansas, caixa 6, pasta 1, 17.

11. Prohme, *History of 30th Infantry Regiment, World War II*, 130–32.

12. Britt, "*Captain Maurice Britt, Most Decorated Infantryman*", 17.

13. "*Same Old 'Footsie' Britt — He Played in Germans' Backfield*", mural de recortes de imprensa sem data, coleção Maurice Britt, Universidade do Arkansas, caixa 2.

14. Britt, "*Captain Maurice Britt, Most Decorated Infantryman*", 18.

15. Departamento do Tesouro dos Estados Unidos, *Treasury Salute!* "*Captain Maurice Britt*", 28 de agosto de 1944.

16. Major-general Lucian Truscott para o capitão Maurice Britt, 28 de fevereiro de 1944, documentos de Maurice Britt, Universidade do Arkansas, caixa 2.

17. "*News of the Week for Those in Service*", mural de recortes de imprensa sem data, coleção Maurice Britt, Universidade do Arkansas, caixa 2.

18. Major-general Lucian Truscott para o capitão Maurice Britt.

19. *Arkansas Democrat*, Little Rock, 30 de abril de 1944.

20. Mural de recortes de imprensa sem data, coleção Maurice Britt, Universidade do Arkansas, caixa 2.

21. "*Captain Britt Given Highest Army Medal*", mural de recortes de imprensa sem data, coleção Maurice Britt, Universidade do Arkansas, caixa 2.

22. Sargento Dan Polier, "*Story of Footsy Britt, Congressional Winner*", *Yank*, 18 de junho de 1944, documentos de Maurice Britt, Universidade do Arkansas, caixa 2.

23. Mural de recortes de imprensa sem data, coleção Maurice Britt, Universidade do Arkansas, caixa 2.

24. Graham, *No Name on the Bullet*, 51.

25. *Audie Murphy Research Foundation Newsletter*, v. 4, primavera de 1998, 2.

26. "*The History of the 15th Infantry Regiment in WWII*", 209.

27. "*The History of the 15th Infantry Regiment in WWII*", 210.

28. "*Blue and White Devils: The Story of the 3rd Infantry Division*", *Lone Sentry*, disponível em: <https://www.lonesentry.com/gi_stories_booklets/3rdinfantry/index.html>.

29. Graham, *No Name on the Bullet*, 54.

30. "*The History of the 15th Infantry Regiment in WWII*", 242.

31. "*The History of the 15th Infantry Regiment in WWII*", 226.

32. Kesselring, *The Memoirs of Field-Marshal Kesselring*, 195.

33. "*Blue and White Devils.*"

34. Taggart, *History of the Third Infantry Division in World War II*, 121.

268 ★ CONTRA TODAS AS PROBABILIDADES

35. Whicker, *Whicker's War*, 123.
36. *"Blue and White Devils."*
37. Morison, *History of United States Naval Operations in World War II*, v. 9: *Sicily-Salerno-Anzio*, 365.
38. *"Blue and White Devils."*
39. William Weinberg, livro de memórias não publicado (cortesia de Tim Stoy), 30.
40. Graham, *No Name on the Bullet*, 57.
41. *Audie Murphy Research Foundation Newsletter*, v. 4, 2.
42. *Audie Murphy Research Foundation Newsletter*, v. 4, 3.
43. Murphy, *To Hell and Back*, 111.

CAPÍTULO 7: FUGA

1. Atkinson, *The Day of Battle*, 514.
2. *"The History of the 15th Infantry Regiment in WWII"*, manuscrito inédito (cortesia de Tim Stoy), 223.
3. *"The History of the 15th Infantry Regiment in WWII"*, 227.
4. Truscott, *Command Decisions*, 393.
5. Taggart, *History of the Third Infantry Division in World War II*, 149.
6. Truscott, *Command Missions*, 392.
7. Murphy, *To Hell and Back*, 156.
8. Truscott, *Command Missions*, 393.
9. Atkinson, *The Day of Battle*, 541.
10. *"The History of the 15th Infantry Regiment in WWII"*, 247.
11. Taggart, *History of the Third Infantry Division in World War II*, 164.
12. Taggart, *History of the Third Infantry Division in World War II*, 171.
13. *"The History of the 15th Infantry Regiment in WWII"*, 248.
14. Um dos homens a ganhar a Medalha de Honra durante a fuga foi o soldado Henry Schauer, de 25 anos. Era por volta do meio-dia quando Schauer, armado com um fuzil automático Browning (ou BAR), foi atacado por *snipers* pela retaguarda. Quatro balas de quatro *snipers* alemães. Mas onde diabos eles estavam? Como identificá-los? Schauer era, segundo um sargento, o "melhor BAR-man". Ele saiu da vala e com as costas retas caminhou lentamente por uns 30 metros em campo aberto, e era óbvio que cada um dos *snipers* alemães atiraram nele, um após o outro. Ele avistou dois atiradores em uma casa atrás dele. Um estava em um campo de trigo ao lado da casa, e o outro em uma estrada próxima. "Schauer era feito de gelo", um soldado lembrou. "Ele ficou de pé, levantou o BAR e começou a trabalhar. Os *snipers* a 150 metros de distância ao lado da casa estavam abaixados, misturando-se com a grama."

Duas rajadas do BAR mataram os inimigos. Schauer virou o corpo levemente. O atirador deitado na estrada era apenas uma sombra escura. Outra rajada do BAR o matou. O último atirador, o que estava no campo, era quase impossível de detectar. Schauer disparou. Mais uma vez, uma rajada foi suficiente. No dia seguinte, o ataque recomeçou. O heroísmo de Schauer continuou. Um tanque Mark VI abriu fogo contra ele e seus homens. Ele rastejou pela terra e pela grama antes de ficar de pé de novo, desta vez a cerca de 70 metros do alvo. Balas voaram ao seu redor e quatro projéteis disparados diretamente contra ele explodiram por perto. Ele era o mestre do BAR; levantou mais uma vez e, atirando usando o ombro de apoio, derrubou outra equipe de metralhadoras alemãs. Era como se ele estivesse "praticando tiro ao alvo num campo de tiro", lembrou uma testemunha ocular, um jovem tenente cujo depoimento, junto com outros, ajudaria Schauer a receber a Medalha de Honra. Fonte: Taggart, *History of the Third Infantry Division in World War II*, 164.

15. Murphy, *To Hell and Back*, 133.

16. No dia 24 de maio, outro homem do 15º Regimento de Infantaria foi além do dever. O soldado James Mills, de Fort Meade, Flórida, estava apenas no segundo dia de combate quando ia à frente de seu pelotão da Companhia F, perto de Cisterna, que ainda era dos alemães. Ele havia andado 270 metros quando um alemão tentou matá-lo. O alemão estava a menos de 5 metros de distância, mas de alguma forma errou as primeiras saraivadas. Mills foi rápido o suficiente para matar o inimigo com um único tiro. Outro alemão rapidamente se rendeu. Um tenente na sua patrulha fez uma curva na estrada e encontrou Mills apontando seu rifle para o prisioneiro alemão. O tenente olhou para o morto. Ele havia atirado entre seus olhos. "Eu tive que fazer isso, senhor", Mills se desculpou. "Ele quase me pegou." Então, seguiu em direção a Cisterna, sabendo que cada metro ganho era importante se quisessem violar as defesas alemãs. Ele avistou outro alemão escondido em um arbusto, puxando o pino de uma granada. Mirou no inimigo, que sabiamente decidiu se render, ao invés de ser morto. Logo provou ser a escolha certa, pois Mills depois perfurou outro alemão que estava prestes a lançar uma granada. Três alemães, três balas. O fogo de metralhadoras inimigas se intensificou, e vários fuzileiros alemães começaram a mirar em Mills a cerca de 15 metros. Ele os atacou, disparando um rifle M1 a esmo. Quem era esse norte-americano maluco? Os seis alemães rapidamente levantaram as mãos. Mills continuou investindo e foi atacado por mais uma metralhadora. Rá-tá-tá. Outro alemão se foi. Alguns alemães atiraram nele descontroladamente. Rá-tá-tá. Mais um nazista morto. Mills olhou para uma fortificação alemã. Seus homens seriam ceifados se eles atacassem. Havia uma vala de drenagem ao longo da estrada. Eles deveriam usá-la, Mills ordenou, e avançar, mantendo a cabeça baixa. Eles obedeceram, e ele pulou para cima, a céu aberto, atirou e gritou para o inimigo, atraindo-os. Balas ricochetearam nas rochas perto de seus pés e traçantes passaram por ele. Mills atirou de volta. Outro pente logo se esvaziou. Hora de recarregar. Ele mergulhou na vala, encaixou outro pente no M1 e

voltou para a estrada. Quatro vezes ao todo ele se tornou um alvo, até ficar sem munição. Enquanto isso, seu pelotão chegou na fortificação sem ser visto e a conquistou, além de prender duas dúzias de alemães. Nenhum homem do Marne ficou ferido. Mills sobreviveria à guerra e receberia a Medalha de Honra apenas para ser morto, aos 50 anos. Um dia, parou seu carro para um motorista que, aparentemente, precisava de ajuda e foi assassinado por ele em seguida. Fonte: Taggart, *History of the Third Infantry Division in World War II*, 169.

17. Atkinson, *The Day of Battle*, 543.

18. Murphy, *To Hell and Back*, 156.

19. Champagne, *Dogface Soldiers*, 113.

20. Na madrugada de 3 de junho, na calada da noite, uma pequena força alemã contra-atacou o 15º Regimento de Infantaria. Assim começou, de acordo com o registro oficial da 3ª Divisão, "uma das histórias mais emocionantes de coragem e sacrifício da história militar dos Estados Unidos". O soldado da Companhia E, Herbert Christian, habilidoso com submetralhadoras, pertencia a uma patrulha que foi atacada por três lados por mais de cinquenta alemães e três tanques. "O inimigo preparou uma emboscada e acionou a armadilha", um sargento da patrulha lembrou. "A única saída era pela retaguarda." O líder da patrulha foi morto, e, a fim de ganhar tempo para que os outros pudessem fugir, Christian e o soldado Elden Johnson, empunhando o BAR, escolheram se tornar alvos. Um projétil de 20mm explodiu a maior parte da perna de Christian, e ele caiu no chão, mas depois rastejou na direção do inimigo, disparando sua submetralhadora. Labaredas explodiram, iluminando a área como se fosse dia. A ferida na perna de Christian era nauseante. "O sangue jorrava do cotoco", um soldado lembrou. "Pedaços de carne pendiam da perna dele. A dor deve ter sido gigantesca. Christian era como um animal ferido. Em vez de pedir ajuda, pegou sua submetralhadora Thompson e avançou em um joelho e no cotoco sangrento, disparando sua arma o mais rápido possível." Christian estava a cerca de 10 metros de um alemão com uma metralhadora. Ele esvaziou sua arma no homem, recarregou e disparou outra rajada. Então, foi atingido pelo fogo alemão. Johnson, o artilheiro de BAR, também foi morto, mas os outros na patrulha conseguiram escapar da emboscada. Os dois receberiam a Medalha de Honra postumamente. A de Christian seria entregue ao seu filho de 5 anos em junho de 1945, no que teria sido seu aniversário de 33 anos. Fonte: Taggart, *History of the Third Infantry Division in World War II*, 182–89.

21. Kesselring, *The Memoirs of Field-Marshal Kesselring*, 205.

22. Truscott, *Command Decisions*, 397.

23. *"The History of the 15th Infantry Regiment in WWII"*, 257.

24. Champagne, *Dogface Soldiers*, 116.

25. *"Capt. Britt, Officer to Be in Wheel Chair for Ceremony"*, mural de recortes de imprensa sem data, coleção Maurice Britt, Universidade do Arkansas, caixa 2.

26. *"Britt Receives Congressional Medal of Honor"*, mural de recortes de imprensa sem data, coleção Maurice Britt, Universidade do Arkansas, caixa 2.

27. *"Britt Receives Congressional Medal in Ceremony at Razorback Stadium"*, mural de recortes de imprensa sem data, coleção Maurice Britt, Universidade do Arkansas, caixa 2.

28. Mural de recortes de imprensa sem data, coleção Maurice Britt, Universidade do Arkansas, caixa 2.

29. Kershaw, *The First Wave*, 8.

CAPÍTULO 8: LA BELLE FRANCE

1. *"Dwight D. Eisenhower, Order of the Day, June 6, 1944"*, *American Rhetoric*, disponível em: <https://www.americanrhetoric.com/speeches/dwighteisenhowerorderofdday.htm>.

2. Michael Daly, entrevista com Tim Frank (cortesia Tim Frank).

3. Michael Daly, entrevista com Tim Frank.

4. Deirdre Daly, entrevista com o autor.

5. *Yankee*, maio de 1983.

6. Ochs, *A Cause Greater Than Self*, 55–58.

7. Michael Daly, entrevista com Tim Frank.

8. Michael Daly, entrevista com Tim Frank.

9. Michael Daly, entrevista com Tim Frank.

10. MacDonald, *The Mighty Endeavor*, 333.

11. Ochs, *A Cause Greater Than Self*, 68.

12. Champagne, *Dogface Soldiers*, 117–18.

13. Taggart, *History of the Third Infantry Division in World War II*, 203.

14. Graham, *No Name on the Bullet*, 81.

15. Taggart, *History of the Third Infantry Division in World War II*, 203.

16. Morison, *The Invasion of France and Germany, 1944–1945*, 258.

17. Morison, *The Invasion of France and Germany, 1944–1945*, 257.

18. Simpson, *Audie Murphy, American Soldier*, 120.

19. *Audie Murphy Research Foundation Newsletter*, v. 4, primavera de 1998, 3.

20. *Audie Murphy Research Foundation Newsletter*, v. 4, 1.

21. Champagne, *Dogface Soldiers*, 128.

22. Champagne, *Dogface Soldiers*, 129.

272 ★ CONTRA TODAS AS PROBABILIDADES

23. A citação da Cruz de Serviço Distinto de Murphy diz: "O sargento Murphy silenciou a arma inimiga, matou dois e feriu um terceiro. Enquanto avançava, dois alemães vieram na sua direção. Acabando rapidamente com ambos, correu sozinho na direção da fortificação inimiga, ignorando balas que ricocheteavam nas rochas ao seu redor e granadas de mão que explodiam a 15 metros de distância. Aproximando-se, feriu dois alemães com a carabina, matou mais dois em um violento e breve tiroteio e forçou os cinco restantes a se renderem. Seu heroísmo extraordinário resultou na captura de uma colina bastante disputada que era controlada pelo inimigo e na aniquilação ou na captura de toda a tropa inimiga." Fonte: Simpson, *Audie Murphy, American Soldier*, 121.

24. David "Spec" McClure, "*How Audie Murphy Won His Medals*", *Audie Murphy Research Foundation Newsletter*, v. 3, inverno de 1998.

CAPÍTULO 9: BLITZKRIEG EM PROVENÇA

1. Graham, *No Name on the Bullet*, 67.

2. "*The History of the 15th Infantry Regiment in WWII*", manuscrito inédito (cortesia de Tim Stoy), 276.

3. Taggart, *History of the Third Infantry Division in World War II*, 210–11.

4. "*The History of the 15th Infantry Regiment in WWII*", 296.

5. A comunicação também foi um problema. Os alemães em retirada destruíram todas as linhas telefônicas, e o Corpo de Comunicação de Truscott foi forçado a esticar freneticamente quilômetros de fios em tempo recorde. O sargento-técnico Robert Maxwell, um telegrafista da 3ª Divisão, rastejou entre trepadeiras e ao longo de sebes que contornavam estradas brancas como osso, empoeiradas, desenrolou fios. Desde a fuga de Anzio, ele não trabalhava tanto, pendurando fios por todos os cantos. Um quacre devoto que foi gravemente ferido em Anzio, Maxwell poderia ter evitado o combate por causa das crenças religiosas, mas escolheu servir mesmo assim. Ele orava quase o tempo todo, às vezes murmurando constantemente homilias. Colocar fios era uma ocupação angustiante, especialmente se ele fosse descoberto pelo inimigo em campo aberto, mas Maxwell preferia isso às dificuldades de sua juventude no auge da Depressão. Tinha crescido no Dust Bowl, tateando uma corda do celeiro até a casa nas piores tempestades de poeira, quando não conseguia ver mais do que alguns metros além do rosto. Um dia, um jovem oficial abordou Maxwell. "Ei, parece que tem um tiroteio acontecendo", o oficial disse. "Devemos ir lá e nos juntar a eles. Ver se podemos ajudar." ... "Tenente, não acho que nosso trabalho seja entrar em tiroteios. Achei que estávamos na comunicação?" ... "Ah, cara. Vamos lá." ... "Acho que não precisamos nos envolver nisso." O oficial ignorou Maxwell e rumou para o tiroteio. Maxwell o seguiu, preocupado que o novato pudesse matar os dois. Já bastava de mortes. "Tenente", disse. O oficial se virou e viu Maxwell apontando sua pistola

para ele. "Acho que devemos voltar para o posto de comando." ... "Ok." ... Maxwell ficou surpreso por não ter ido parar na corte marcial. "Eu esperava consequências, pelo menos a expulsão do serviço. Mas nada aconteceu. Um ou dois dias depois, o oficial foi transferido para uma unidade de infantaria." Fonte: Robert Maxwell, entrevista com o autor.

6. Whiting, *American Hero*, 100.

7. *Audie Murphy Research Foundation Newsletter*, v. 4, primavera de 1998, 3.

8. *"The History of the 15th Infantry Regiment in WWII"*, 304.

9. *Audie Murphy Research Foundation Newsletter*, v. 4, 4.

10. Murphy, *To Hell and Back*, 188–89.

11. Champagne, *Dogface Soldiers*, 133.

12. Taggart, *History of the Third Infantry Division in World War II*, 223.

13. Entrevista com o major Keith Ware feita pelo tenente-coronel Goddard, 7ª Setor Histórico do Exército, sobre as ações do 1º Batalhão, 15ª Infantaria, em Besançon, no outono de 1944, 2. *"European Theater of Operations Combat Interviews, 1944–1945"*, Grupo de Registro 407, Arquivos Nacionais.

14. *"The History of the 15th Infantry Regiment in WWII"*, 321.

15. Major Keith Ware, entrevista com o tenente-coronel Goddard, 2.

16. Em 6 de setembro, um posto de comando avançado sofreu um violento ataque. Um pelotão de uma companhia de comunicações foi ao resgate, incluindo o sargento-técnico Robert Maxwell, de 23 anos, um quacre devoto que vinha lutando desde Casablanca. Ele e seus companheiros da 3ª Divisão haviam colocado bem mais de 4km de fio desde que chegaram à França, tão rápido tinha sido o avanço. Maxwell chegou a 15 metros do posto de comando onde os superiores estavam encurralados. Balas de metralhadora passaram por ele. "Ele era o cara mais calmo que eu já vi", um soldado próximo lembrou. "A munição traçante passava quase raspando em sua cabeça, mas ele parecia não notar." Maxwell procurou abrigo com vários outros atrás de uma parede. Havia recebido o Coração Púrpura, a Estrela de Bronze e duas Estrelas de Prata desde que chegara a Casablanca em novembro de 1942, o que parecia uma eternidade atrás. Quando os alemães se aproximaram de sua posição, Maxwell avistou granadas pousando nas proximidades, quicando nos fios. Conseguiu pegar várias que chegaram perto e jogá-las de volta. Em seguida, outra granada caiu. Ele não conseguiu alcançá-la a tempo. "Caiu entre nós", ele lembrou, aos 98 anos, em novembro de 2018. "Quando a ouvi caindo, não sabia onde estava, então enfiei meu cobertor no estômago e caí no chão. Meu pé direito encostou na granada. Ela explodiu minha bota em pedacinhos e arrancou um grande pedaço da sola do meu pé direito. E um estilhaço entrou bem na minha têmpora, errando meu olho por pouco." Um soldado nas proximidades, um telegrafista como Maxwell, ficou imóvel por alguns segundos e percebeu, embora aturdido, que estava vivo. "Maxwell deliberadamente atraiu toda a força da explosão para si", ele recordou, "para nos proteger e possibilitar que

274 ★ Contra Todas as Probabilidades

continuássemos em nossos postos para lutar". Maxwell sobreviveu, embora boa parte do pé tenha sido arrancada e ele tenha sido gravemente ferido na parte superior do corpo. Vários homens ali certamente teriam morrido, não fosse seu sacrifício altruísta. Um oficial comandante voltou algum tempo depois e carregou Maxwell para a segurança. Por sua extraordinária coragem, Maxwell receberia a Medalha de Honra. Ele foi o último ganhador vivo da Segunda Guerra Mundial da 3ª Divisão antes de morrer, em maio de 2019. Fontes: Robert Maxwell, entrevista com o autor, e Taggart, *History of the Third Infantry Division in World War II*, 226.

17. *"The History of the 15th Infantry Regiment in WWII"*, 329.

18. *"The History of the 15th Infantry Regiment in WWII"*, 339–40.

19. *"The History of the 15th Infantry Regiment in WWII"*, 339–40.

20. Taggart, *History of the Third Infantry Division in World War II*, 387.

21. Taggart, *History of the Third Infantry Division in World War II*, 237.

22. *Audie Murphy Research Foundation Newsletter*, v. 4, 4.

23. Truscott, *Command Missions*, 470–71.

24. Lucian Truscott para Sarah Truscott, 16 de setembro de 1944, documentos de Lucian K. Truscott, Fundação George C. Marshall.

25. Truscott, *Command Missions*, 472–73.

26. Fussell, *Doing Battle*, 103.

27. Major Keith Ware, entrevista com o tenente-coronel Goddard, 2.

28. *"After Action Report"*, 15º Regimento de Infantaria, Grupo de Registro 407, Arquivos Nacionais, março de 1945.

29. Murphy, *To Hell and Back*, 202.

30. Simpson, *Audie Murphy, American Soldier*, 130.

Capítulo 10: A Pedreira

1. *Audie Murphy Research Foundation Newsletter*, v. 6, inverno de 1998–99, 6–8.

2. *"The History of the 15th Infantry Regiment in WWII"*, manuscrito inédito (cortesia de Tim Stoy), 371.

3. *"The History of the 15th Infantry Regiment in WWII"*, 371.

4. *Audie Murphy Research Foundation Newsletter*, v. 6, 6–8.

5. *"Paulick, Michael"*, *TankDestroyer.net*, disponível em: <https://www.tank-destroyer.net/honorees/p/777-paulick-michael-601st>.

6. Graham, *No Name on the Bullet*, 75.

7. Murphy, *To Hell and Back*, 210.

8. Simpson, *Audie Murphy, American Soldier*, 437.

NOTAS ★ 275

9. *Audie Murphy Research Foundation Newsletter*, v. 6, 6–8.
10. "*The History of the 15th Infantry Regiment in WWII*", 374.
11. "*The History of the 15th Infantry Regiment in WWII*", 372.
12. *Audie Murphy Research Foundation Newsletter*, v. 4, primavera de 1998, 4.
13. "*The History of the 15th Infantry Regiment in WWII*" 375.
14. *Farmersville* (TX) *Times*, 9 de agosto de 1945.
15. *Audie Murphy Research Foundation Newsletter*, v. 4, 4.
16. Simpson, *Audie Murphy, American Soldier*, 136.
17. Graham, *No Name on the Bullet*, 78.
18. Fussell, *Doing Battle*, 123.
19. *Journal Gazette & Times-Courier*, Mattoon (Illinois), 24 de fevereiro de 2003.
20. "*Audie Murphy: Great American Hero*", *Biography*, 1 de julho de 1996.
21. *Audie Murphy Research Foundation Newsletter*, v. 4, 4.
22. Truscott, *Command Missions*, 475.
23. Lucian Truscott para Sarah Truscott, 18 de outubro de 1944, documentos de Lucian K. Truscott, Fundação George C. Marshall.
24. *Audie Murphy Research Foundation Newsletter*, v. 8, 2000, 2.
25. *Audie Murphy Research Foundation Newsletter*, v. 4, 1.
26. Champagne, *Dogface Soldiers*, 154.
27. "*Audie Murphy: Great American Hero.*"
28. *Audie Murphy Research Foundation Newsletter*, v. 6, 5.
29. Graham, *No Name on the Bullet*, 83.
30. *Photoplay*, junho de 1954.
31. Graham, *No Name on the Bullet*, 83.
32. "*Recollections of Carolyn Price Ryan*", 12 de fevereiro de 1973, *AudieMurphy.com*, disponível em: <http://www.audiemurphy.com/documents/doc038/ CarolynPriceRyanRecol lections_12Feb73.pdf>.

CAPÍTULO 11: A CROSTA CONGELADA

1. Alexander Patch para Julia Patch, 6 de novembro de 1944, documentos de Alexander Patch Jr., Academia Militar dos Estados Unidos, West Point, arquivos, caixa 1.
2. Atkinson, *The Guns at Last Light*, 362.
3. Atkinson, *The Guns at Last Light*, 362.
4. Alexander Patch para Julia Patch, 14 de novembro de 1944.
5. Ochs, *A Cause Greater Than Self*, 88.

6. *Yankee*, maio de 1983.

7. Ellis, *The Sharp End*, 332.

8. Murphy, *To Hell and Back*, 228.

9. Atkinson, *The Guns at Last Light*, 531.

10. "*The History of the 15th Infantry Regiment in WWII*", manuscrito inédito (cortesia de Tim Stoy), 476.

11. Shepard, *A War of Nerves*, 245.

12. Shepard, *A War of Nerves*, 245.

13. *Saturday Evening Post*, 15 de setembro de 1945.

14. "*The History of the 15th Infantry Regiment in WWII*", 459.

15. William Weinberg, livro de memórias não publicado (cortesia de Tim Stoy), 42.

16. "*The History of the 15th Infantry Regiment in WWII*", 461.

17. Champagne, *Dogface Soldiers*, 173.

18. "*The Battle of Sigolsheim, December 1944, Then and Now*", *Stand Where They Fought*, disponível em: <https://standwheretheyfought.jimdofree.com/alsace-2011-the-battle-of-sigolsheim-december-1944-then-and-now/>.

19. Weinberg, livro de memórias não publicado, 32.

20. Weinberg, livro de memórias não publicado, 33–37.

21. McFarland, *The History of the 15th Regiment in World War II*, 245.

22. Weinberg, livro de memórias não publicado, 36.

23. Vernon Rankin, "*Complete Description of Service Rendered: Lt. Colonel Keith L. Ware's Medal of Honor Action*", Arquivos Nacionais, 1945, 1–2.

24. "*The History of the 15th Infantry Regiment in WWII*", 465.

25. Taggart, *History of the Third Infantry Division in World War II*, 387.

26. Champagne, *Dogface Soldiers*, 173.

27. Weinberg, livro de memórias não publicado, 41.

28. Dan Champaigne, "*Bloody Fight for Hill 351: Skirmish in the Colmar Pocket*", *Warfare History Network*, disponível em: <https://warfarehistorynetwork.com/2018/06/26 /bloody-fight-for-hill-351/>.

29. Taggart, *History of the Third Infantry Division in World War II*, 291.

30. Weinberg, livro de memórias não publicado, 52.

31. Weinberg, livro de memórias não publicado, 49.

32. A citação da Medalha de Honra de Ware diz: "Comandando o 1º Batalhão em um ataque à uma posição inimiga fortemente defendida em uma colina perto de Sigolsheim, França, em 26 de dezembro de 1944, o tenente-coronel Ware descobriu que uma de suas companhias havia sido parada e forçada a se entrincheirar perto de artilharia, morteiros e metralhadoras inimigas. Sofreram

baixas na tentativa de tomar a colina. Ao perceber que seus homens precisavam renovar a coragem, o tenente-coronel Ware avançou 140 metros além do ponto mais avançado de seu comando e, por duas horas, reconheceu as posições inimigas, propositalmente atraindo fogo contra si, o que fez com que os inimigos se revelassem. Voltou para a companhia, armou-se com um rifle automático e avançou bravamente sobre o inimigo, seguido por dois oficiais, nove alistados e um tanque. Aproximando-se de uma metralhadora inimiga, o tenente-coronel Ware atirou em dois alemães e lançou traçantes no local, indicando sua posição ao tanque, que prontamente derrubou a arma. Ware voltou sua atenção para uma segunda metralhadora, matando dois alemães e forçando os outros a se renderem. O tanque destruiu a arma. Após gastar a munição do rifle, Ware pegou um M1, matou um atirador alemão e disparou contra uma terceira metralhadora a 45 metros. Seu tanque silenciou a arma. Ao se aproximar de uma quarta metralhadora, os fuzileiros se renderam e seu tanque a destruiu. Durante a ação, o pequeno grupo de assalto de Ware estava totalmente engajado em atacar posições inimigas que não recebiam a atenção dele. Cinco de seu grupo de onze morreram, e o tenente-coronel Ware foi ferido, mas recusou atendimento médico até que a importante posição na colina fosse limpa do inimigo e ocupada com segurança pelos seus homens." Fonte: *"Stories of Sacrifice: Keith Lincoln Ware"*, disponível em: <https:// www.cmohs.org/recipients/keith-l-ware>.

33. *"The History of the 15th Infantry Regiment in WWII"*, 466.

34. *"The History of the 15th Infantry Regiment in WWII"*, 472.

35. Simpson, *Audie Murphy, American Soldier*, 140.

36. Taggart, *History of the Third Infantry Division in World War II*, 293.

37. Simpson, *Audie Murphy, American Soldier*, 140.

38. Weinberg, livro de memórias não publicado, 15.

39. Ochs, *A Cause Greater Than Self*, 93.

Capítulo 12: A Qualquer Custo

1. McFarland, *The History of the 15th Regiment in World War II*, 251–52.

2. Documentos do regimento, 15º Regimento de Infantaria, Grupo de Registro 407, Arquivos Nacionais.

3. Joyce Ware, entrevista com o autor.

4. William Weinberg, livro de memórias não publicado (cortesia de Tim Stoy), 56.

5. Joyce Ware, entrevista com o autor.

6. O soldado William Weinberg relembrou: "A companhia estava admirada com Murphy. Achei ele meio reservado. Não era um fanfarrão. Seus relatos não precisavam de exagero. Ele parecia preferir quando podia atirar para matar. Poucos de nós falavam em matar. Era um grande atirador; poucos de nós

éramos. Podia ser sarcástico, mas raramente montava em alguém. Tinha uma resposta imediata, inflexível e muito decidida ao que precisava ser feito. Você sempre podia contar com ele. Tinha um grande defeito que era ocasionalmente admirado, ou poderia ser classificado como uma falha, uma mácula perigosa que poderia ser parte integrante do senso de responsabilidade e uma manifestação da bravura dele: parecia estar sempre procurando briga." Fonte: Weinberg, livro de memórias não publicado, 73–74.

7. Weinberg, livro de memórias não publicado, 102.

8. Don Kerr, "*Soldiering with Audie Murphy*" *The Plain Dealer Sunday Magazine,* Cleveland, 11 de novembro de 1984.

9. *Audie Murphy Research Foundation Newsletter,* v. 1, inverno de 1997, 3.

10. Weinberg, livro de memórias não publicado, 74.

11. Lt. Melvin Lasky, "*La Maison Rouge*", relatório de pós-ação, Arquivos Nacionais, março de 1945.

12. Prohme, *History of 30th Infantry Regiment, World War II,* 314.

13. Lasky, "*La Maison Rouge*".

14. Weinberg, livro de memórias não publicado, 87.

15. Prohme, *History of 30th Infantry Regiment, World War II,* 316.

16. Weinberg, livro de memórias não publicado, 30.

17. Citação, registro de prêmio de condecoração, Estrela de Prata, segundo-tenente Michael J. Daly, 25 de janeiro de 1945, Arquivos Nacionais.

18. Citação, registro de prêmio de condecoração, Estrela de Prata, segundo-tenente Michael J. Daly

19. Simpson, *Audie Murphy, American Soldier,* 153.

20. *Audie Murphy Research Foundation Newsletter,* v. 4, primavera de 1998, 6.

21. *Audie Murphy Research Foundation Newsletter,* v. 4, 7.

22. "*The History of the 15th Infantry Regiment in WWII*", manuscrito inédito (cortesia de Tim Stoy), 488.

23. Taggart, *History of the Third Infantry Division in World War II,* 385.

24. *Audie Murphy Research Foundation Newsletter,* v. 4, 7.

25. Weinberg, livro de memórias não publicado, 99.

26. Simpson, *Audie Murphy, American Soldier,* 158.

27. Tenente-coronel Keith Ware, citação, 15º Comando de Infantaria, 13 de abril de 1945, quartel-general do 2º Batalhão, 15º Regimento de Infantaria, APO#3, Exército dos EUA, Arquivos Nacionais.

28. Champagne, *Dogface Soldiers,* 186.

Capítulo 13: "Murphy Quase Alcança Britt"

1. *"Meet Capt. Britt Who Left His Good Right Arm at Anzio"*, mural de recortes de imprensa, documentos de Maurice Britt, Universidade do Arkansas, caixa 2.

2. *"Britt, in New York Interview, Tells How He Lost Right Arm"*, mural de recortes não datado da *Associated Press*, coleção Maurice Britt, arquivos da Universidade do Arkansas, álbum de recortes 4.

3. *"Britt Gives Guardsmen the Lowdown on Fighting in Italy"*, mural de recortes de imprensa, documentos de Maurice Britt, Universidade do Arkansas, caixa 2.

4. Mural de recortes de imprensa sem data, documentos de Maurice Britt, Universidade do Arkansas, caixa 2.

5. *The Arkansas Traveler*, Fayetteville, 1 de dezembro de 1944.

6. Mural de recortes de imprensa sem data, documentos de Maurice Britt, Universidade do Arkansas, caixa 2.

7. Maurice Britt, *"Captain Maurice Britt, Most Decorated Infantryman, Begins His Story of War Experiences"*, documentos de Maurice Britt, Universidade do Arkansas, caixa 6, pasta 1, 13.

8. *"'One Man Army' Completes Set of 3 Top Medals"*, 6 de dezembro de 1944, mural de recortes de imprensa, documentos de Maurice Britt, Universidade do Arkansas, caixa 2.

9. *"'One Man Army' Completes Set of 3 Top Medals."*

10. *"Meet Capt. Britt Who Left His Good Right Arm at Anzio."*

11. Gerald Lyons, memorando, 11 de dezembro de 1944, documentos de Maurice Britt, Universidade do Arkansas, caixa 2.

12. Lyons, memorando.

13. Lyons, memorando.

14. Maurice Britt para sua mãe, Dia das Mães de 1940, documentos de Maurice Britt, Universidade do Arkansas, caixa 3.

15. *New York World-Telegram*, 7 de dezembro de 1944.

16. *New York Daily News*, 6 de dezembro de 1944.

17. *"'One Man Army' Completes Set of 3 Top Medals."*

18. Prefer, *Eisenhower's Thorn on the Rhine*, 234.

19. Ochs, *A Cause Greater Than Self*, 91.

20. Cox, *An Infantryman's Memories of World War II*, 156–57.

21. *Yankee*, maio de 1983.

22. *"After Action Report"*, documentos do regimento, 15º Regimento de Infantaria, Grupo de Registro 407, Arquivos Nacionais, março de 1945.

23. *Yankee*, 6 de junho de 2008.

24. *"The History of the 15th Infantry Regiment in WWII"*, manuscrito inédito (cortesia de Tim Stoy), 500.

25. Roberts, *What Soldiers Do*, 126.

26. Champagne, *Dogface Soldiers*, 207.

27. Whiting, *Paths of Death & Glory*, 88.

28. Whiting, *Paths of Death & Glory*, 88.

29. Graham, *No Name on the Bullet*, 96.

30. *Montgomery* (AL) *Journal Advertiser*, 21 de julho de 1968.

31. Whiting, *America's Forgotten Army*, 169.

32. *"The History of the 15th Infantry Regiment in WWII"*, 519.

33. Ellis, *The Sharp End*, 77.

34. *"The History of the 15th Infantry Regiment in WWII"*, 520–21.

35. Simpson, *Audie Murphy, American Soldier*, 165.

36. *Audie Murphy Research Foundation Newsletter*, v. 1, inverno de 1997, 5–6.

37. Documentos do regimento, 15º Regimento de Infantaria.

38. Cox, *An Infantryman's Memories of World War II*, 118–19.

39. *Front Line*, 10 de março de 1945.

40. *Front Line*, 10 de março de 1945.

41. *"Gen. Marshall Defends Medals for U.S. Heroes"*, 15 de julho de 1944, mural de recortes de imprensa, documentos de Maurice Britt, Universidade do Arkansas, caixa 2.

42. Os comandantes seniores da Rocha do Marne na Segunda Guerra Mundia — O'Daniel e Truscott — acreditavam no valor dos prêmios. O setor de prêmios da divisão incluía um talentoso escritor chamado Glendon Swarthout, que ficou gravemente ferido servindo no 30º Regimento de Infantaria. Ele escreveu muitas recomendações. Vários dos livros pós-guerra de Swarthout seriam transformados em filmes, incluindo *The Shootist*, de 1975, o último filme de John Wayne, e *They Came to Cordura*, de 1959, estrelado por Gary Cooper. Fonte: Tim Stoy, entrevista com o autor.

43. Simpson, *Audie Murphy, American Soldier*, 164.

44. Ochs, *A Cause Greater Than Self*, 220–21.

Capítulo 14: O Coração das Trevas

1. Taggart, *History of the Third Infantry Division in World War II*, 345.

2. *"The History of the 15th Infantry Regiment in WWII"*, manuscrito inédito (cortesia de Tim Stoy), 533.

3. Kesselring, *The Memoirs of Field-Marshal Kesselring*, 254.

4. Ellis, *The Sharp End*, 151.

5. Taggart, *History of the Third Infantry Division in World War II*, 346.
6. Taggart, *History of the Third Infantry Division in World War II*, 275.
7. Roger J. Spiller, *"The Price of Valor"*, *Military History Quarterly*, primavera de 1993.
8. Kesselring, *The Memoirs of Field-Marshal Kesselring*, 272.
9. Graham, *No Name on the Bullet*, 95.
10. Murphy, *To Hell and Back*, 263.
11. Kesselring, *The Memoirs of Field-Marshal Kesselring*, 276.
12. *"The History of the 15th Infantry Regiment in WWII"*, 563.
13. Whiting, *America's Forgotten Army*, 198–203.
14. Documentos do regimento, 15º Regimento de Infantaria, Grupo de Registro 407, Arquivos Nacionais.
15. *New Jersey Veteran Journal*, verão de 2007.
16. *Yankee*, maio de 1983.
17. *New Jersey Veteran Journal*, verão de 2007.
18. *"The History of the 15th Infantry Regiment in WWII"*, 561
19. *"The History of the 15th Infantry Regiment in WWII"*, 557.
20. Michael Daly, entrevista com Tim Frank (cortesia de Tim Frank).
21. Wyant, *Sandy Patch*, 191.
22. Wyant, *Sandy Patch*, 191.
23. Cox, *An Infantryman's Memories of World War II*, 145.
24. Taggart, *History of the Third Infantry Division in World War II*, 358.
25. Champagne, *Dogface Soldiers*, 228.
26. *"The History of the 15th Infantry Regiment in WWII"*, 560.
27. Taggart, *History of The Third Infantry Division in World War II*, 381.
28. Taggart, *History of the Third Infantry Division in World War II*, 381.
29. Outro homem do Marne recebeu a Medalha de Honra por suas ações daquele dia: o soldado Joseph F. Merrell, de 18 anos, da Companhia I. Em 18 de abril, sua companhia foi atacada ferozmente nos arredores de Nuremberg. Duas metralhadoras alemãs foram especialmente eficazes. Merrell correu 100 metros ao ar livre, sob fogo cruzado, e chegou a poucos metros de quatro alemães armados. Com seu rifle, matou todos enquanto as balas deles rasgavam sua calça. Então, moveu-se de novo. Seu rifle foi quebrado pela bala de um atirador. Agora só tinha granadas. Ele correu de cobertura em cobertura por mais algumas centenas de metros. As duas metralhadoras ainda estavam em ação, e logo ele estava a 10 metros de uma. Lançou duas granadas, pronto para lutar com as mãos. Uma granada explodiu, e os alemães que a comandavam foram mortos ou feridos. Ele pegou uma Luger de um deles e atirou nos sobreviventes. Correu para a próxima metralhadora, a cerca de 30 metros, mas haviam

alemães escondidos em uma trincheira ali perto. Matou quatro antes de ser atingido no estômago. De acordo com sua citação na Medalha de Honra, ele "continuou cambaleando, sangrando e ignorando as balas que rasgaram suas roupas e resvalaram em seu capacete. Jogou sua última granada no ninho de metralhadoras e foi acabar com os alemães dela. Completou a tarefa autodesignada quando uma rajada de balas o matou instantaneamente..." Fonte: Taggart, *History of the Third Infantry Division in World War II*, 384.

30. *"The History of the 15th Infantry Regiment in WWII"*, 560.

31. *Yankee*, maio de 1983.

32. *Yankee*, maio de 1983.

33. Deirdre Daly, entrevista com o autor.

34. Deirdre Daly, entrevista com o autor.

35. Alexander Patch para Julia Patch, 6 de novembro de 1944, documentos de Alexander Patch Jr., Academia Militar dos Estados Unidos, West Point, arquivos, caixa 1.

36. Speer, *Inside the Third Reich*, 473.

37. Whiting, *America's Forgotten Army*, 203.

38. Taggart, *History of the Third Infantry Division in World War II*, 361.

39. Simpson, *Audie Murphy, American Soldier*, 171.

40. John Heintges, livro de memórias não publicado, 189.

41. Daly estava melhorando, indo na fonoaudióloga, quando, em julho, no hospital em Massachusetts, soube que receberia a Medalha de Honra.

42. Documentos do regimento, 15º Regimento de Infantaria.

43. Taggart, *History of the Third Infantry Division in World War II*, 370.

44. Luciano Charles Graziano, entrevista com o autor.

45. Kershaw, *The Liberator*, 324.

46. Kershaw, *The Liberator*, 324.

47. Taggart, *History of the Third Infantry Division in World War II*, 373.

Capítulo 15: Sem Paz Interior

1. Michael Daly, entrevista com Tim Frank (cortesia de Tim Frank).

2. Murphy, *To Hell and Back*, 273.

3. Murphy, *To Hell and Back*, 274.

4. *"The History of the 15th Infantry Regiment in WWII"*, manuscrito inédito (cortesia de Tim Stoy).

5. Tenente-coronel Keith Ware, citação, 15º Comando de Infantaria, 18 de abril de 1945, quartel-general do 2º Batalhão, 15º Regimento de Infantaria, APO#3, Exército dos EUA, Arquivos Nacionais.

6. Vaughan-Thomas, *Anzio*, 182.

7. Ferguson, *The Last Cavalryman*, 366.

8. Bill Mauldin, *The Brass Ring*, 272.

9. Ferguson, *The Last Cavalryman*, 335.

10. Lista de oficiais subalternos do 15º Regimento de Infantaria em 1944 (cortesia de Tim Stoy).

11. *Audie Murphy Research Foundation Newsletter*, v. 2, primavera de 1997, 11.

12. Henry R. Bodson, *"Anecdotes About Audie Murphy"*, *AudieMurphy.com*, disponível em: <http://www.audiemurphy.com/documents/doc049/HenryBodsonRecolle tions.pdf>.

13. Vic Dallaire, *"Murphy Ties Britt's Record"*, *Stars and Stripes*, 27 de maio de 1945.

14. *Front Line*, 26 de maio de 1945.

15. *"Champion of Champions"*, mural de recortes de imprensa sem data, coleção Maurice Britt, Universidade do Arkansas, caixa 2.

16. De acordo com um relato: "A Legião do Mérito foi a cereja do bolo, pois oficialmente o tornou o soldado norte-americano mais condecorado da Segunda Guerra Mundial. Lembrando que o homem que ele havia tirado do posto era o capitão Maurice Britt. Inexplicavelmente, Britt não recebeu a Legião do Mérito, embora certamente merecesse. Britt sofreu outra injustiça: não recebeu uma segunda Estrela de Prata, embora a tenha merecido. Com a Legião do Mérito, Audie se tornou o soldado mais condecorado por bravura em todos os exércitos norte-americanos da Segunda Guerra Mundial. Seu concorrente mais próximo foi o capitão Maurice Britt, também da 3ª Divisão. Por alguma razão, Britt não recebeu a Legião do Mérito, que ele sem dúvida merecia." Fonte: *Audie Murphy Research Foundation Newsletter*, v. 4, primavera de 1998, 8.

17. *Audie Murphy Research Foundation Newsletter*, v. 4, 8.

18. Letra da canção "Dog Face Soldier", *International Military Forums*, disponível em: <https://www .military-quotes.com/forum/lyrics-dog-face-soldier--t397.html>.

19. *Audie Murphy Research Foundation Newsletter*, v. 4, 8.

20. Ele apareceu na capa da *Life* em 16 de julho de 1945.

21. Graham, *No Name on the Bullet*, 102.

22. Simpson, *Audie Murphy, American Soldier*, 219.

23. Simpson, *Audie Murphy, American Soldier*, 220.

24. Graham, *No Name on the Bullet*, 106.

25. Graham, *No Name on the Bullet*, 8.

26. Simpson, *Audie Murphy, American Soldier*, 221.

27. Graham, *No Name on the Bullet*, 105.

284 ★ Contra Todas as Probabilidades

28. Graham, *No Name on the Bullet*, 105.

29. *Fort Worth Star-Telegram*, 8 de julho 1945.

Capítulo 16: Voltando para Casa

1. *"Flashback: Valor 28 WWII Veterans in Medal of Honor Ceremony August 23, 1945"*, *Medal of Honor News*, disponível em: <https://medalofhonorne-ws.com/2014/04/flash back-valor-28-wwii-veterans-in.html>.

2. Segue lista completa dos condecorados no dia 23 de agosto:

    Soldado de 1ª classe Silvestre S. Herrera, Phoenix, AZ
    Sargento-técnico Bernard P. Bell, Nova York, NY
    Sargento Paul L. Bolden, Madison, AL
    Primeiro-sargento Cecil H. Bolton, Huntsville, AL
    Sargento Herschel F. Briles, Ankeny, IA
    Capitão Bobbie E. Brown, Columbus, GA
    Soldado de 1ª classe Herbert H. Burr, Kansas City, MO
    Segundo-sargento Edward C. Dahlgren, Caribou, ME
    Sargento-técnico Peter J. Dalessondro, Watervliet, NY
    Capitão Michael J. Daly, Southport, CT
    Sargento Macario Garcia, Sugarland, TX
    Sargento-técnico Robert E. Gerstung, Chicago, IL
    Sargento James R. Hendrix, Lepanto, AK
    Sargento Robert E. Laws, Altoona, PA
    Sargento Charles A. MacGillivary, Charlottetown, PEI, Canadá
    Soldado Lloyd C. McCarter, Tacoma, WA
    Tenente-coronel George L. Mabry, Hagood, SC
    Segundo-sargento Donald E. Rudolph, Minneapolis, MN
    Sargento-técnico Forrest E. Everhart, Bainbridge, OH
    Capitão Jack L. Treadwell, Snyder, OK
    Soldado de 1ª classe George B. Turner, Los Angeles, CA
    Primeiro-sargento Eli Whiteley, Georgetown, TX
    Primeiro-sargento Leonard Funk Jr., Wilkinsburg, PA
    Sargento-técnico Francis J. Clark, Salem, NY
    Sargento Clyde L. Choate, Anna, IL
    Sargento Raymond H. Cooley, South Pittsburgh, TN
    Sargento Ralph G. Neppel, Glidden, IA
    Técnico Arthur O. Beyer, Ogena, MN

3. *The Bridgeport* (CT) *Post*, 25 de agosto de 1945.

4. Deirdre Daly, entrevista com o autor.

5. Collier, *Medal of Honor*, 58.

6. *The Bridgeport* (CT) *Post*, 25 de agosto de 1945.

7. *The Bridgeport* (CT) *Telegram*, 25 de agosto de 1945.

8. *Yankee*, maio de 1983.

9. *Yankee*, maio de 1983.

10. *Audie Murphy Research Foundation Newsletter*, v. 8, 2000, 13.

11. Joyce Ware, entrevista com o autor.

12. *Audie Murphy Research Foundation Newsletter*, v. 8, 13.

13. Simpson, *Audie Murphy, American Soldier*, 410.

14. *Photoplay*, junho de 1954.

15. Graham, *No Name on the Bullet*, 190.

16. Graham, *No Name on the Bullet*, 191.

17. "*Audie Murphy: Great American Hero*", *Biography*, 1º de julho de 1996.

18. "*Audie Murphy: Great American Hero.*"

19. *World War II*, agosto de 2019.

20. Joyce Ware, entrevista com o autor.

21. "*Audie Murphy: Great American Hero.*"

22. Deirdre Daly, entrevista com o autor.

23. Deirdre Daly, entrevista com o autor.

24. *Associated Press*, 2 de agosto de 2008.

25. *New York Times*, 26 de março de 1964.

26. *Army Times*, julho de 1964.

27. Joyce Ware, entrevista com o autor.

28. "O major-general Keith L. Ware, comandante da 1ª Divisão de Infantaria, foi morto em ação no dia 13 de setembro de 1968. Os norte-vietnamitas abateram o helicóptero de comando de Ware, o 'Danger 77.' Ele comandava a divisão na Batalha de Loc Ninh IV contra a 7ª Divisão *NVA* quando seu helicóptero caiu às 13h. Também mortos: tenente-coronel Henry M. Oliver, G-4 (abastecimento); capitão Gerald W. Plunkett, comandante da aeronave; primeiro-tenente Steven L. Beck, assistente; CWO2 William Manzanares, Jr., piloto; Joseph A. Venable, sargento-mor do comando da divisão; SP5 José D. Guitierrez Valaques, chefe de pessoal; e SP4 Raymond E. Lanter, atirador de porta. Ware, de 52 anos, foi o único conscrito a passar de soldado a general. Empossado em 1941, foi comissionado em 1942 na Escola de Candidatos a Oficiais em Fort Benning, GA." Fonte: Andrew Woods, historiador, Instituto de Pesquisa Coronel Robert R. McCormick, Museu da 1ª Divisão no parque Cantigny, e-mail para o autor, 2 de novembro de 2020.

29. De acordo com a filha de Britt, Andrea: "Meu pai era vice-presidente da *Mitchell Mfg Co*, que pertencia ao meu avô, Albert Mitchell… pai da minha mãe. Eles fabricavam uma variedade de coisas, incluindo molas de cama, baldes e almofadas de assento refrigeradas a ar (um item muito popular já que a maioria dos carros não tinha ar-condicionado naquela época)." Fonte: Andrea Schafer, e-mail para o autor, 3 de junho de 2021.

30. O presidente Nixon pediu a Britt em 1971 para se tornar gerente distrital da Arkansas Small Business Administration. Ele aceitou de bom grado e passou os quatorze anos seguintes na função, aposentando-se em 1985, recebendo elogios e agradecimentos do presidente Reagan. Em Little Rock, Arkansas, havia feito amizade com um jovem político democrata chamado Bill Clinton, cuja política centrista era semelhante à dele. Britt daria conselhos e incentivos importantes para Clinton quando ele decidiu concorrer à presidência mais tarde.

31. Graham, *No Name on the Bullet*, 119.

32. *Esquire*, dezembro de 1983.

33. *Esquire*, dezembro de 1983.

34. Graham, *No Name on the Bullet*, 313.

35. Graham, *No Name on the Bullet*, 313.

36. Joyce Ware, entrevista com o autor.

37. Nolan, *The Battle for Saigon*, 147–48.

38. Vietnam Veterans Memorial, "*Keith Lincoln Ware*", disponível em: <http://thewall-usa.com/guest.asp?recid=54558>.

39. Ramrods, "*General Keith L. Ware, First Inv. Div. Cmmdr*", 2º Regimento de Infantaria, disponível em: <https://secinfreg.websitetoolbox.com/post./general-keith-l-ware-first-inf-div-cmmdr-2285847>.

40. Joyce Ware, entrevista com o autor.

41. Site do Cemitério Nacional de Arlington, "*Keith Lincoln Ware*", disponível em: <http://www.arlingtoncemetery.net/klware.htm>.

42. *Wall of Faces*, "*Keith Lincoln Ware*", *Vietnam Veterans Memorial Fund*, disponível em: <https://www.vvmf.org/Wall-of-Faces/54520/KEITH-L-WARE/page/5>.

43. Ted Engelmann, entrevista com o autor.

44. Gail Parsons, "*Remembering the Day Danger 6 Went Down*", **Army**, 11 de setembro de 2018, disponível em: <https://www.army.mil/article/210991/remembering_the_day _danger_6_went_down>.

45. Ted Engelmann, entrevista com o autor.

46. David T. Zabecki, "*Fighting General Killed in Action*", *Vietnam*, agosto de 2020.

47. Ele também tinha três Corações Púrpura. O prêmio Cruz de Serviço Distinto de Ware diz: "O major-general Ware se distinguiu por ações excepcionalmente valorosas nos dias 12 e 13 de setembro de 1968 como comandante-geral da 1ª Divisão de Infantaria durante uma operação nas proximidades de Loc Ninh. Homens da divisão se atracaram com um regimento norte-vietnamita reforçado. Embora soubesse que o inimigo estava utilizando armas antiaéreas na área, Ware orientou várias vezes o comandante do helicóptero a voar o mais baixo possível para que ele pudesse coordenar com mais eficácia a luta

feroz de suas unidades de infantaria. Em diversas ocasiões, sua aeronave recebeu fogo antiaéreo dos comunistas, mas o general continuou voando baixo, o que lhe deu o máximo de controle sobre suas tropas e a melhor observação dos movimentos norte-vietnamitas. Foi morto quando o fogo inimigo direcionado ao seu helicóptero acertou o alvo, fazendo com que colidisse e queimasse. A coragem e a liderança do general Ware inspiraram seus homens a conseguir uma vitória completa sobre os inimigos. O extraordinário heroísmo e a devoção ao dever do major-general Ware, ao custo da própria vida, estavam de acordo com as mais altas tradições do serviço militar e refletem grande honra para si, sua unidade e o Exército dos Estados Unidos." Fonte: *Wall of Faces*, *"Keith Lincoln Ware."*

48. Phillip T. Washburn, *"Ware, Murphy: Patriotic, Courageous, They Became Legends Few Could Equal in Combat"*, *Fort Hood Sentinel*, 15 de janeiro de 1998, disponível em: <https://www.audiemurphy.com/newspaper/news068/fts_15Jan98.pdf>.

49. *Audie Murphy Research Foundation Newsletter*, v. 4, 13.

50. *West Magazine*, 18 de julho de 1971.

51. *"Audie Murphy: Great American Hero."*

52. Graham, *No Name on the Bullet*, 337–38.

53. Letra da canção *Dogface Soldier*.

54. *Life*, 11 de junho de 1971.

55. *National Geographic*, junho de 1957.

56. *Associated Press*, 2 de agosto de 2008.

57. Michael Daly, entrevista com Tim Frank (cortesia de Tim Frank).

58. Deirdre Daly, entrevista com o autor.

59. *Yankee*, maio de 1983.

60. *Yankee*, maio de 1983.

61. *Yankee*, maio de 1983.

62. Daly também falou sobre se tornar um herói de guerra profissional: "Precisam tomar cuidado. Você pode se tornar um herói profissional, e há uma tristeza terrível nisso. Você passa a vida indo de cerimônia em cerimônia. Precisa seguir em frente. A vida é uma corrida de longa distância, e, se muito da sua vida está centrado nas coisas que você fez antes, surge uma tristeza. Só se consegue levantar e ouvir o que fez um número limitado de vezes. É algo que você fez uma vez, afinal." Fonte: *Yankee*, maio de 1983.

63. Michael Daly, discurso, Würzburg (Alemanha), 28 de agosto de 1982 (texto fornecido por Deirdre Daly).

64. Chris Britt, entrevista com o autor.

65. Chris Britt, entrevista com o autor.

66. *The New York Times*, 29 de novembro de 1995.

67. Tenente-coronel Jack C. Mason, *"My Favorite Lion"*, *Army*, maio de 2008.

68. Deirdre Daly, entrevista com o autor.

69. *Yankee*, maio de 1983.

70. Deirdre Daly, entrevista com o autor.

71. *The New York Times*, 29 de julho de 2008.

72. Deirdre Daly, entrevista com o autor.

73. Deirdre Daly, entrevista com o autor.

74. *"Daly, Michael Joseph"*, *Together We Served*, disponível em: <https://army.togetherweserved.com/army/servlet/tws.webapp.WebApp?cmd=ShadowBox-Profile&type=Per son&ID=213168>.

Michael Daly como calouro em West Point, 1943.
Cortesia dos arquivos de West Point

Montgomery e Patton. Os grandes generais aliados se despedem no aeroporto de Palermo, Sicília; 28 de julho de 1943. *Arquivos Nacionais*

—◆ Lucian Truscott, comandante da 3ª Divisão. *Cortesia da Fundação e Biblioteca George C. Marshall*

↓◆ Reunião na Itália em 22 de outubro de 1943 — da direita para a esquerda: o comandante-general Dwight Eisenhower, o major-general John P. Lucas e o tenente-general Mark Clark, comandante do 5º Exército. *Arquivos Nacionais*

Cerimônia do Dia do Armistício para norte-americanos mortos, ocorrida em um cemitério perto de Nápoles, Itália, 11 de novembro de 1943. *Arquivos Nacionais*

Homens da Companhia L de Maurice Britt, dezembro de 1943, página de um álbum de recortes. *Cortesia dos arquivos da Universidade do Arkansas*

Soldados do 5º Exército marchando no sul da Itália, primavera de 1944.
Arquivos Nacionais

Tenente-general Alexander Patch, comandante do 7º Exército, com seu filho, Alexander Jr., França, 1944.
Arquivos Nacionais

Capitão Maurice Britt ao receber a Medalha de Honra, 5 de junho de 1944.
Cortesia dos arquivos da Universidade do Arkansas

Homens do Marne praticam usando trenós antes da fuga de Anzio, 1944.
Arquivos Nacionais

Capitão Maurice presta continência durante a execução do Hino Nacional após receber a Medalha de Honra no Razorback Stadium, Universidade do Arkansas, 5 de junho de 1944. *Cortesia dos arquivos da Universidade do Arkansas*

Comboio alemão destruído pelo avanço dos norte-americanos no sul da França, 28 de agosto de 1944. *Arquivos Nacionais*

Um libertador do 7º Exército é recebido em Belfort, França, no fim de 1944.
Arquivos Nacionais

Nuremberg, Alemanha, em ruínas, 1945.
Arquivos Nacionais

Tanques norte-americanos nas famosas autoestradas de Hitler, abril de 1945.
Arquivos Nacionais

Tanques norte-americanos percorrem as ruínas de Nuremberg, 20 de abril de 1945.
Arquivos Nacionais

Tenente-coronel Keith Ware, à esquerda, após receber a Medalha de Honra em Nuremberg, 22 de abril de 1945.
Arquivos Nacionais

Audie Murphy prestando continência após receber a Medalha de Honra em Salzburg, Áustria; 15 de junho de 1945. Trecho de um vídeo do Signal Corps.
Arquivos Nacionais

Presidente Truman cumprimentando um condecorado com a Medalha de Honra em uma cadeira de rodas enquanto outros observam. O tenente Michael Daly está na segunda fileira, o terceiro a partir da esquerda. *Arquivos Nacionais*

Fotografia do presidente Truman posando com alguns dos 28 condecorados com a Medalha de Honra na Casa Branca, em 23 de agosto de 1945. O tenente Michael Daly está na segunda fila, o terceiro a partir da direita. *Arquivos Nacionais*

Michael Daly recebe a Medalha de Honra das mãos do presidente Truman; 23 de agosto de 1945. *Cortesia de Deirdre Daly*

Audie Murphy, 1945, foto publicitária do exército dos EUA. *Arquivos Nacionais*

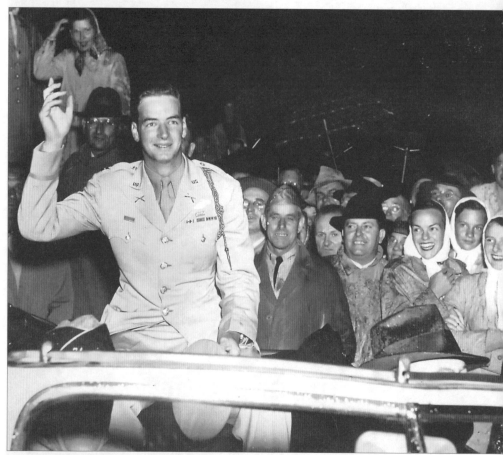

Michael Daly retorna à sua cidade natal em 24 de agosto de 1945. *Cortesia de Deirdre Daly*

Foto publicitária do exército dos EUA de Audie Murphy em visita à França, 1948, após receber a *Chevalier Légion d'honneur* e a *Croix de Guerre* com folhas de palmeira. *Arquivos Nacionais*

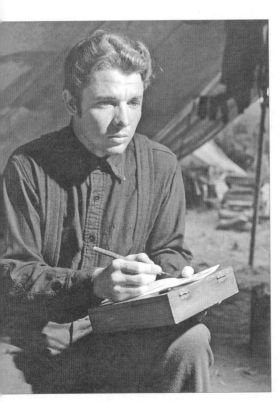

Audie Murphy estrelando o filme *The Red Badge of Courage*, lançado em 1951. *Cortesia do Instituto de Pesquisa Audie Murphy*

Keith Ware, comandante da 1ª Divisão, no Vietnã; 1968. *Cortesia do Instituto de Pesquisa Coronel Robert R. McCormick*

Michael Daly anos mais tarde. *Cortesia de Deirdre Daly*

SOBRE O AUTOR

ALEX KERSHAW é jornalista e autor best-seller do *New York Times* de obras sobre a Segunda Guerra Mundial. Nascido em York, na Inglaterra, formou-se na Universidade de Oxford e mora nos Estados Unidos desde 1994.

ÍNDICE

Símbolos

1ª Britânica 73

1ª Divisão Blindada 99

1º Batalhão 133, 151, 158, 164, 182, 194

2ª Divisão Blindada 23

2ª Divisão Panzer 111

3ª Divisão 4, 31, 44, 53, 72, 87, 90, 94, 113, 121, 127, 128, 140, 144, 164, 177, 180, 186, 202, 210

3ª Divisão de Infantaria Motorizada 47

3º Batalhão 62

3º Batalhão do Regimento 29

5º Exército 53, , 65, 70, 89

7º Exército 113, 129, 140, 145, 200

7º Regimento 81, 95

7º Regimento de Infantaria 204

8º Exército de Montgomery 25

12ª Força Aérea 38

15º Regimento de Infantaria 28, 49, 68, 95, 99, 115, 121, 147, 156, 179

17ª Divisão Panzergrenadier 182

18º Regimento de Infantaria 107

19º Exército 94, 127, 148

19º Exército alemão 122, 125

30º Regimento de Infantaria 164, 203

38º Regimento da SS 196

A

Academia West Point 20

Acerno 38

Adolf Hitler Platz 201

Afrika Korps 4, 9

Agachamento de Anzio 88, 93

Alemanha 120, 122, 129, 150, 180

Alexander, Harold 25

Alexander Patch 129, 192

Aliados 4, 39, 43, 70, 71, 87, 89, 100, 102, 112, 127, 148, 191, 192

Anfiteatro Flaviano 112
Anzio 87, 92, 93, 113, 121, 149, 210
Arlo Olson 45, 49
Audie Murphy 14, 17, 21, 76

B

Batalha
da Normandia 112
da Sicília 31
de Anzio 80
de Loc Ninh 238
do Bulge 148
Big Red One 108, 237
Blitzkrieg 89
Bradley, Omar 111
Britt, Maurice 7, 34, , 37, 38, 42, 59,
61, 65, 68, 71, 75, 102, 138,
173, 203, 233, 245
Bush, George H. W. 241

C

Cabeça de ponte 88
Campanha
de Salerno 37
siciliana 32
Canal
da Mancha 107
Mussolini 77
Capa, Robert 24
Churchill, Winston 9, 70, 88, 115
Cidade do Movimento 196
Citação Presidencial de Unidade 125
Clark, Mark 53, , 65, 70, 87, 100
Clinton, Bill 246
Colina 351 149, 152, 155
Colina Sangrenta 150, 154, 158

Colmar Pocket 148, 162, 163, 178,
228
Companhia A 97, 158, 164, 178, 182,
199
Companhia B 19, 23, 24, 33, 58, 67,
87, 96, 116, 121, 129, 133,
149, 184
Companhia D 154
Companhia F 45
Companhia I 107
Companhia K 58
Companhia L 35, 37, 47, 76, 97, 157
Condicionamento mental 165
Coração Púrpura 42, 64, 129, 168,
174, 219
Croix de Guerre 219
Cruz
de Serviço Distinto 110, 119, 173,
219, 239
Militar 64
Vermelha 84
Cruzamento de Britt 80

D

Daly, Michael 107, 110, 158, 165,
177, 183, 209, 215, 247,
Daly, Paul 146, 178, 243
D Day dodgers 114
Deserção 122
Dia
D 19, 114, 121, 164, 243
da Vitória 209
V-J 224
Divisão
Assietta 28
Hermann Göring 50, 78
Divisões da Wehrmacht 25

Dogface Soldier 73, 95, 141, 202, 217, 241
Don Carleton 12

E

Eisenhower, Dwight 6, 42, 103, 107, 140, 148, 181
Eixo 9, 32, 101
Escola de Treinamento de Oficiais 20
Estrela de Bronze 52, 91, 138
Estrela de Prata 16, 21, 35, 110, 111, 136, 137, 159, 173, 215
Eugene Salet 27

F

FlaK 89, 124, 194
Força Aérea Real 191
Força-tarefa
  Ocidental 4
  Ware 237
França 122, 150
Frente Ocidental 148, 190, 205

G

Grande
  Cruzada 107
  Depressão 7
Green Machine ("Máquina Verde") 236
Guerra do Vietnã 235, 240

H

Harris, Paul 133
Hiroshima e Nagasaki 221
Hitler, Adolph 9, 25, 33, 89, 150, 156, 180, 190, 214
Holz, Karl 192, 196

Homens do Marne 113
Hora H 45
Hornbach 182
Huebner, Clarence 110

I

Itália 88, 94, 118, 129, 150

J

Johnson, Harold K. 235
Johnson, Lyndon 236
Juventude Hitlerista 201

K

Kesselring, Albert 14, 20, 30, 37, 44, 64, 66, 87, 94, 190, 205, 217

L

Legião do Mérito 219
Libertação de Palermo 24
Linha
  Bernhardt 47, 54
  Gustav 47, 66, 70
  Siegfried 182, 184
Lucas, John P. 53, 67, 87

M

Marcha da Morte de Bataan 236
Marshall, George C. 85, 221
Medalha de Honra 46, 85, 99, 112, 128, 137, 156, 173, 181, 198, 219, 221
Memorial Day 210
Mercado negro 70
Middleton, Troy 26
Miller, Jack 35, 79
Mohr 154

Murphy, Audie 13, 29, 42, 58, 67, 87, 90, 112, 114, 121, 126, 129, 133, 141, 148, 162, 166, 181, 190, 209, 216, 224

Mussolini, Benito 25, 33

N

Nacional-socialismo 196

Nápoles 65, 88

Nazistas 134, 137, 191

Normandia 111, 244

Norte da África 3, 94, 139

Nuremberg 191, 192, 194, 201, 244, 247

O

O'Daniel, John "Mike de Ferro" 90, 97, 177, 202, 215

Ofensiva do Tet 236

Olson, Gordon D. 183

Operação
  Cobra 111
  de Anzio 70
  Dragão 116, 121
  Fischfang 89, 90
  Lehrgang 31
  Market Garden 131
  Tocha 4, 14

P

Panzer 14

Passo de Kasserine 10

Patch, Alexander 113, 140, 145, 148, 216

Patton, George 116

Paulick, Michael 134

Pearl Harbor 8, 17, 39, 173

Pé de trincheira 88

Pedreira Cleurie 133, 141

Pietro Badoglio 25

Praia de Omaha 108, 111, 243

Primeira Guerra Mundial 147, 175

Provença 122, 126, 128

Q

Quarta-feira Negra 37

R

Rainbow Division 102

Regimento Real da Rainha 89

Rocha do Marne 6, 9, 11, 14, 29, 40, 64, 68, 78, 87, 97, 115, 131, 156, 180, 201

Roma 67, 101

Roosevelt, Franklin D. 3

Rota de Napoleão 122, 127

S

Saigon 236

Salerno 113, 116

Screaming Eagles 99

Segunda Guerra Mundial 65, 139, 174, 202, 214, 217

Sicília 67, 94, 113, 134, 138

Sieja, Joe 20, 43, 87

SS 77, 79, 149, 150, 151, 153, 154, 155, 156, 162, 194, 196, 212

Stalin, Josef 10

T

Teatro Europeu 198

Terceiro Reich 10, 127, 141, 148, 150, 181, 188, 190, 192

Texas 215, 217

Tipton, Lattie 43, 67, 70, 76, 87, 102, 116, 181, 209

Títulos de guerra 175

Tominac, John 128, 212

Torpedos Bangalore 109

Tramontana 13

Trote Truscott 11, 22, 73, 139

Truman, Harry S. 221

Truscott, Lucian 10, 12, 14, 30, 46, 53, 64, 66, 90, 96, 100, 113, 121, 122, 140, 145

V

VI Corps 45, 67, 121, 140

Vietnã 239, 241

W

Ware, Keith 19, 26, 33, 67, 90, 101, 116, 124, 127, 128, 131, 148, 149, 161, 178, 191, 213, 215, 225, 239

Wehrmacht 64

West Point 53, 110, 111, 134, 146, 224, 230, 246

Este livro foi impresso nas oficinas gráficas da Editora Vozes Ltda.,
Rua Frei Luís, 100 – Petrópolis, RJ.